U0206930

北极地区发展报告
（2018）

REPORT ON ARCTIC REGION DEVELOPMENT
(2018)

主　编／刘惠荣
副主编／董　跃　孙　凯　陈奕彤

社会科学文献出版社
SOCIAL SCIENCES ACADEMIC PRESS（CHINA）

图书在版编目（CIP）数据

北极地区发展报告 . 2018 / 刘惠荣主编 . -- 北京：
社会科学文献出版社，2019.12
（北极蓝皮书）
ISBN 978 - 7 - 5201 - 5884 - 8

Ⅰ . ①北…　Ⅱ . ①刘…　Ⅲ . ①北极 - 区域发展 - 研究
报告 - 2018　Ⅳ . ①P941.62

中国版本图书馆 CIP 数据核字（2019）第 288539 号

北极蓝皮书
北极地区发展报告（2018）

主　　编 / 刘惠荣
副 主 编 / 董　跃　孙　凯　陈奕彤

出 版 人 / 谢寿光
责任编辑 / 黄金平

出　　版 / 社会科学文献出版社·社会政法分社（010）59367156
　　　　　　地址：北京市北三环中路甲 29 号院华龙大厦　邮编：100029
　　　　　　网址：www.ssap.com.cn
发　　行 / 市场营销中心（010）59367081　59367083
印　　装 / 天津千鹤文化传播有限公司

规　　格 / 开　本：787mm×1092mm　1/16
　　　　　　印　张：19.25　字　数：287 千字
版　　次 / 2019 年 12 月第 1 版　2019 年 12 月第 1 次印刷
书　　号 / ISBN 978 - 7 - 5201 - 5884 - 8
定　　价 / 128.00 元

《北极地区发展报告（2018）》
编　委　会

主编简介

刘惠荣　中国海洋大学法学院教授、博士生导师，中国海洋大学极地研究中心主任、中国海洋大学海洋发展研究院高级研究员、中国海洋法研究会常务理事、中国太平洋学会理事、中国太平洋学会海洋管理分会常务理事、中国海洋发展研究会理事、最高人民法院"一带一路"司法研究中心研究员、最高人民法院涉外商事海事审判专家库专家、第六届山东省法学会副会长及学术委员会副主任。2012 年获"山东省十大优秀中青年法学家"称号。主要研究领域为国际法、南北极法律问题。2013 年、2017 年分别入选中国北极黄河站科学考察队和中国南极长城站科学考察队。主持国家社会科学基金重点项目"国际法视角下的中国北极航道战略研究"、国家社会科学基金一般项目"海洋法视角下的北极法律问题研究"等多项国家级课题，主持多项省部级极地研究课题，并多次获得省部级优秀社会科学研究成果奖。2007 年以来在极地研究领域开展了一系列具有开拓性的研究，其代表作有《海洋法视角下的北极法律问题研究》（著作获教育部社会科学优秀成果三等奖和山东省社会科学优秀成果三等奖）、《北极生态保护法律问题研究》、《国际法视野下的北极环境法律问题研究》、《中国海洋权益法律保障事业中的极地问题研究》等。《西北航道的法律地位研究》一文 2010 年获国家海洋局极地考察办公室评选的"2009 年度极地科学优秀论文三等奖"。

摘　要

2018 年是北极地区风云变幻的一年，北极事务越来越成为国际社会关注的重要议题。在气候变化和经济全球化的影响下，北极航道开发利用的相关规则在《极地水域船舶作业国际规则》的指导下逐步形成，《加强北极国际科学合作协定》的生效也进一步助推国际社会在北极科学研究方面的合作。以北极理事会为代表的北极治理机制逐渐完善，并与其他相关机构深度互动，共同推动北极事务的治理。中国作为北极事务的积极参与者、建设者和贡献者，秉持"尊重、合作、共赢、可持续"的原则，积极参与北极事务，推动构建北极人类命运共同体。

《北极地区发展报告（2018）》首先以总报告的形式，对 2018 年度北极地区事务的动态进展进行综述。在总报告之后，本卷设"冰上丝绸之路"篇，对此进行深入研究。随后是北极治理篇，对北极地区的法律法规的发展以及北极地区新议题的治理进行研究。期待本卷年度报告的出版，可以使读者对本年度的北极事务发展有所了解，能够深入理解"冰上丝绸之路"等相关问题，以及对北极治理和法律等领域的动态问题进行把握。也期待本卷报告对中国参与北极治理的相关决策发挥作用。

目　录

Ⅲ 北极治理篇

Ⅳ 附录

皮书数据库阅读**使用指南**

总 报 告

General Report

B.1

2018年北极地区的新发展

刘惠荣　曹亚伟　王金鹏　李浩梅*

摘　要：　2018年是北极地区风云变幻的一年。北极海域的航道开发利用的现实需要和潜在风险促使航运规则走向塑造时期，《极地水域船舶作业国际规则》指导下的船舶、船员以及油污管制规则逐渐形成，扼守北极航道重要关口的白令海峡航行制度得以推进。《加强北极国际科学合作协定》的签订有助于消除合作障碍，促进泛北极地区海洋、陆地和大气研究发展，提高认知北极的能力。权衡当下利益和长远利益是北极公海渔业和油气资源开发、空间规划区域治理以及各国立法和政策的重要关切。中国已旗帜鲜明地将参与北极事务和治理的基本身

---

* 刘惠荣，女，中国海洋大学法学院教授、博士生导师；曹亚伟，男，中国海洋大学法学院讲师；王金鹏，男，中国海洋大学法学院讲师；李浩梅，女，中国海洋大学海洋发展研究院博士后。

份、基本立场和路径公开于世，中国将以北极事务的积极参与者、建设者和贡献者的身份立场，秉持"尊重、合作、共赢、可持续"的基本原则，积极参与构建北极人类命运共同体。

关键词：北极航道新规则 《加强北极国际科学合作协定》 北极空间规划 油气资源开发

2018年伊始，《中国的北极政策》白皮书将国人的"北极热"推至前所未有的高潮。北极正在发生什么变化？我们为什么热切地关注北极事务与北极治理？这一年里，我们注意到北极八国比历史上任何一段时期都更加重视其北极身份，关注它们各自在北极地区的经济利益、政治利益以及其他利益，审时度势，谋篇布局，同时它们又颁布法律，制定实施北极地区可持续开发政策，加大投入，改善北极社区环境。与此同时，北极国家以及其他欧盟国家和太平洋地区毗邻北极的国家的经济利益、政治利益在北极交会，北极事务的国际合作已不容忽视，北极国家也认识到开展北极合作并谋求在合作中的优势地位十分重要，同时域外国家参与北极治理的进程不断推进，推动北极事务国际合作覆盖面不断扩展。

一　北极地区法律制度与各国北极战略演进

（一）北极国际法律问题新发展

2017年至2018年，乌克兰事件以及特朗普退出《巴黎协定》等事件对北极区域发展的格局有一定影响，但总体上看，在北极开发事务热度不断攀升的情况下，北极治理的规则建构也不断深化，适应北极地区航运、渔业以及其他经济开发活动、科学研究合作、可持续发展需要的国际法律文件相继问世，主要体现在极地航行安全、环境保护、科学合作、渔业养护等方面。

1. 极地航道新规则与法令

近几年来国际海事组织大力组织制定并于 2017 年 1 月 1 日起生效的《极地水域船舶作业国际规则》（以下简称《极地规则》）适用于南北极水域航行的船舶。该规则对从事北极地区航运船舶的船舶设计、建造和运营进行了严格规范，同时也对船舶设备配备和船员培训以及搜寻救援进行了统一要求。《极地规则》在现有防污公约要求之外提出附加要求，针对极地水域的特殊风险对船舶安全运营和环境保护作出规定，是国际海事组织在两极水域及周围水域保护工作方面的里程碑。[①]

2018 年是《极地规则》生效后的第二年。2018 年 7 月，《极地规则》有关海员培训及发证的相关要求在《海员培训、发证和值班标准国际公约》（International Convention on Standards of Training, Certification and Watch-keeping for Seafarers, STCW）即 STCW 规则下取得强制效力。但一些主管机关、船级社和非政府组织认为，《极地规则》在保护船舶、船员和环境方面缺乏强硬措施，这远不能满足极地海域极端恶劣的通行环境要求。2018 年 12 月，国际海事组织海上安全委员会第 100 届会议（MSC100）就《极地规则》的修正案达成一致，该修订有望于 2022 年获批。

禁止重油令是国际海事组织在《极地规则》下积极推进的一项环境保护新法令。目前在全球范围内，重油（HFO）是一种劣质和带有污染性的矿物燃油，作为船用燃料的使用量占全球船用燃料的 80%，而在北极航行的船舶中有 75% 的船舶使用重油作为船舶燃料。随着北极海冰的消退，一些使用重油的大型非北极地区国家船旗船舶为寻求缩短航行时间，可能会选择驶入北极海域。加之悬挂北极区域国家船旗的船舶不断增加，可能会大大增加重油泄漏的风险。在 2018 年 4 月召开的国际海事组织海上环境保护委员会（MEPC）会议上，芬兰、德国、冰岛、荷兰、新西兰、挪威、瑞典和美国联合发表提案，呼吁尽快全面禁止使用重油，提案获得其余 14 国的支

---

① 《极地规则》http://www.imo.org/en/MediaCentre/HotTopics/polar/Documents/POLAR%20CODE%20TEXT%20AS%20ADOPTED.pdf，最后访问日期：2019 年 5 月 25 日。

持。会上 72 个代表团委派成立小组委员会起草禁令，禁止在航运中使用重油，并研究其影响。① 2018 年 4 月第 72 届 MEPC 会议决定继续推进北极地区重油禁令。② 参加会议的有清洁北极联盟（Clean Arctic Alliance），还包括加拿大、丹麦、德国、爱尔兰、意大利、荷兰、挪威、俄罗斯、西班牙、瑞典、比利时、美国、英国等国家。第 73 届 MEPC 会议提出了 19 项议题，议题包括减少北极水域船舶使用与载运重油风险措施规定、污染预防及响应、船舶减排、强制性文件的审议和通过的程序。本次会议共形成了 17 份技术文件，包括决议、通函、修正案和统一解释草案，③ 有利于北极地区禁止重油令的具体实施。

2. 北极科学合作协议

《加强北极国际科学合作协定》（Agreement on Enhancing International Arctic Scientific Cooperation）④ 是北极理事会签署的第三份具有法律约束力的文书，该协定于 2017 年 5 月 11 日在美国费尔班克斯市召开的北极理事会第十届部长级理事会上通过，2018 年 5 月 23 日生效。它是国际上关于北极科学研究的最新法律规定，协定的重点是促进科学合作，减少国际科学合作的障碍。协定旨在通过消除合作障碍提供一个促进泛北极地区海洋、陆地和大气研究的基本发展思路，同时承诺加强科学合作。该协定规定促进北极科学合作的多项措施，包括制定入境许可程序、数据共享、建立跨界研究伙伴关系、培养北极研究专家、有效使用科学研究基础设施，以及关注共同问题以促进地区之间、自然科学与社会科学之间的融合。该协定要求各缔约方指定负责人作为联络人员，以促进各缔约方的沟通与协定有效实施。

---

① 《国际海事组织在北极地区禁止 HFO》，https：//www. maritime-executive. com/article/imo-moves-towards-ban-on-hfo-in-the-arctic，最后访问日期：2019 年 5 月 25 日。

② https：//www. hellenicshippingnews. com/greenland-government-agrees-to-back-arctic-hfo-ban-clean-arctic-alliance-response/，最后访问日期：2019 年 5 月 25 日。

③ 《IMO 海上环境保护委员会第 73 届会议（MEPC73）要点快报》，http：//www. ccs. org. cn/ccswz/font/fontAction！article. do？articleId = 4028e3d666135c390166ebef6d8701a0 最后访问日期：2019 年 5 月 25 日。

④ 《加强北极国际科学合作协定》，https：//oaarchive. arctic-council. org/handle/11374/1916，最后访问日期：2019 年 5 月 25 日。

科学研究是认识北极的核心方式，加强北极域内外科学合作是提高认知北极能力的重要手段。因此，这一协定的签订生效具有积极的意义。

3. 北极渔业协定

在北极海域还有不同种类的渔业组织或渔业多边、双边协议，如东北大西洋渔业委员会（NEAFC）、西北大西洋渔业组织（NAFO）、北太平洋溯河渔业委员会、1975 年挪威—俄罗斯《渔业事务合作协议》、1992 年格陵兰和挪威《格陵兰/丹麦—挪威共同渔业关系协议》等等。但上述组织或协议大多规范各沿海国专属经济区的渔业活动，北极核心区目前并无专门的渔业组织或协议，仅有东北大西洋渔业委员会的管辖范围覆盖部分北极核心区。① 北极公海渔业谈判一直在持续进行，沿岸国家和远洋捕捞利益攸关方就渔业管制问题反复磋商。

2017 年 11 月，在华盛顿举行的第六轮北冰洋公海渔业谈判会议上，由北冰洋中部公海邻近沿岸五国和包括中国在内的五个域外利益攸关方经过历时 24 个月共六轮谈判，通过了《预防中北冰洋不管制公海渔业协定》。协定第一条 a 明确了"协定区域"，"系指由加拿大、丹麦王国格陵兰、挪威王国、俄罗斯联邦和美利坚合众国行使渔业管辖权的水域所包围的中北冰洋单一公海区域"，旨在对被美国、俄罗斯、加拿大、丹麦格陵兰、挪威五国渔业管辖区域环绕的北冰洋中部公海海域的渔业资源进行管制。其措施是禁止船只在北冰洋公海进行商业捕鱼，直到有足够的科学信息来妥善管理渔业，但允许各方在此区域开展科学研究和联合监测计划。中国与日本、韩国、冰岛和欧盟这五方具有远洋捕捞历史的利益攸关方与北冰洋沿岸五国十方共同达成协议。2018 年 10 月 3 日，中国政府代表、中国驻丹麦大使邓英出席在丹麦自治领格陵兰伊路利萨特举行的《预防中北冰洋不管制公海渔业协定》签署仪式，代表中国签署了协定。② 2019 年 2 月 14 日该协定获

① 刘惠荣、宋馨：《北极核心区渔业法律规制的现状、未来及中国的参与》，《东北亚论坛》2016 年第 4 期，第 88 页。
② 《各国〈渔业协定〉声明》，https：//www.europeansources.info/record/agreement-to-prevent-unregulated-high-seas-fisheries-in-the-central-arctic-ocean/，最后访问日期：2019 年 5 月 25 日。

得所有参与国批准。①

《预防中北冰洋不管制公海渔业协定》属于事先防范的约束性国际渔业协定，考虑到对北冰洋核心区的认知还很少，无法清楚地获知该海域渔业资源总量、食物链以及生态系统状况，开展商业捕捞还为时过早且存在巨大风险，为了防患于未然，有必要采取限制性管制措施，在对北冰洋的生态系统有了更多认识之后再允许渔船进入。该协定填补了北极渔业治理的空白，初步建立了北冰洋公海的渔业管理秩序和管理模式，有助于实现保护北冰洋脆弱海洋生态环境等目标。北极渔业协定的达成是北极域内外国家合作解决跨区域问题的成功实践。

4. 白令海峡协议

白令海峡宽 35 公里至 86 公里，是北极航道的重要出入口，两端分别为白令海和楚科奇海，是亚洲和北美洲的洲界线，连接亚洲、北美洲和欧洲的重要贸易通道。各国船舶在北极航道上均要经过白令海峡，该海峡满足用于国际航行的功能条件。如果白令海峡属于《联合国海洋法公约》所称的"用于国际航行的海峡"，则通过白令海峡的船舶应享有不少于《联合国海洋法公约》规定的比无害通过权更自由的过境通行权。长期以来，扼守白令海峡的美俄两国对海峡的法律地位没能达成共识。

在国际海事组织的大力协调下，2017 年 12 月初，俄罗斯和美国向国际海事组织共同提交了关于白令海峡船只通行规则的照会。为应对北极航运量的增加，双方就在白令海峡和接近白令海峡的区域划定双向船只通行航线达成一致意见。② 美国和俄罗斯在新闻发布会上提出，在白令海峡及其附近的航道上为悬挂任何一国国旗的船只开放畅通无阻的双向航线通行方案，包括设定六条双向航线和六个预防区以减少船只碰撞的风险，同时预防和减少对

---

① 李欣编译《新条约规定 16 年内禁止在北极地区进行商业捕鱼》，极地与海洋门户网站，2019 年 3 月 7 日，http://www.polaroceanportal.com/article/2539，最后访问日期：2019 年 5 月 25 日。

② 梅春才编译《俄、美之间的北极协议获得国际认可》，极地与海洋门户网站，http://www.polaroceanportal.com/article/2098，最后访问日期：2019 年 5 月 25 日。

海洋环境造成污染或其他损失的风险。① 2018 年 5 月，在伦敦举行的第 99 届会议上，国际海事组织海上安全委员会批准了俄罗斯和美国根据拟议方案提出的《白令海峡船舶通行的联合声明》。白令海峡交通和警戒区的提案于 2018 年 12 月 1 日起生效，这是国际海事组织根据《国际海上人命安全公约》批准的第一项国际认可的极地水域船只通行的方案。②

（二）各国北极法律制度与政策进展

1. 俄罗斯

俄罗斯北极地区的战略位置和地缘政治意义举足轻重，俄罗斯北极地区居民尽管数量很少，但创造了占全国 12% ~ 15% 的国民生产总值，俄罗斯大约 1/4 的出口运输也是在北极地区完成的。与其他北极国家相比，俄罗斯北极地区建立了最为强大的工业体系，原料企业的附加值比重达到 60%。③ 为维护北极地区的国家利益，俄罗斯于 2008 年、2013 年和 2014 年分别发布了《2020 年前俄罗斯联邦北极地区国家政策原则及远景规划》、《2020 年前俄罗斯联邦北极地区发展和国家安全保障战略》和《2020 年前俄罗斯联邦北极地区社会经济发展国家纲要》。2017 年至 2018 年，俄罗斯积极加大对其北极地区的经济、社会发展以及军事投入，在矿产资源开发利用、北方海航道及其基础设施建设、港口管理以及地区社会发展等方面，全面推进制度建设。

俄罗斯注重北极国际合作，支持北极科学合作协定和北冰洋渔业协定的出台。2017 年 4 月 19 日，俄罗斯联邦政府批准《加强北极国际科学合作协定》，以促进北极地区的国际科学研究和科学家之间的联系、分享研究成果与

---

① 《美国、俄罗斯提出白令海峡的船舶交通路线措施》，http：//en. portnews. ru/news/ 252654/，最后访问日期：2019 年 5 月 25 日。

② 《国际海事组织批准 RF/USA 关于白令海峡航运管理的联合提案》，http：//en. portnews. ru/ news/258522/，最后访问日期：2019 年 5 月 25 日。

③ 玛利亚·弗拉基米罗芙娜·科尔图诺娃：《北极和北极航线交通潜力总体评估及北极交通基础设施状况》，载俄罗斯国际事务委员会主编《北极地区：国际合作问题》第二卷，熊友奇等译，世界知识出版社，2016，第 38 页。

科学基础设施。① 2018 年 8 月 31 日，俄罗斯联邦政府批准《预防中北冰洋不管制公海渔业协定》，以建立管理北冰洋中部公海的捕捞业的国际法律框架。②

俄罗斯重视联邦北极地区的矿产资源开发与利用。2017 年连续签订一系列资源开发协议：4 月 6 日颁布第 625 – p 号令宣布拍卖位于亚马尔 – 涅涅茨自治区格达半岛天然气田的开采权。获得综合许可证的公司可进行地质研究、勘探开发碳氢化合物原料。③ 6 月 15 日第 1258 – p 号令宣布拍卖位于亚马尔 – 涅涅茨自治区底土区域的天然气田的开采权，包括风暴矿床。④ 当日，俄罗斯总理梅德韦杰夫签署在巴伦支海的科拉湾建设人工岛屿的协议，以建造四个服务于天然气工业的人工岛。⑤ 9 月 26 日第 2058 – p 号令和第 2057 – p 号令授予 NLLC Arctic LNG 2 公司⑥和 LLC NOVATEK – YURKHAROVNEFTEGAZ 公司⑦勘探开发碳氢化合物的权利。进入 2018 年之后，4 月 7 日，由俄罗斯联邦自然事务部起草的一项法案提交俄罗斯杜马审议，该法案拟修改《俄罗斯联邦大陆架联邦法》第七条，以限制公司在非拍卖程序情况下使用俄罗斯联邦大陆架底土的权利。该法案的目的是建立一种程序，专门根据拍卖结果授予使用大陆架底土区域的权利。⑧ 此前，该法律草案已于 2018 年 4 月 5 日在俄罗斯联邦政府会议上审议通过。

俄罗斯举行多次会议讨论北极地区社会经济发展，并出台相应法律文件。2017 年 4 月 14 日关于北极发展主题的政府会议上确定了北极地区社会经济发展的国际计划，计划包括 2018 年至 2020 年的财务内容。⑨ 根据以上

---

① 第 735 – p 号令，http：//government. ru/docs/27373/，最后访问日期：2019 年 5 月 25 日。
② 第 1822 – p 号令，http：//government. ru/docs/33861/，最后访问日期：2019 年 5 月 25 日。
③ 第 625 – p 号令，http：//government. ru/docs/27116/，最后访问日期：2019 年 5 月 25 日。
④ 第 1258 – p 号令，http：//government. ru/docs/28155/，最后访问日期：2019 年 5 月 25 日。
⑤ 第 1245 – r 号令，http：//government. ru/docs/28137/，最后访问日期：2019 年 5 月 26 日。
⑥ 第 2058 – p 号令，http：//government. ru/docs/29442/，最后访问日期：2019 年 5 月 26 日。
⑦ 第 2057 – p 号令，http：//government. ru/docs/29440/，最后访问日期：2019 年 5 月 26 日。
⑧ 第 616 – p 号令，http：//government. ru/activities/selection/301/32216/，最后访问日期：2019 年 5 月 26 日。
⑨ 俄罗斯联邦北极地区发展会议，http：//government. ru/news/27241/，最后访问日期：2019 年 5 月 26 日。

会议，俄罗斯联邦经济发展部提出《关于俄罗斯联邦北极地区的社会经济发展的国家计划》的决议，为加速北极地区的社会经济发展、实现北极地区的俄罗斯的战略利益和国家安全创造条件。① 7月12日俄罗斯联邦经济发展部出台第831号决议，将俄罗斯联邦北极地区列入国家计划和联邦目标计划的优先发展地区。② 8月31日政府会议议程上的第一个问题是关于"俄罗斯联邦北极地区的社会经济发展的国家计划"，会议决定将该计划从2020年延长至2025年，重点关注北极地区经济发展、北极航线与基础设施以及借助现代技术开发大陆架三个工作领域，并且利用公私合营制度以吸引更多投资者。③ 2019年2月26日俄罗斯总统签署了《关于改善俄罗斯联邦北极地区公共行政管理法令》，④ 法令特别规定将俄罗斯联邦远东发展部改名为远东和北极发展部，授权其拥有为北极地区的发展制定国家政策和相关法律规定等职能。⑤

俄罗斯政府重视北极地区基础设施建设和北方海航道管理。俄罗斯通过修改相关法律以加强北极地区基础设施建设。2017年4月21日，俄罗斯政府举行了"关于俄罗斯北部交通基础设施发展的重大项目"会议，讨论了全年深水港、铁路和公路网的建设项目，考虑以特许经营的方式获得北方建设项目资金。⑥ 会上俄罗斯总理梅德韦杰夫提到近期批准的第770-r号令，将摩尔曼斯克地区林地转为工业用地，为"大型海上设施建设中心项目"提供法律依据。⑦ 会议形成决议，要求各部门负责俄罗斯北部开展运输和道路建设的重大项目，制定摩尔曼斯克运输枢纽综合发展项目的实施机制以及与北极地区航行安全相关的法律草案。⑧ 依据会议决议要求，俄罗斯联

---

① 第1064号法令，http：//government. ru/docs/29164/，最后访问日期：2019年5月26日。
② 第831号决议，http：//government. ru/docs/32289/，最后访问日期：2019年5月26日。
③ 政府会议，http：//government. ru/news/29062/，最后访问日期：2019年5月26日。
④ 总统第78号令，http：//government. ru/dep_news/35860/，最后访问日期：2019年5月26日。
⑤ https：//rg. ru/2019/02/28/ukaz-78-dok. html，最后访问日期：2019年5月26日。
⑥ 《关于俄罗斯北部交通基础设施发展的重大项目会议》，http：//government. ru/news/27387/，最后访问日期：2019年5月26日。
⑦ 第770-r号令，http：//government. ru/docs/27397/，最后访问日期：2019年5月26日。
⑧ 第DM-P9-21pr号决议，http：//government. ru/orders/selection/401/27510/，最后访问日期：2019年5月26日。

邦运输部于 9 月 22 日制定了《北方海航线水域的航行规则》。① 2018 年 5 月 7 日生效的第 204 号法令《关于俄罗斯联邦 2024 年发展的国家目标和战略目标》提出促进北海航线的发展，并将航线货运量增加至 8000 万吨。②

俄罗斯通过修改相关法律以加强对北方海航道管理。一方面，2017 年 2 月 1 日俄罗斯联邦委员会批准了北方海航道管理法修正案，对《俄罗斯联邦商船法》第五条进行修正，规定北海战舰、军用辅助船和其他政府非商业船只在相关水域中的破冰救援、冰上航行服务的付款程序和金额。③ 6 月 23 日俄罗斯政府提出修正案，对《俄罗斯联邦商船法》第四条进行修正，将"沿海运输"法律概念从各港口扩展至包括其他装卸地点、大陆架上的人工岛屿、设施和建筑物之间的运输和牵引。该修正案并建议在北方海航线水域，必须由船旗国为俄罗斯的船舶装载运输碳氢化合物原料和煤炭。④ 11 月中旬普京宣布北方海航线沿线的所有石油和天然气运输将国有化，并于 12 月签署了第 1155137－6 号《俄罗斯联邦商船法修正案》。但该法案有两个例外，一是 2018 年 2 月 1 日前签署协议的外国注册船舶将获准继续进行；二是新的法律将北方海航道定义为俄罗斯北极海岸在新地岛和白令海峡之间的延伸，但排除摩尔曼斯克和阿尔汉格尔斯克这两个港口。⑤ 另一方面，俄罗斯政府着手修改 1999 年颁布的第 1102 号法令《关于外国军舰和其他国家非商用船只在俄罗斯联邦领海、内水、海军基地、军舰基地以及军港航行和停留规则》，以加强对北方海航道上外国舰船的管理和对北方海航道国际航行活动的控制。2018 年 11 月 30 日，俄罗斯国防部国家国防管理中心主任

① 《北方海航线水域的航行规则》，http：//www. nsra. ru/ru/ofitsialnaya_ informatsiya/pravila_ plavaniya. html，最后访问日期，2019 年 5 月 26 日。

② 《北极发展会议决定》，http：//government. ru/orders/selection/401/35123/，最后访问日期：2019 年 5 月 26 日。

③ 《俄罗斯联邦商船法》修正案，http：//kremlin. ru/acts/news/53829，最后访问日期：2019 年 5 月 26 日。

④ 第 1155137－6 修正案，http：//government. ru/activities/selection/304/28199/，最后访问日期：2019 年 5 月 26 日。

⑤ 第 460－ФЗ 号联邦法律，http：//government. ru/activities/selection/525/30993/，最后访问日期：2019 年 5 月 26 日。

在国防部部门协调会上宣布,外国军用舰船在使用北方海航道航行前,必须向俄罗斯政府有关部门提前通报。①

　2.美国

　美国一贯将本国利益放在战略考量的关键位置,并谋求在全球格局中的核心作用。奥巴马政府越来越重视美国在北极的诸多战略利益。特朗普政府退出《巴黎协定》表明,相较于奥巴马政府,其的确是弱化了对气候问题的考量,但这并不意味着美国要退出北极气候治理,而是将通过对美国利益有利的方式参与北极气候治理。自2017年至今,美国在矿产资源勘探开发方面提出了许多法律议案。特朗普政府上台后首先签署了《美国优先海上能源战略》行政命令,而后提出解除限制美国在北极租赁石油和天然气的草案。但是,这些举措引起了美国社会的反对,并通过相应的草案和法案予以回应。在基础设施建设和航道管理方面,美国通过《国防授权法案》,第一次为美国海岸警卫队批准了多达六艘重型极地破冰船,并出台《航运与环境北极领导力法案》,为开发一条安全可靠的北极航道提供法律依据。在北极政策方面,美国国会议员向国会商业、科学和交通委员会提交《北极政策法案(2018)》,拟修订《北极研究与政策法案(1984)》,提出修改北极研究委员会,建立北极执行指导委员会,为有关北极事务机构提供指导,加强机构间北极政策的协调。②

　在矿产资源勘探开发方面,美国国会曾于2017年3月29日通过《2017年禁止北极海洋钻探法案》(Stop Arctic Ocean Drilling Act of 2017),该法案宣布将化石燃料保留在地下以避免气候变化带来的危险影响,并修订《外大陆架土地法》(Outer Continental Shelf Lands Act),禁止美国内政部签发或续签涉及勘探、开发和生产北冰洋的石油、天然气或任何其他矿物的租赁协议或任何其他授权,包括博福特海和楚科奇海规划区的相关活动。③ 但是

---

① 《俄罗斯对外国船只使用北方海航道加强管理》,http://www.xinghuozk.com/60409.html,最后访问日期:2019年5月26日。

② 《极地之声》,http://epaper.oceanol.com/content/201901/04/c8383.html,最后访问日期:2019年5月4日。

③ 参见 https://www.congress.gov/bill/115th-congress/house-bill/1784?q=%7B%22search%22%3A%5B%22Arctic%22%5D%7D&s=2&r=14,最后访问日期:2019年5月25日。

2017 年 4 月 28 日，美国总统特朗普签署了《美国优先海上能源战略》（America-First Offshore Energy Strategy Executive Order），将海上石油和天然气钻探范围扩展到此前受限制的北极其他地区。① 这项行政命令将改变美国前总统奥巴马 2016 年 12 月签署的部分禁令，以解除美国对北冰洋和大西洋部分水域石油和天然气租赁实行的无限期限制。② 2018 年 1 月 11 日特朗普总统宣布了一项为几乎所有美国外大陆架的石油和天然气钻井平台提供开采区域的提案草案（Draft Proposal for Offshore Leasing between 2019 and 2024），该草案打开了美国企业在北冰洋、大西洋和太平洋海域钻探的大门，是对前任政府政策的重大转变。同日，美国内政部宣布新的《五年海上油气租赁计划》（Ambitious New Five-Year Offshore Lease Plan），计划在北极、大西洋和太平洋海域提供开展石油和天然气勘探的区域。该提案草案将为远离美国海上钻探的中心地区——墨西哥湾中西部地区的钻探打开大门，让石油和天然气公司有机会勘探数十年来无法租赁的区域。③ 但是，自美国总统特朗普签署《美国优先海上能源战略》的行政命令，包括在 2018 年 1 月提出上述草案之后，引发了美国国内不同利益攸关者的关注。加利福尼亚、纽约、北卡罗来纳、俄勒冈、华盛顿、佛罗里达等州均表示反对在其近海进行油气钻探。此外，超过 60 家美国环保组织组成联盟反对该计划，称该计划将近海水域出售给石油商，会对当地民众健康、环境和海洋生物造成严重损害。④ 由于美国民众对特朗普油气开采新政的争议颇大，2019 年 1 月 8 日，美国国会通过了《2019 年禁止北极海洋钻探法案》（Stop Arctic Ocean Drilling Act of 2019），该法案将停止 2019 年在北极海域和外大陆架的天然气和石油

① 参见 http：//www.digitaljournal.com/tech-and-science/technology/trmp-administration-quickly-oks-first-arctic-drilling-plan/article/497645，最后访问日期：2019 年 5 月 25 日。
② 参见 https：//www.newsmax.com/Politics/US-Trump-Offshore-Drilling/2017/04/28/id/787093/，最后访问日期：2019 年 5 月 25 日。
③ 参见 https：//www.cnbc.com/2018/01/04/trump-aims-to-open-arctic-pacific-and-atlantic-to-offshore-drilling-in-ambitious-new-plan.html，最后访问日期：2019 年 5 月 25 日。
④ 参见 http：//news.cnpc.com.cn/system/2019/04/28/001728518.shtml，最后访问日期：2019 年 5 月 25 日。

租赁事务。① 2019 年 2 月 11 日，《北极文化和沿海平原保护法》（Arctic Cultural and Coastal Plain Protection Act）提交美国众议院审议，该法旨在保护北极国家野生动物免受石油和天然气钻探的影响，同时废除 2017 年《减税和就业法》（Tax Cuts and Jobs Act）中的一项规定，即不再要求美国内政部推进石油和天然气的租赁、开发和生产。②

在基础设施建设与航道管理方面，美国众议院于 2018 年 3 月 8 日就《第 33 号众议院联合决议》（House Joint Resolution No. 33）举行了听证会。该决议要求阿拉斯加州议会代表团重视北极地区的经济潜力，优先发展基础设施和增强国防能力，比如在该地区建设一个供美国海岸警卫队使用的港口。③ 美国国会于 2018 年 8 月 1 日通过了《国防授权法案》（National Defense Authorization Act），将为阿拉斯加的北极地区带来更多的资源。《国防授权法案》有史以来第一次为美国海岸警卫队批准了六艘重型极地破冰船。《国防授权法案》与美国国防部更新的北极战略意味着美国重视北极利益，该法案呼吁更新北极战略，为每个军事部门提供具体角色和任务。④ 在 2019 财政年度的总统预算中，特朗普总统请求拨款 7.5 亿美元支持美国海岸警卫队建造新的破冰船以帮助美国继续在北极地区开展活动。这部分资金重新写入 2019 财年《国土安全部拨款法案》（Department of Homeland Security Appropriations Act）。⑤ 2019 年 4 月，美国出台了《航运与环境北极领导力法案》（Environmental Arctic Leadership Act），这项法案有助于美国制定航运方面的北极战略。《航运与环境北极领导力法案》将开发一条安全可

---

① 参见 https：//www. congress. gov/bill/116th-congress/house-bill/309/text？q = % 7B% 22search% 22％3A%5B%22Arctic%22%5D%7D&r =2&s =2，最后访问日期：2019 年 5 月 25 日。

② 参见 https：//scipol. org/track/hr1146-amend-public-law-115-97-commonly-known-tax-cuts-and-jobs-act-repeal-arctic-nationa, l 最后访问日期：2019 年 5 月 25 日。

③ 参见 http：//www. thearcticsounder. com/article/1810resolution_ pushes_ for_ arctic_ port_ coast_ guard，最后访问日期：2019 年 5 月 25 日。

④ 参见 https：//www. ktva. com/story/38793068/national-defense-act-has-heavy-arctic-focus，最后访问日期：2019 年 5 月 25 日。

⑤ 参见 https：//thehill. com/blogs/congress-blog/politics/398661-coast-guard-icebreakers-not-optional-as-china-and-russia-surge，最后访问日期：2019 年 5 月 25 日。

靠的北极海上航道，该法案将进一步确保北极地区成为国际合作的地方，而不是竞争或冲突的地方。①

在北极政策方面，2018 年 12 月 11 日，美国议员向商业、科学和交通委员会提交《北极政策法案（2018）》（草案）（Arctic Policy Act of 2018）（以下简称 APA 法案），拟修订《北极研究与政策法案（1984）》（Arctic Research and Policy Act of 1984），提出将北极研究委员会改名为北极执行指导委员会，为有关北极事务机构提供指导，加强机构间北极政策的协调。APA 法案将北极执行指导委员会纳入法律，之前的北极研究委员会则是由奥巴马政府时期的行政命令确定。尽管该命令尚未被废除，但特朗普政府已使该委员会在过去两年中处于休眠状态。该法案不仅将上述委员会编入法典，还将其主席职位移交给国土安全部，而非白宫。此外，APA 法案还将建立一个北极咨询委员会，委员会中的成员代表阿拉斯加的八个北极地区，② 以加强机构间北极政策的协调。

3. 加拿大

2015 年大选对加拿大的北极政策走向有一定的影响。执政近十年的史蒂芬·哈珀所领导的保守党政府一直奉行强硬的北极政策立场，捍卫加拿大在北极的主权。在加拿大政府 2010 年 8 月 20 日发布的《北极外交政策声明》中，加拿大明确宣示其在主权行使、环境保护和促进社会经济发展等方面的北极战略。特别强调：加拿大是一个北极大国，北极是加拿大国家认同的基础，行使主权是加拿大北极外交政策的第一任务。哈珀政府所采取的强硬立场忽视民意，其北极政策在国内颇受争议。2015 年 11 月，贾斯汀·特鲁多所领导的自由党政府上台后，加大了对北极地区民生和基础建设的重视程度，将加拿大的北极政策焦点转移到改善北部社区的生活条件上来。在2015 年的竞选中，自由党对气候变化、"营养北方"（Nutrition North）粮食

---

① 参见 https：//www. arctictoday. com/two-u-s-bills-could-advance-american-presence-in-the-arctic/，最后访问日期：2019 年 5 月 25 日。

② 参见 https：//www. arctictoday. com/two-u-s-bills-could-advance-american-presence-in-the-arctic，最后访问日期：2019 年 5 月 25 日。

补贴项目，以及北部社区的经济适用房项目进行了重点关注，这三个领域引起了加拿大北方人民的共鸣。

在北极航道和海洋安全方面，2016 年 11 月，加拿大政府出台《海洋管理计划》（National Oceans Protection Plan），拨款 15 亿美元以改善海洋安全和实现负责任的航运，保护加拿大的海洋环境，并为土著和沿海社区提供新的发展机会。根据该计划，加拿大海岸警卫队延长了其北极运营时间，又增加了五个服务日。这项工作通过与因纽特人、原住民、当地利益攸关者和北部社区的密切合作正顺利进行。① 2017 年 12 月，加拿大运输部出台了《北极航运安全和污染防治条例》（Arctic Shipping Safety and Pollution Prevention Regulations），以此在国内法规中引入《极地规则》，新法规包括与船舶设计和设备规格、船舶作业和船员培训有关的各种安全和污染防治措施。

2017 年 9 月，因纽特人联盟与加拿大政府达成协议，允许因纽特人使用传统知识参与制定位于加拿大西北航道东北部的第一个土著海洋保护区，即 Tallurutiup Imanga 海洋保护区的管理计划。该海洋管理计划涵盖航运管理、资源开采、水质、物种管理、历史遗迹保护和其他对因纽特人十分重要的事项。② 随后，2018 年 10 月 30 日，加拿大政府和因纽特人联盟就 Tallurutiup Imanga 海洋保护区中有关 "未来因纽特人影响和利益协定" 的关键要素达成原则性协议。该项协议主要涉及未来该国家海洋保护区给因纽特人带来的影响和利益。该协议的内容包括建立一个联合加拿大和因纽特的新型治理模式，同时建设一个在 Tallurutiup Imanga 的因纽特咨询机构。③

---

① 参见 https：//pm. gc. ca/eng/news/2016/11/07/prime-minister-canada-announces-national-oceans-protection-plan，最后访问日期：2019 年 5 月 25 日。

② 参见 https：//beta. theglobeandmail. com/news/politics/inuit-will-write-marine-management-plan-for-eastern-end-of-northwest-passage/article36428995/？ ref = http：//www. theglobeandmail. com&，最后访问日期：2019 年 5 月 26 日。

③ 参见 http：//www. rcinet. ca/eye-on-the-arctic/2018/12/05/inuit-nunavut-marine-conservation-area-arctic-canada-northwest-passage-environment-qikiqtani-indigenous-politics/，最后访问日期：2019 年 5 月 26 日。

Tallurutiup Imanga 海洋保护区将在"未来因纽特人影响和利益协定"和"临时管理计划"最终制定完成后建立,成为加拿大最大的海洋保护区。

在国际合作方面,2017年5月,加拿大签署了《加强北极国际科学合作协定》。该协定将加强加拿大作为北极科研工作领导者的作用,同时吸引外国学者来加拿大开展北极科研。①

4. 日本

日本与中国在同一时间成为北极理事会正式观察员国,又同处于东亚地区,北极对于日本而言具有重要利益和战略价值。日本政府每隔5年左右就会重新研究、制订海洋基本计划。2018年5月15日,日本正式通过了第三期《海洋基本计划》(Third Basic Plan on Ocean Policy)。这一文件作为日本政府指导、制定与实施2018~2022年海洋政策的基本方针,旨在协调涉海各省厅间关系、明确未来施政方向、调整政策优先顺序,并对日本涉海事务予以进一步分工、规范、指导。第三期《海洋基本计划》与前两期《海洋基本计划》相比有显著的变化,前两期《海洋基本计划》将开发和利用海洋资源作为核心内容,而第三期《海洋基本计划》较之前两期最大的变化在于突出了维护海洋权益、保障海洋安全的重要性,最大特点是将海洋政策重点调整至海洋安全保障领域。

强化推进北极海洋政策首次在《海洋基本计划》中作为日本政府的主要海洋政策被提出。"北极政策的推进"分别从研究开发、国际合作、持续利用3个层面,提出了14条具体政策。日本首次将利用北极航道作为主要政府政策,旨在利用东亚和欧洲之间丰富的自然资源和航运路线,并计划积极参与制定关于北冰洋的国际规则。日本政府在《基本海洋计划》中写下了其目标,即根据《联合国海洋法公约》实现北冰洋航行自由,并通过一个多边对话框架来确保国家利益。②

---

① 参见 http://pro-arctic.ru/15/05/2017/news/26609#read,最后访问日期:2019年5月26日。

② 参见 http://www.asahi.com/ajw/articles/AJ201806290051.html,最后访问日期:2019年5月26日。

二 北极开发利用新进展

（一）北极航运

日渐消融的北冰洋为船舶的航行带来了便利的条件，从而更加激起了人们探索北极的欲望。全球贸易增加了各大洲不同地域国家之间的联系，基于比较优势，北极航行的船舶量逐年增加。随着北极地区国际船舶的增加，考虑到不同的操作环境，可以预见，为北极航运建立安全规制将会成为北极地区国际组织建章立制的核心议题，也是北极航道管理国、北极航道使用国关注的热点问题。

1. 俄罗斯

近年来，俄罗斯将北极航道开发从排他性向有限合作转变，提升引航和港口服务，着力打造"冰上丝绸之路"，航运事业在俄罗斯国家战略布局中处于极为重要的地位。俄罗斯总统南北极国际合作问题特别代表阿尔图尔·尼古拉耶维奇·奇林加罗夫认为："没有相应的交通保障，俄罗斯不可能有效开发北极地区。北极发展的关键作用在于北方海路。北方海路是连接俄罗斯西部地区与东部地区、欧洲港口和亚洲港口的最短海路。从长远来看，这条交通大动脉将有望成为连接亚太地区和欧洲的最短纽带。对于我们国家来说，北方海路具有战略意义。"①

在报告第一部分的法律制度中，我们梳理了自 2017 年以来俄罗斯在航道管理以及航运规则方面制定、修订的立法，如《北方海航道水域航行规则》（Rules of navigation in the water area of the Northern Sea Route）和《俄罗斯联邦商船法》（Merchant Shipping Code of the Russian Federation），2017 年

---

① 俄罗斯国际事务委员会主编《北极地区：国际合作问题》第一卷，熊友奇等译，世界知识出版社，2016，第 3 页。

俄罗斯联邦运输部批准了关于北方海航道水域航行规则的修正案。① 俄罗斯联邦北方海航道管理局于其网站上公布了该修正案。② 法案修正后，将延长破冰等级较差的船舶在北方海航道水域的航行期，提高破冰船在冰情困难地区的航行效率，为冰情良好的地区提供定期航行。③

2017 年 12 月，俄罗斯总统普京签署了修订《俄罗斯联邦航运法》的法令④，规定在俄罗斯领土或俄罗斯管辖区域中生产的石油、天然气、凝析油和煤炭经北方海航道运输时必须由在俄罗斯登记且悬挂俄罗斯国旗的船只装载。⑤ 此外，该法令规定在不违背普遍公认的国际法规则和俄罗斯签署的国际条约的前提下，俄罗斯政府有权就上述货物的海运和是否可以使用悬挂其他国家国旗的船舶作出决定。⑥ 这项法案对使用北方海航道的域外国家会产生不可忽视的影响。

2017 年至 2018 年，俄罗斯在高度重视北方海航道管理的总体形势下，不断颁布法律文件改革北方海航道管理体制，明确各部门职权范围。俄罗斯联邦北方海航道管理局负责俄罗斯北极水域的交通管制，如签发航行许可，但北方海航道管理局与 Rosatom 国家原子能公司（以下称 Rosatom）之间存在部分管理权限不明确的问题。2017 年 5 月 5 日俄罗斯联邦运输部提议将核动力破冰船管理权从 Rosatom 转移到北海航道管理局，认为此举有助于提

① NSR Rules update. The Polar Code Certificate required to get Permit for NSR navigation，16 March 2017，http：//arctic-lio. com/？ p = 1131，最后访问日期：2018 年 12 月 5 日。

② AMENDMENTS to the Rules of navigation in the water area of the Northern Sea Route approved by the order of the Ministry of Transport of the Russian Federation dated January 17，2013，No. 7，http：//www. nsra. ru/en/ofitsialnaya_ informatsiya/pravila_ plavaniya/f122. html，最后访问日期：2018 年 12 月 12 日。

③ Ministry of Transport plans to optimize admission criteria for the NSR，1 November 2018，http：//arctic-lio. com/？ p = 1261，最后访问日期：2018 年 12 月 20 日。

④ Amendments to Merchant Shipping Code of Russia，29 December 2017，http：//en. kremlin. ru/acts/news/56546，最后访问日期：2018 年 12 月 24 日。

⑤ Maria Shagina，Challenges of Arctic shipping in Russia：The case of Novatek，10 August 2018 https：//globalriskinsights. com/2018/08/arctic-shipping-russia-novatek，最后访问日期：2018 年 12 月 22 日。

⑥ Amendments to Merchant Shipping Code of Russia，29 December 2017，http：//en. kremlin. ru/acts/news/56546，最后访问日期：2018 年 12 月 25 日。

高效率并节省资金。Rosatom 称其从 2008 年以来就管理着核破冰船队，失去对核破冰船队的控制权将对该公司在北极地区的活动造成打击。① 为平衡北方海航道管理局和 Rosatom 之间的管理权限，俄罗斯开展了大刀阔斧的体制改革。2017 年 10 月 23 日俄罗斯立法活动委员会批准了《关于澄清 Rosatom 权力的法案》，该法案于 2017 年 11 月 9 日由俄罗斯政府会议审议批准。② 根据该法案，Rosatom 为股份制公司，俄罗斯政府对其拥有 100% 的股份，法案授权公司代表俄罗斯政府行使股东的权利，排除政府直接管理的权力。Rosatom 有权向相关组织颁发施工许可证进行核能设施建设，无论这些组织是否属于国有公司。③ 2018 年 6 月 15 日俄罗斯联邦运输部和 Rosatom 就北方海航道管理权划分问题达成协议：俄罗斯联邦运输部具有对北方海航道的监管职能，而 Rosatom 负责基础设施建设。④ 2018 年 7 月 2 日俄罗斯联邦立法活动委员会批准了《关于 Rosatom 在北方海航道及邻近地区的开发和运营权利的法律草案》，于 7 月 5 日在联邦政府会议上审议通过。⑤ 该法案提出在北方海航道和邻近水域，Rosatom 应提供必要的国家服务，如航运、航行安全保障、港口和能源基础设施，并具有管理相应国家财产的职能。该法案还确立了"两把钥匙原则"，即俄罗斯联邦运输部将与 Rosatom 协调，制定北极航道海港强制性规定、船舶的破冰和冰上引航规则。俄罗斯联邦运输部将履行俄罗斯相关国际义务，包括批准与航行安全有关的标准和要求，规范北方海航道的航行，提高公共管理的效率，增加北方海航线的货物运输量。2018 年 12 月 11 日俄罗斯国家杜马通过法案，12 月 28 日普京总统签署了

---

① 《俄计划重设北极政府》，https：//thebarentsobserver. com/en/2017/05/government-aims-redesign-arctic-administration，最后访问日期：2019 年 5 月 26 日。

② 第 473 - FZ 号联邦法，http：//government. ru/activities/selection/525/20176/，最后访问日期：2019 年 5 月 26 日。

③ 第 2530 - r 号令，http：//government. ru/activities/selection/301/30162/，最后访问日期：2019 年 5 月 26 日。

④ 《RBC 报道 Rosatom 和运输部就北方海航线管理达成协议》，https：//www. kommersant. ru/doc/3669347，最后访问日期：2019 年 5 月 26 日。

⑤ 第 1374 - p 号令，http：//government. ru/activities/selection/301/33189/，最后访问日期：2019 年 5 月 26 日。

《Rosatom 原子能公司法联邦法律》，明确了俄罗斯国家原子能公司 Rosatom 公司在北方海航道管理和运营中的权力，使其正式成为俄罗斯北方海航道的管理机构。Rosatom 在北方海航道的开发和运营中权力很大，比如为沿岸海港基础设施建设与运营提出公共政策建议；组织船只以及与沿岸海港的船长进行合作；就防止石油泄漏问题与俄罗斯行政当局进行联络，并代表俄罗斯政府行使权力，以防止石油泄漏或消除石油泄漏的影响。① 至此，Rosatom 在北方海航道管理的职权通过法律的形式不断得到明确，在与俄罗斯联邦北方海航道管理局的竞争中获得优势。

Rosatom 作为委托预算资金的接收者和主要管理者，负责俄罗斯北方海航道的发展和可持续运营，并管理海港基础设施。此外，Rosatom 的任务还包括为通过北方海航道的船只提供全年导航。基于此目的，俄罗斯正在设计新的核破冰船，破冰厚度可达 4 米。俄罗斯联邦运输部仍负责对北方海航道进行航行监管和法律监管，履行俄罗斯相关国际义务，履行控制和监督职能，包括批准与航行安全有关的标准和要求，以及其他有关的标准和要求。②

2018 年，通过俄罗斯北方海航道运输的货物约有 1800 万吨，比 2017 年增加了近 70%。俄罗斯总统普京 2018 年 5 月签署的 17 项行政法令（五月法令）③ 中将北方海航运列入俄罗斯最重要的优先事项之一，规定北方海航道的目标航运量到 2024 年达到 8000 万吨。北方海航道开发项目也已纳入俄罗斯政府批准的 2024 年期间主干基础设施现代化和扩建的综合计划。俄罗斯"北方海航道"项目包括确保北方海航道航行安全的措施。这些措施包括建设全球海上遇险和安全系统（Global Maritime Distress and Safety System，GMDSS）设施，领航和水道测量支持，在摩尔曼斯克为搜索和营救

① 第 525 号联邦法，http：//kremlin. ru/acts/news/59539，最后访问日期：2019 年 5 月 26 日。

② 《国家杜马通过了一项关于俄原子能公司有权发展北方海航线的法律》，海洋与极地门户网站，http：//www. polaroceanportal. com/article/2414，最后访问日期：2019 年 1 月 30 日。

③ The President signed Executive Order On National Goals and Strategic Objectives of the Russian Federation through to 2024，7 May 2018，http：//en. kremlin. ru/events/president/news/57425，最后访问日期：2019 年 1 月 28 日。

（SAR）船只建造一个基地和一个泊位，建造高破冰级别的搜索和营救船舶，建造4艘破冰船用于保障 Sabetta 港口全年的液化天然气运输。除此之外，为了实现2024年北方海航道运输量达到8000万吨的目标，俄罗斯计划开发和建造包括液化天然气和凝析油终端设施在内的港口基础设施。①

2. 美国

白令海峡作为北极航道咽喉之地，从航运以及安全等方面来说，其国际地位都是极其重要的。俄罗斯《2020年前及更远的未来俄罗斯联邦在北极的国家政策原则》中包含了俄方对白令海峡利益的国家阐述，美国在该地区的利益定位主要体现在其《北极地区国家战略》② 中，但美国始终没有专门针对白令海峡地区进行立法。2018年5月，美俄两国联合向国际海事组织海上安全委员会（MSC）提出关于白令海峡船舶通行的提案得到批准，打破了长期以来两国在白令海峡地区的战略僵局，显示出未来美俄两国在白令海峡地区的较量会呈现有限缓和、合作增加的局面。

在此之前，美俄两国在白令海和白令海峡很少有合作。美国海岸警卫队（USCG）第17区和俄罗斯曾经于2013年4月在符拉迪沃斯托克（海参崴）召开会议，商议制订一个为期两年的工作计划。后来乌克兰事件致使美俄双方的基层接触停止，但两国在白令海峡地区（以及更广泛的北极）有共同的利益，包括环境保护、经济发展、搜救和应急事件等。如果两国保持在该地区的合作将有助于维持土著人民继续狩猎的能力，保持该地区独特的生态特性，实现经济发展，提高集体安全，确保经济繁荣，从长远利益看有利于俄罗斯和美国双方。

2018年美俄两国联合提出的白令海峡通行和警戒区提案中规定，在白令海峡从俄罗斯和美国指定的方向上设计6个4海里宽的双向航道，在开

---

① NSR development estimated in 587, 5 bln roubles, 16 October 2018, http：//arctic-lio. com/? p = 1203，最后访问日期：2019年1月27日。

② Presidential Directive. National security presidential directive NSPD – 41: homeland security presidential directive HSPD – 13 （《国家安全总统指令 NSPD – 41/国土安全总统指令 HSPD – 13》），http：//fas. org/irp/offdocs/nspd/nspd41. pdf。

始、结束、穿越、换向航道上设置 6 个警戒区。在白令海峡分属俄罗斯和美国的部分，这些航道相互平行，允许船只根据天气和冰层状况以及目的地的不同选择最方便的路线。航道远离海岸，以确保吃水深度足够大型船舶安全航行。所有登记吨位为 400 吨及以上的船只，均可使用该航道。该通行和警戒区提案是国际海事组织根据《国际海上人命安全公约》（SOLAS 74/78）批准的国际认可的第一项极地水域规则。①

3. 加拿大

为了维护加拿大政府对北方海运设定的高标准，2017 年 12 月加拿大运输部出台了新的《北极航运安全和污染防治条例》。② 该法规将《极地规则》纳入加拿大国内立法。《极地规则》和加拿大《北极航运安全和污染防治条例》包括各种安全保障和预防污染的措施，包括与船舶设计、船舶操作、船员培训有关的措施。此外，加拿大运输部正在采取行动，通过海洋保护计划来保护北方海岸，并支持在北极水域进行安全和负责任的航运。加拿大运输部部长 Marc Garneau 在 2017 年 8 月宣布加拿大政府将提供超过 1.75 亿美元的资金以保护北极水域。作为海洋保护计划的一部分，加拿大政府还承诺将审查和修订《引航法》（Pilotage Act），以支持提供安全、有效和对环境负责的引航服务。③

（二）北极渔业

近年来在北极渔业国际立法发展方面突出的表现之一是《预防中北冰洋不管制公海渔业协定》的制定和通过。2018 年 10 月 3 日，加拿大、中国、丹麦、冰岛、日本、挪威、俄罗斯、韩国、美国和欧盟签署了《预防

---

① IMO approves joint RF/USA proposal on regulation of shipping in the Bering Strait, 22 May 2018 http：//en. portnews. ru/news/258522/，最后访问日期：2019 年 2 月 5 日。

② Arctic Shipping Safety and Pollution Prevention Regulations, https：//laws-lois. justice. gc. ca/eng/regulations/SOR-2017-286/index. html，最后访问日期：2019 年 5 月 24 日。

③ Transport Canada introduces new Arctic Shipping Safety and Pollution Prevention Regulations, 10 January 2018, https：//www. canada. ca/en/transport-canada/news/2018/01/transport_ canadaintroducesnewarcticshippingsafetyandpollutionpre. html/，最后访问日期：2019 年 2 月 5 日。

中北冰洋不管制公海渔业协定》，该协定开始生效。《预防中北冰洋不管制公海渔业协定》的通过和签署标志着各国在北冰洋公海区域开始商业捕捞之前积极合作保护海洋环境。①

《预防中北冰洋不管制公海渔业协定》包括序言和由 15 个条款组成的正文。在序言中，各缔约方认识到虽然北冰洋中部公海在一般情况下有冰覆盖无法进行商业捕捞，但近几年该区域被冰覆盖的面积逐渐减少。各方也认识到北冰洋中部沿海国在养护和可持续管理北冰洋中部的鱼类种群方面具有特殊责任和特殊利益。在序言中，各方还认为在不久的将来在北冰洋中部公海的商业捕鱼还不太具有可行性，因此在目前情况下在北冰洋中部建立任何区域或次区域渔业管理组织是不成熟的。各方按照预防方法，防止在北冰洋中部公海的无管制捕捞，同时定期审查是否需要采取额外的养护和管理措施。《预防中北冰洋不管制公海渔业协定》的正文依次包括"用语""协定的目的""联合科学研究和监测方案""审查和进一步执行""决策""争端解决""非缔约方""签署""登记""生效""退出""协定的持续时间""与其他协定的关系""保存"等 15 个条款。②

《预防中北冰洋不管制公海渔业协定》适用的范围是被加拿大、丹麦格陵兰、挪威、俄罗斯和美国所属海域所包围的北冰洋中部的公海部分。协定实际上适用的物种范围涵盖所有"鱼类、软体动物和甲壳类动物"，但《联合国海洋法公约》第 77（4）条所规定的定栖物种除外。③ 根据该协定，各方承诺在对该区域鱼类种群有更多了解之前，不在北冰洋中部进行商业捕

---

① Governments to Sign Unprecedented Deal to Protect Arctic Ocean，1 October 2018，https：//www. pewtrusts. org/en/research-and-analysis/articles/2018/10/01/governments-to-sign-unprecedented-deal-to-protect-arctic-ocean，最后访问日期：2019 年 2 月 24 日。

② Agreement to Prevent Unregulated Fishing in Central Arctic Ocean，15 March 2019，https：//eur-lex. europa. eu/legal-content/EN/TXT/PDF/？uri = CELEX：22019A0315（01）&from = EN，最后访问日期：2019 年 5 月 2 日。

③ Valentin Schatz，Alexander Proelss and Nengye Liu，The 2018 Agreement to Prevent Unregulated High Seas Fisheries in the Central Arctic Ocean：A Primer，26 October 2018，https：//www. ejiltalk. org/the-2018-agreement-to-prevent-unregulated-high-seas-fisheries-in-the-central-arctic-ocean-a-primer/，最后访问日期：2019 年 2 月 15 日。

捞。各方还将制定一项联合科学研究和监测方案，以增进对该地区生态系统的了解，并确定是否以可持续的方式捕捞鱼类资源。联合科学研究和监测方案旨在使各方有时间更好地了解北冰洋公海的海洋生态系统和物种，为养护和管理措施提供信息。① 该协议计划持续 16 年，每 5 年自动更新一次，直到制定出一个基于科学研究的渔业配额和相关规则，或者是有国家表示反对。该协定不影响包括东北大西洋渔业委员会等其他渔业管理组织或协定在内的现有法律制度和各方在这方面的立场。

（三）北极空间规划与行政管理

1. 海洋空间规划

在海洋空间规划方面，挪威和俄罗斯都有新的进展。2017 年 4 月 5 日，挪威批准挪威气候与环境部更新挪威海管理计划的建议。该建议概述了挪威海的环境状况和价值，对海洋污水和微塑料进行了特别审查并采取了相应的措施，并审查了挪威海域周边的土地使用和土地管理情况，提出了保护和可持续利用挪威海生态系统的措施。② 2018 年，俄罗斯开始在与芬兰、挪威和瑞典的国际协议框架内为开发波罗的海和巴伦支海的海洋空间规划工具。这项工作尚未完成，计划的主要工作内容包括：绘制巴伦支海和波罗的海俄罗斯水域的主要自然资源分布图；收集关于海水富营养化和污染的信息；探索跨界海洋空间规划的方法和程序。俄罗斯制定了基于生态系统的方法进行海洋空间规划的提案并已提交给俄罗斯联邦自然资源部。③

2. 行政管理

2018 年 10 月，加拿大渔业海洋部和海岸警卫队首长 Jonathan Wilkinson

① Nine Countries, EU Sign Agreement to Prevent Unregulated Fishing in Central Arctic Ocean, 9 October 2018, http：//sdg. iisd. org/news/nine-countries-eu-sign-agreement-to-prevent-unregulated-fishing-in-central-arctic-ocean/，最后访问日期：2019 年 2 月 27 日。

② Oppdatering av forvaltningsplanen for Norskehavet, https：//www. regjeringen. no/no/dokumenter/meld. -st. -35 - 20162017/id2547988/，最后访问日期：2019 年 3 月 7 日。

③ Baltic and Barents Seas, http：//msp. ioc-unesco. org/world-applications/europe/russian-federation/baltic-and-barents-seas/，最后访问日期：2019 年 3 月 7 日。

和加拿大因纽特团结组织（Inuit Tapiriit Kanatami，ITK）主席 Natan Obed 宣布将设立一个独立的北极地区。新的北极地区将包括被统称为 Inuit Nunangat 或"因纽特人的家园"的四个因纽特人地区。新行政区的建立体现了加拿大渔业海洋部和海岸警卫队致力于推进与原住民和解并寻求重新建立关系的承诺，它将使加拿大渔业海洋部和海岸警卫队能够与因纽特人和原住民领导人、原住民组织、其他利益相关者和北极地区居民进行更密切的合作，共同制订计划和提供服务。新行政区设立后，加拿大渔业海洋部将有 7 个行政管理区，海岸警卫队将有 4 个管理区。①

（四）北极油气资源开发

1. 俄罗斯

俄罗斯在稳步推进在北极区域的石油开发进程。俄罗斯石油公司（Rosneft）和俄罗斯天然气工业股份公司（Gazprom Neft）是仅有的两家合法的北方海钻井公司。俄罗斯石油公司于 2017 年 4 月启动了在拉普捷夫海（the Laptev Sea）Khatangsky 许可区域的钻井工作，这是俄罗斯最北端的油井。地质数据表明，该油田的储量为 2.98 亿吨（约 21.84 亿桶），并且是高质量的轻质低硫原油。俄罗斯石油公司还计划 2018 年在巴伦支海继续钻探，并且两年内将在喀拉海进行钻探，进而在整个北极地区进行钻探工作。俄罗斯天然气工业股份公司目前运营位于伯朝拉海（Pechora Sea）的 Prirazlomnoye 油田。该油田于 2013 年底开始开采石油。据估，该油田拥有 7000 万吨石油（约 5.13 亿桶），年平均产量达到 550 万吨（4030 万桶）。②除石油外，俄罗斯也在推动北极地区的天然气开发。2017 年 12 月 8 日，亚马

---

① Fisheries and Oceans Canada, the Canadian Coast Guard and Inuit Tapiriit Kanatami announce new Arctic Region, https://www.canada.ca/en/fisheries-oceans/news/2018/10/fisheries-and-oceans-canada-the-canadian-coast-guard-and-inuit-tapiriit-kanatami-announce-new-arctic-region.html，最后访问日期：2019 年 3 月 14 日。

② Tsvetana Paraskova, Russia goes all in on Arctic oil development, 24 October 2017, https://www.usatoday.com/story/money/energy/2017/10/24/russia-goes-all-arctic-oil-development/792990001/，最后访问日期：2019 年 3 月 17 日。

尔液化天然气项目举行首批液化天然气灌装仪式。该项目的第一批液化天然气销往美国。① 亚马尔液化天然气项目是目前中俄两国之间最大的能源合作项目，中国石油天然气集团公司全价值链参与该项目运作。②

2. 美国

2017 年 12 月开工的俄罗斯亚马尔大型液化天然气工程将主要供应中国等东亚国家，美国的阿拉斯加也对同中国开展能源合作充满期待。

2017 年 4 月 28 日美国总统特朗普签署的《美国优先海上能源战略》（America First Offshore Energy Strategy）被作为新总统的百日新政内容，这项新的能源行政令要求重新评估奥巴马政府颁布的 2017～2022 年外大陆架油气发展计划，包括取消北极部分地区永久性禁止油气钻探的禁令。美国商务部则将停止设立或扩大海洋保护区，并重新评估过去 10 年设立或扩大的海洋保护区。特朗普在签署行政令时说，美国拥有丰富的海洋石油和天然气储备，但美国政府不允许在外大陆架 94% 的区域进行油气勘探和生产活动，"这剥夺了数以千计的工作机会和数十亿美元的财富收入"③。

美国安全和环境执法局（BSEE）批准了意大利埃尼集团在波弗特海（Beanfort Sea）的石油钻探申请。钻探地点在阿拉斯加野生动物保护区以西 100 英里的位置。特朗普政府表示希望开放更多区域进行钻探，称制定一项新的石油储备管理计划将需要"大约一年"的时间。此举契合于特朗普政府在全国范围内推进化石燃料开采的其他尝试，无论是试图重振阿巴拉契亚山脉的煤矿开采，还是在太平洋进行海上钻探。④

① 《俄罗斯亚马尔液化天然气项目第一批液化天然气将销往美国》，http：//www. mofcom. gov. cn/article/i/jyjl/e/201801/20180102696271. shtml，最后访问日期：2019 年 4 月 24 日。
② 胡丽玲：《冰上丝绸之路视域下中俄北极油气资源开发合作》，《西伯利亚研究》2018 年第 4 期，第 28～31 页。
③ 张琪：《特朗普百日维新力捧化石燃料》，《中国能源报》2017 年 5 月 8 日。
④ Peter Buxbaum, Trump Administration Approves Oil Project In Arctic Waters, 10 December 2017, http：//www. globaltrademag. com/global-logistics/trump-administration-approves-oil-project-arctic-waters/? gtd = 3850&scn = trump-administration-approves-oil-project-arctic-waters，最后访问日期：2019 年 3 月 20 日。

3. 加拿大

2018 年 10 月 4 日，加拿大政府间事务、北方事务和内部贸易部部长 Dominic LeBlanc 和自然资源部部长 Amarjeet Sohi 宣布未来加拿大在北极地区的石油和天然气开发活动将进入新的阶段。具体来说，加拿大政府将冻结北极海上现有许可证的条款，将与许可证相关的金融存款余额汇给受影响的许可证持有人，并在暂停期间暂停任何石油和天然气活动；与北方合作伙伴合作，共同制定每五年一次以科学研究为基础的生命周期影响评估审查的范围和治理框架；与西北地区、育空（Yukon）地区的政府和因纽维阿伊特地区社团（Inuvialuit Regional Corporation）商讨波弗特海油气共同管理、共同开发的协议。①

（五）北极地区军事设施及其他基础设施的开发及建设

1. 军事设施建设

2017 年 7 月 20 日，俄罗斯总统普京签署了名为《俄罗斯联邦在海军活动领域的政策原则》（有效期至 2030 年）的政策文件，该文件认为目前北极地区新的威胁正在显现，外国对俄罗斯的经济、政治、法律和军事压力将会阻碍俄罗斯的海洋活动，削弱俄罗斯对北方海航道的控制。为了保护沿北方海航道的经济活动和航运，俄罗斯在北极地区的基地和基础设施项目的开发将继续进行。②

2017 年俄罗斯在北极地区的军事设施建设迅速推进。2017 年 12 月，俄罗斯联邦国防部部长谢尔盖·绍伊古（Sergey Shoigu）在俄罗斯联邦国防部社会委员会会议上说："我们实际上已经完成了北极军事基础设施的建设工作。这在开发北极的整个历史上，还没有谁，没有哪一个国家能够在北极地

---

① Canada Announces Next Steps on Future Arctic Oil and Gas Development，4 October 2018，https：//www.canada.ca/en/intergovernmental-affairs/news/2018/10/canada-announces-next-steps-on-future-arctic-oil-and-gas-development.html，最后访问日期：2019 年 3 月 21 日。

② Atle Staalesen，"What Russias new Navy Strategy says about the Arctic"，3 August 2017，https：//thebarentsobserver.com/en/security/2017/08/what-russias-new-navy-strategy-says-about-arctic，最后访问日期：2019 年 3 月 27 日。

区建设如此大规模、装备完善的设施。"① 2018 年 3 月，谢尔盖·绍伊古在俄罗斯数家报纸上发表文章总结了 2017 年俄罗斯在北极地区开发项目的情况。根据他的介绍，俄罗斯联邦国防部已投入大量资金用于建造新的军事基础设施。目前俄罗斯在北极地区的科捷利内岛（Kotelny）、亚历山大地岛（Alexandra Land）、弗兰格尔岛（Wrangel）以及施密特半岛（Shmidt peninsula）上共建有 425 座建筑，占地面积超过 70 万平方米。三座大型建筑群——"北极三叶草"（Arctic Trefoils）军事基地已建成并投入使用，且建设仍在继续。2018 年法兰士约瑟夫地群岛（Franz Josef Land）的 Nagurskoye 基地的机场建成后可支持全年空中作业。科拉半岛（Kola Peninsula）的"北莫尔斯克 - 1（Severomorsk - 1）跑道"和诺里尔斯克（Norilsk）的"Alykel 跑道"也在 2018 年完工。② 并且，俄罗斯开始在北极建设空防基地，③ 以及部署海岸防御导弹系统。④

除俄罗斯外，美国也试图巩固自身在北极的地位。"杜鲁门号"航空母舰成为近 30 年来第一艘在北极圈以北航行的美国航母。美国在北极地区与原住民进行合作。而美国海岸警卫队也在继续投资建造新的破冰船队。⑤ 2018 年 10 月 25 日至 11 月 7 日，北约在挪威及其周边地区举行了为期两周的"三叉戟接点 2018"联合军事演习。此次演习是北约自冷战结束以来规

① 《俄国防部宣布完成北极军事设施建设》，极地与海洋门户网，2017 年 12 月 28 日，http：//www. polaroceanportal. com/article/1882，最后访问日期：2019 年 3 月 30 日。

② Atle Staalesen，"Defense Minister Shoigu sums up a year of Arctic buildup"，https：//thebarentsobserver. com/en/security/2018/01/defense-minister-shoigu-presents-year-arctic-buildup，最后访问日期：2019 年 4 月 2 日。

③ "Россия начала строительство базы ПВО в Арктике"，27 August 2018，https：//www. interfax. ru/russia/626711，最后访问日期：2019 年 4 月 7 日。

④ "Russia Deploys Coastal Missiles in Arctic Drills"，25 September 2018，https：//themoscowtimes. com/news/russia-deploys-coastal-missiles-arctic-drills-62987，最后访问日期：2019 年 4 月 12 日。

⑤ Kyle Rempfer，"NORTHCOM：Arctic now America's 'first line of defense'"，6 May 2019，https：//www. defensenews. com/news/your-military/2019/05/06/northcom-arctic-now-americas-first-line-of-defense/，最后访问日期：2019 年 5 月 24 日。

模最大的一次联合军演。[①]

2. 其他基础设施建设

除军事设施以外，挪威、俄罗斯、加拿大、美国和芬兰等北极国家在交通和道路设施建设等方面也有所作为。

挪威在推进北极区域建设方面有突出的表现。2017 年 4 月 21 日，挪威在博多（Bødo）发布了"高北战略 2017"（The High North Strategy 2017）。[②]该战略的目标不仅包括促进国际合作，还要在挪威北部建设可持续的城镇和地方社区，包括建造道路、机场、医院等基础设施。该战略将基础设施建设作为博多地区发展的优先领域之一，旨在通过重大投资和基础设施项目确保挪威主权和提高对北极局势的认识。2018 年 4 月 19 日，挪威国务秘书 Audun Halvorsen 在博多举行的北方高级对话会议上发表了题为"北极的先驱者"的讲话。其中说到高北地区是挪威最重要的战略责任区域。在这里，挪威国家利益最容易受到地缘政治变化的影响，因此开发博多地区符合挪威的核心利益。[③]

近年来，俄罗斯也在推进北极地区的港口设施建设。2018 年，在北方海航道沿岸涅涅茨地区建立海港的项目已列入了俄罗斯关于运输和基础设施发展的主要投资项目清单。新港口位于涅涅茨的定居点 Indiga，投资近 40 亿美元，建成后将全年运营。该港口年度货物周转量将达到 7000 万吨，其中 5000 万吨将用于煤炭运输。运输的煤炭是从位于西伯利亚西南部的俄罗斯最大的煤矿区库兹涅茨克（Kuznetsk）盆地开采的。该海港将由私人投资者和俄罗斯政府共同提供资金支持。预计私人投资者将投资 600 亿卢布（9 亿美元），其余的 1980 亿卢布（30 亿美元）将由俄罗斯政府提供。[④] 此外，

---

① 《北约举行"三叉戟接点 2018"联合军演》，新华网，2018 年 10 月 31 日，http：//www. xinhuanet. com/world/2018－10/31/c_ 129982941. htm，最后访问日期：2019 年 5 月 20 日。

② The High North Strategy 2017. Between geopolitics and social development. https：//www. nrcc. no/news/1145-the-high-north-strategy-2017，最后访问日期：2019 年 5 月 12 日。

③ Audun Halvorsen，"Locomotives of the Arctic"，19 April. 2018. https：//www. regjeringen. no/en/aktuelt/locomotives_ arctic/id2600172/，最后访问日期：2019 年 5 月 12 日。

④ 《俄罗斯将投资 40 亿美元在北方航道沿岸建设北极港口》，极地与海洋门户网，http：//www. polaroceanportal. com/article/2404，最后访问日期：2019 年 4 月 23 日。

俄罗斯也正在建设连接北极地区的巨大铁路干线——"北纬铁路"（Northern Latitudinal Railway），该项目计划于 2023 年完工，全长 350 公里，建成后的铁路将把俄罗斯的乌拉尔地区、西西伯利亚地区与北方海航道连接起来，其干线的交通运输量预计为每年 2390 万吨。①

为支持 Nunavut 地区日益增长的航运量，加拿大计划斥资改善两处北极海运基础设施，包括提供支撑护柱和锚等基础设施、配备围栏和照明的货物铺设区、建筑在卸货时保护驳船不受海浪影响的防波堤，以及便于卸货的海运坡道等。② 并且，2017～2019 年加拿大极地基金资助项目清单中包括了 40 余项科学、技术及知识管理项目，其中很多项目涉及基础设施建设，例如"加拿大北极潮汐地形研究和基础设施网络""减少 Nunavut 地区遗留金属废物、缓解环境风险项目""北方社区灰水处理和再利用建设项目""利用建模和遥感为 kitikmeot 地区和西北地区开发多维度低温层监测网系统"等。③

2017 年，美国阿拉斯加州开始建造一条用于石油开发和连接边远地区的横跨北极的巨大公路网络，这就是"北极战略运输和资源"项目（Arctic Strategic Transportation and Resource，ASTAR）。④ 此外，2018 年芬兰与挪威就建设北极铁路线问题达成一致意见。新铁路将于 2030 年投入使用，届时将连通芬兰北部城市罗瓦涅米（Rovaniemi）和挪威的无冰深水港希尔科内（Kirkenes），它将是第一条连接欧盟成员国和北冰洋港口的铁路，将改善许

① "Russia building gigantic railroad artery to connect Arctic regions", 25 July 2018, https：//www. rt. com/business/434207-russia-railway-project-arctic/，最后访问日期：2019 年 5 月 21 日。

② "Canada's federal government will spend CA $ 94. 3M to improve Arctic sealift infrastructure", 23 April 2018, https：//www. arctictoday. com/canadas-federal-government-will-spend-ca94-3m-improve-arctic-sealift-infrastructure/，最后访问日期：2019 年 5 月 17 日。

③ "2017 - 2019 POLAR Funded Projects List", https：//www. canada. ca/en/polar-knowledge/fundingforresearchers/projects-funded - 2017 - 2019. html，最后访问日期：2019 年 5 月 19 日。

④ Elizabeth Harball, "Alaska hatches plan for vast road network across the Arctic", 7 September 2017, https：//www. alaskapublic. org/2017/09/07/alaska-hatches-plan-for-vast-road-network-across-the-arctic/，最后访问日期：2019 年 5 月 14 日。

多北极地区的行业状况。① 芬兰还与非北极国家在北极地区基础设施建设上保持合作，包括与中国合作的跨北极海底光缆信息传输项目。②

三　北极科学研究的新进展

北极地区的可持续发展需要以对北极地区的科学认知为基础，而目前北极科学知识的供给不能满足北极可持续发展对科学认知的需求，推进北极科学研究成为北极治理的重要领域和优先事项。北极科学考察和研究对技术、资金、装备、人才的要求高，开展科学合作成为获取北极信息、积累北极知识的必然途径。国际社会积极推进北极科学研究。在国内事务层面，北极国家普遍重视科学研究，并强调促进国际合作，将北极科学发展作为北极政策的优先事项之一，服务于其对北极地区的政策目标；在国际事务层面，北极科学研究及科学合作日益增加，科学研究与政策制定的联系越来越紧密，基于北极科学研究成果而形成的研究报告和政策建议对北极政策的制定发挥着越来越重要的影响。

（一）渔业管制与管理的科学研究

《预防中北冰洋不管制公海渔业协定》是近期北极治理取得的重要成果，北极国家率先提议对尚没有开展商业捕捞的北冰洋公海进行预防性捕鱼管制，其重要依据就是有关气候变化的科学发现。受气候变化的影响，中央北冰洋海域温度升高，相关组织已经发现北大西洋和北太平洋的有些鱼类向北迁移进入北冰洋，并预测中央北冰洋在未来有可能形成商业性渔场。③ 为

① Atle Staalesen, "Finland says new Arctic railway should lead to Kirkenes", 9 March 2018, https://thebarentsobserver. com/en/arctic/2018/03/finland-says-new-arctic-railway-should-lead-kirkenes, 最后访问日期：2019 年 5 月 23 日。

② Elizabeth Buchanan, "Subsea Cables in a Thawing Arctic", 2 February 2018, https://www. maritime-executive. com/editorials/subsea-cables-in-a-thawing-arctic，最后访问日期：2019 年 5 月 23 日。

③ 《国际磋商各方就〈预防中北冰洋不管制公海渔业协定〉文本达成一致》，《中国海洋报》2017 年 12 月 5 日。

了保护海洋生态系统、确保鱼类种群的养护和可持续利用，5 个北冰洋沿岸国以及 5 个重要的捕鱼方围绕北冰洋公海渔业管理进行了多轮谈判磋商，并签署了《预防中北冰洋不管制公海渔业协定》。该协定对公海捕鱼提出适用预防性养护和管理措施，协定的主要措施之一是要求各方制定联合科学研究和监测计划，进行数据共享并召开联合科学会议，以增进关于该区域海洋生态系统的认知，获取和积累的科学数据为未来制定适当的渔业管理措施提供科学依据。可见北冰洋公海渔业的养护和管理严重依赖对北极科学信息的掌握和对海洋生态系统的认知，北极科学研究及其产生的北极知识正在深刻影响北极治理的议题设定和决策。

（二）北极科学合作

近年来，国际社会普遍认识到加强北极科学合作的重要性和紧迫性，国际、区域乃至双边和多边层面的北极科学合作不断增加。具有代表性的重要合作包括：全球范围的北极科学峰会周与国际南极科学委员会会议同期召开，促进了南北极科学对话交流；主要北极科学考察大国共同参加了第二届北极科学部长会议，进一步加强国际北极科学领域的协作；北极国家签订具有法律约束力的《加强北极国际科学合作协定》，将极大地促进北极国家间科学合作的开展及科学信息的交流共享。

国际组织在促进北极科学合作方面发挥着重要作用，有关北极科学合作的国际组织和平台多种多样，如国际北极科学委员会、北极大学、北极理事会工作组。国际北极科学委员会每年举办北极科学峰会周，以增进参与北极研究的科学组织之间的协调与合作。2018 年的北极科学峰会周与国际南极科学研究委员会的科学会议联合举行，加强了南北极科学家和政策制定者之间的交流。2018 年 10 月，德国、芬兰和欧盟共同举办了第二届北极科学部长会议，聚焦探讨如何支持和加强北极科学合作，参与各方签署了联合声明，在第一届会议取得成果的基础上继续推进以下重要领域的北极科学合作，包括：加强、整合和维持北极观测，便利北极数据的获取和北极研究基础设施的共享使用；提升对北极变化的区域和全球机理的了解；评估北极生态系统的脆弱性，建立北极环境和社会的复原力。

2018 年 5 月 23 日生效的《加强北极国际科学合作协定》是北极理事会主持的北极国家之间达成的第三个有法律约束力的合作协定。

协定要求缔约方采取多方面措施以便利各国在北极地区开展科学活动，具体包括便利人员、装备和材料进出研究区域，获取和使用研究的基础设施和设备，便利数据获取和访问，鼓励利用传统知识与当地知识，提供教育、职业发展和培训机会。这些措施的具体实施将减少开展北极科学研究的行政障碍，便利北极八国在北极地区开展广泛的科学活动，提升科学家获取北极科学数据、进行知识生产的效率。需要注意的是，这一协定的内容有以下两个方面的特点。

首先，协定是北极理事会制定的，协定遵循北极理事会既有的"身份规则"和组织架构，区分了缔约方与非缔约方。缔约方是加拿大、丹麦、芬兰、冰岛、挪威、俄罗斯、瑞典和美国八国政府；"参与者"是指在本协议下参与科学活动的缔约方的科技部门和机构、研究中心、大学和学院，以及代表任何一方或多方行事的承包商、受让人和其他合作伙伴[1]；而域外国家，即使是北极理事会观察员国也均属于非缔约方。协定确定的"科学知识分享"与科学研究的"领土开放"对于非缔约方而言设置了门槛，打了折扣。即使是像中国这样已经取得观察员资格的国家，进行北极科研合作的权利也十分有限，由此可见，协定规定的科学合作便利互惠措施仅适用于北极国家之间，并且北极国家暂时无意给予域外国家类似的便利，域外国家须重视和警惕这一制度性歧视可能使北极国家形成对科学信息的内部垄断。

其次，协定在附件 1 中确定了享有科学合作权益的地理区域（包括其政府为本协定缔约方的国家行使主权或管辖权的区域，包括这些区域内的陆地和内水以及邻近的领海、专属经济区和大陆架；还包括北纬 62 度以北的公海以外的国家管辖区域），通过内部开放地理空间、开放科考设备与基础设施条件等制度举措，北极国家获得北极科学知识储备的优势地位，如规定了要为科研人员及其科研设施设备、采样样本等提供跨境进出便利，支持全

---

① 《加强北极国际科学合作协定》第 1 条。

面公开的数据获取，促进科学数据的共享。由此可见，这一协定在促进北极科研合作方面具有里程碑意义，显示出北极理事会主导的北极区域治理"已经从环保、民生等低政治敏感度领域扩展到具有高度战略性的极地科学领域"①。纵观当前北极地区形势，尽管当下美俄两个北极大国的关系因乌克兰、叙利亚等问题而趋于恶化，两国外交沟通呈现不稳定态势，但是，北极科学合作仍符合北极国家以及国际社会的共同利益。

在这种形势下，我国也在积极拓展北极科学合作的路径，削弱北极国家排外做法给我们带来的不利影响，维护我国在北极的科学考察权，参与北极科技竞争。除参与既有国际平台的科学合作外，我国还参加了第二届北极科学合作部长会议，参与北冰洋公海捕鱼多轮磋商，举办第三届中日韩北极事务高级别对话，与冰岛联合建立了中冰北极科学考察站。另外，中国-北欧北极研究中心已成立五周年了，国内科研机构也积极与俄罗斯等国家开展双边北极科学合作。中冰北极科学考察站位于冰岛北部凯尔赫（Karholl），这是继位于斯瓦尔巴群岛新奥尔松的黄河站之后我国第二个北极科学考察站，对扩展我国北极科学观测和研究领域，提升我国北极科学研究水平具有重要作用。

四 结语

北极地区风云变幻，"多少事，从来急。天地转，光阴迫。"《中国的北极政策》已旗帜鲜明地将中国参与北极事务的基本身份、基本立场和路径公开于世，中国将以北极事务的积极参与者、建设者和贡献者的身份，秉持"尊重、合作、共赢、可持续"的基本原则，积极参与构建北极人类命运共同体。

---

① 肖洋：《北极科学合作：制度歧视与垄断生成》，《国际论坛》2019 年第 1 期，第 104 页。

冰上丝绸之路篇

Polar Silk Road

B.2
韩国"新北方政策"与
中国"冰上丝绸之路"合作方案

宋　晗　郭培清*

摘　要： 中韩两国是在北极地区有着共同利益的积极参与者，两国参
与北极事务的共同特点使两国在北极经济领域具有广阔合作
空间。韩国提出涉北极开发的"新北方政策"，中国提出参
与北极建设的"冰上丝绸之路"倡议。"新北方政策"与
"冰上丝绸之路"倡议具有丰富内涵，两大政策在我国东北
地区实现了战略衔接、在北极开发上具有一致目标，中韩两
国可通过建设连接北极航道的内陆通道、建立中韩北极合作
协调组织、完善中韩两国就北极事务的"二轨对话机制"等

* 宋晗，女，中国海洋大学国际事务与公共管理学院 2016 级硕士研究生；郭培清，男，中国海
洋大学国际事务与公共管理学院教授、博士生导师。

一系列举措，促进"新北方政策"与"冰上丝绸之路"的合作对接，以提升中韩两国在北极地区的共同利益。

关键词： 中韩关系　新北方政策　"冰上丝绸之路"　北极合作方案

中韩两国都是深受北极气候变化影响且在北极地区没有实际领土的"域外国家"，这一相似的地理位置、相同的身份定位使得中韩两国在北极有着共同的利益，都是北极事务的积极参与者。中韩两国参加了许多北极科学研究、资源能源开发、航道开发利用等活动，两国的北极参与活动在目标和方向上是一致的，中韩两国的北极合作具有广阔空间。2017 年韩国文在寅政府提出"新北方政策"，其中涉及北极开发规划。在北极开发利用上，中国也提出了"冰上丝绸之路"倡议。中韩两国完全可在"冰上丝绸之路"与"新北方政策"框架下合作，推动"冰上丝绸之路"倡议与"新北方政策"相对接。

一　韩国"新北方政策"的内涵与实施

2017 年 9 月，韩国总统文在寅在俄罗斯符拉迪沃斯托克召开的"第三届东方经济论坛"上发表主旨演讲，向与会嘉宾介绍韩国的"新北方政策"。韩国的"新北方政策"发展自"北方政策"。韩国"北方政策"的主要目标是发展韩国与北部国家的关系，如中国、俄罗斯、蒙古国等，营造改善半岛关系的良好氛围，最终促进韩朝合作。从 20 世纪 80 年代，韩国卢泰愚政府首提"北方政策"至今，该政策被韩国历届政府不断发展，并在发展中不断增加新的内涵。2013 年韩国总统朴槿惠上台后提出"欧亚倡议"，即朴槿惠政府的"北方政策"，该政策在改善半岛关系的目标上加入"促进欧亚经济一体化发展"的新内容，并首次把北极囊括其中。① 2017 年 9 月文

---

① 汪伟民：《韩国欧亚战略的演进：过程、特征与展望》，《韩国研究论丛》2017 年第 1 期，第 3～17 页。

在寅政府借鉴"北方政策"的提法，在朴槿惠政府"欧亚倡议"的基础上，更加重视北极地区的开发，成为韩国在新时期的战略构想。

（一）"新北方政策"的内涵

2017 年 6 月韩国文在寅政府出台《百大国政课题——文在寅政府的五年计划》，集中体现了文在寅政府的施政哲学和纲领。"百大国政课题"制定了韩国国家政策愿景的五项目标，其中四项"一个追求共同繁荣的经济、一个对每个人负责的国家、促进各地区的均衡发展、建设水平繁荣的朝鲜半岛"① 都与促进韩国经济发展相关，体现了文在寅政府改善韩国经济的强烈愿望。"新北方政策"是"百大国政"课题中"建设一个和平和繁荣的朝鲜半岛"目标下的外交项目，其承接于"韩半岛新经济地图"构想，同时"新北方政策"是基于该构想的促进半岛南北统一和发展与北方国家经济关系的战略规划，其目标之一是为韩国经济发展建设良好外部环境。

1. 韩半岛新经济地图

"韩半岛新经济地图"是 2017 年文在寅当选总统后发布的"百大国政课题"的第 90 号国政课题，其构想由韩国统一部提出，是韩国的重要发展规划。"韩半岛新经济地图"的主要目标是通过重启朝韩之间的经济合作为半岛未来经济统一奠定基础，并寻求增加朝韩之间的经济合作，建设韩朝之间的统一市场。"韩半岛新经济地图"的主要内容是通过建立三条经济带确保朝鲜半岛新的经济增长动力，并把它们与包括中国和俄罗斯在内的"北方经济"联系起来。

"韩半岛新经济地图"的三条经济带为：一是环西海圈②经济纽带，连接韩国环西海圈城市，如首尔—仁川—开城—平壤等，直接到中国环渤海经济圈，主要发展工业与物流业；二是环东海圈经济纽带，连接韩国环东

---

① "Policy Roadmap of the Moon Jae-in Administration"，http：//www. korea. net/koreanet/fileDown? fileUrl =/upload/content/file/1500533508268. pdf，最后访问日期：2019 年 9 月 25 日。

② 韩国人所指西海为黄海，所指东海为日本海。

海圈城市，如釜山—江陵—元山—罗先，到俄罗斯远东地区与中国长吉图开发开放先导区，主要发展方向是能源与资源行业，该经济带是环东海经济圈的朝鲜半岛侧腹地；三是以沿朝韩边界的非军事区（DMZ）一线的朝鲜半岛中央经济带，该地区的主要发展方向是环境、旅游、生态。[1] 在环西海圈经济带上，中韩正在积极对接。2018 年《辽宁"一带一路"综合试验区建设总体方案》已提出建立以丹东为门户，连接朝鲜半岛腹地，直达韩国南部港口的丹东—平壤—首尔—釜山一线的铁路、公路及信息互联互通网络。[2]

2. 新北方政策

"新北方政策"与"新南方政策"[3] 是"韩半岛新经济地图"的外延，是服务于"韩半岛新经济地图"的韩国对外战略。"韩半岛新经济地图"的北部发展计划与"新北方政策"相连。"新北方政策"是文在寅政府"百大国政课题"中第 98 号项目"东北亚＋责任共同体"的实施方案的一部分，其目的在于推动东北亚互联互通，促进东北亚经济和平、合作和友好发展，为"韩半岛新经济地图"规划构建良好的外部环境。韩国文在寅政府高度重视"新北方政策"，"新北方政策"的实施由总统直属的"北方经济合作委员会"主管，该委员会相当于中国的中央领导小组，委员长相当于中国的副总理级别。2017 年 8 月宋永吉被任命为北方经济合作委员会委员长，他在接受采访时表示："通过'新北方政策'，韩国希望加强与中国的合作。"[4] 为实施"新北方政策"，韩国提出了"九桥战略"。

---

[1] 李昌林：《"韩半岛新经济地图、新北方政策"与"一带一路"对接方案研究》，《东北亚经济研究》2018 年第 4 期，第 70～77 页。

[2] 《辽宁"一带一路"综合试验区建设总体方案》，社会科学网，http://www.cssn.cn/gd/gd_rwdb/gd_zxjl_1710/201809/t20180910_4557150_1.shtml，最后访问日期：2019 年 9 月 25 日。

[3] "新南方政策"相对于"新北方政策"，是服务于"韩半岛经济地图"的韩国的南向对外战略。通过该政策韩国将加强与东南亚和南亚国家的经济合作，实现韩国与东南亚、南亚的共同繁荣。

[4] China-ROK Relations：Interview with Song Young-gil：Moon's "New Northern Policy" aims to ease tensions by economic ties，https://news.cgtn.com/news/314d444f7a454464776c6d636a4e6e62684a4856/share_p.html?from＝groupmessage，最后访问日期：2019 年 9 月 25 日。

表1 韩国的"九桥战略"内容

项　　目	主要内容
天 然 气	通过从俄罗斯进口天然气实现能源进口渠道的多样化,建设连接韩国、朝鲜、俄罗斯的能源管道
铁　　路	积极调动西伯利亚大铁路(TSR)输送功能,节约物流费用,将西伯利亚大铁路与朝鲜半岛南北铁路(TKR)连接起来
港　　口	对扎鲁比诺港等远东地区的港口开展现代化及建筑工程
电　　力	利用新再生能源,构建东北亚超级电网(Super Grid),即构建韩国、中国、蒙古国、日本、俄罗斯间共享电力的广域电力网络
北极航道	开辟北极航线为新物流渠道,挖掘北极航线商业潜力,引领北冰洋市场
造　　船	建造前往极地的破冰液化天然气运输船及建立造船厂
农　　业	在种子开发、栽培技术研究等方面,扩大韩国、俄罗斯之间的农业合作
水　　产	构建滨海边疆区水产品综合园区,扩大渔业捕捞配额,以确保水产资源
工业园区	通过韩国、朝鲜、俄罗斯之间的合作,形成滨海边疆区工业园区

资料来源:韩国北方经济合作委员会官方网站,http://www.bukbang.go.kr/bukbang ch/vision_policy/9 - bridge/。

"新北方政策"的主要合作对象是朝鲜、中国、俄罗斯、蒙古国等国家,韩国意图通过与这些国家的合作来促进朝鲜半岛关系的发展,促进韩朝之间的经济合作,同时打造一个从朝鲜半岛到俄罗斯远东,再经过北极,覆盖东北亚并延及整个欧亚大陆的广阔经济区域。与上述国家的合作领域覆盖"天然气、铁路、港口、电力、北极航道、造船、农业、水产、工业园区"等九大领域,"九桥战略"为其具体实施规划。在"九桥战略"中,韩国提出了三个参与北极地区发展的设想:第一,积极开辟北极航道为新物流渠道,挖掘北极航道的商业潜力;第二,参与北极航道沿线港口建设,如参与扎鲁比诺港港口的建设;第三,发挥韩国在破冰船建设上的独有优势以积极参与北极经济事务。"新北方政策"下韩国的北极参与以与俄罗斯合作为核心,以天然气、造船、港口、北极航道为重点,这一政策正在被韩国政府大力实施。

(二)韩国"新北方政策"的实施情况

在破冰运输船的建造上,韩国有着领先世界的优势。现代、三星、大宇

都是韩国知名的船只建造企业。现代重工是世界第一大造船企业，在全球造船业市场中占有大约10%的份额。[①] 2011年8月，现代重工为加拿大海洋技术研究所建造了一艘19万吨的破冰铁矿石运输船，该船是世界上最大的破冰商业运输船。[②] 三星造船厂建造了世界上第一家双向往返的北极穿梭油轮，北极穿梭油轮是破冰船与油轮的结合，能够大幅提高北极地区的能源运输效率。2014年，三星造船厂成功从欧洲航运公司获得6艘破冰油轮订单。[③] 大宇造船厂是世界上先进的液化天然气运输船生产商。在俄罗斯北极能源开发项目——亚马尔项目中，韩国大宇造船厂为该项目建造了15艘ARCTIC-7级破冰天然气运输船。ARC 7（俄罗斯北极分类标准）级液化天然气运输船可以在没有破冰船支持的情况下全年航行北极西北航道和夏季的北极东北航道。[④] 目前韩国为亚马尔项目建造的破冰船已投入使用。在"新北方政策"推动下，韩国未来会更积极地参与北极破冰船建造市场。

在北极航道上，韩国正开辟北极航道为新物流渠道，挖掘北极航道商业潜力、引领北冰洋市场。2017年11月，韩国和俄罗斯举办了"第一届韩俄北极磋商会议"，韩国北极事务大使金英俊、俄罗斯北极事务高级官员弗拉迪米尔·巴尔班（Vladimir Barbin）均出席了这次会议。双方分享了推动北方航道使用的计划和进展，讨论了包括减少收取港口设施使用者费用、刺激贸易量、现代化港口建设和联合使用第二艘破冰船等具体措施，双方希望加强在北方航道上的密切合作。2017年11月俄罗斯远东发展部长亚历山大·加卢什卡访问韩国，双方达成共建从彼得罗巴甫洛夫斯克到摩尔曼斯克的集装箱航道的合作意向，并预计该项目投资回收期约为8年。2018年，韩国北方经济合作委员会在发表的"新北方政策发展蓝图"中把俄罗斯与朝鲜

① Shipbuilding, Hyundai Heavy Idustries, https：//english. hhi. co. kr/biz/ship_over.
② "Hyundai Heavy develops world's largest ice-breaking vessel", http：//safety4sea. com/hhi-develops-world-s-largest-ice-breaking-vessel/，最后访问日期：2019年9月25日。
③ "Business Area", http：//www. dsme. co. kr/epub/business/business010201. do，最后访问日期：2019年9月25日。
④ "Yamal LNG launched a tender for construction and operation of arctic-class LNG carriers", http：//yamallng. ru/en/press/news/210/，最后访问日期：2019年9月25日。

之间的哈桑－罗津港作为北极航道的重要停泊之地。韩国海洋水产部的相关人士指出，"中国东北三省的货物可以通过铁路运输到罗津港，然后在罗津港转而装载到船舶，最终通过北极航道实现输送到欧洲地区。"①

在能源合作上，韩国希望通过从俄罗斯进口天然气以实现能源进口渠道的多样化，建设连接韩国、朝鲜、俄罗斯的能源管道。韩国电力公司与俄罗斯达成共建"能源合作路线图"的合作意向。在此路线图下，韩国电力公司将积极参与俄罗斯远东能源投资和现有能源设施的现代化建设，通过在俄罗斯远东地区建立一批能源示范项目，帮助提高远东地区能源生产和使用效率。同时韩国电力公司还希望能与俄方合作，共建连接俄罗斯、朝鲜、韩国的能源管道。② 韩国也将能源合作的目光从俄罗斯远东地区投向北极地区。韩国目前正努力成为北极 LNG－2 项目的股东。2018 年 7 月，韩国天然气公社和诺瓦泰克公司签署了一份谅解备忘录（MOU），该备忘录将为韩国天然气公社成为 Arctic LNG－2 项目的少数股东制定条款，从而确保从该项目承购 LNG（液化天然气）。此外，韩国天然气公社还考虑联合参与诺瓦泰克公司位于俄罗斯远东堪察加半岛的 LNG 转运站项目，促进双方在液化天然气贸易和物流优化方面的合作，包括互换业务。2018 年 10 月，韩俄两国开始有计划地正式推进对该项目的共同研究，韩国天然气公社预计参股 10%。③

通过对"新北方政策"构想内容的分析和实施情况的总结，我们可以发现韩国的"新北方政策"欲把朝鲜半岛—俄罗斯远东—北极联系在一起，并以航道开辟与能源开发为两大主题。在航道开辟上，韩国看重北极航道对韩国经济的促进作用，一方面关注北极航道开发为韩国制造业带来的经济机

---

① 《北极航道基地之哈桑·罗津：重启仁川－南浦、釜山－罗津的集装箱船运航》，极地与海洋门户网，http://www.polaroceanportal.com/article/2094，最后访问日期：2019 年 9 月 25 日。

② "Александр Галушка: Южная Корея проявляет интерес к освоению Северного морского пути Об этом сообщает Рамблер. Далее"，https://news.rambler.ru/other/38345741-aleksandr-galushka-yuzhnaya-koreya-proyavlyaet-interes-k-osvoeniyu-severnogo-morskogo-puti/? updated，最后访问日期：2019 年 9 月 25 日。

③ "Kogas closes in on Arctic LNG 2 play," https://www.lngworldshipping.com/news/view, kogas-closes-in-on-arctic-lng-2-play_53246.htm，最后访问日期：2019 年 9 月 25 日。

遇，通过参与北极航道港口等基础设施建设，并发挥韩国造船业技术优势（如建造极地破冰船）开拓北极经济机遇；另一方面，韩国正谋划建设北极航道经济圈，一是考虑向北建设贯穿朝鲜半岛经过俄罗斯远东地区与北极航道连接的陆海经济走廊，二是直接通过日本海连接北极航道，并以韩国南部港口城市为中心打造环日本海经济圈。在能源开发上，韩国积极参与北极地区的能源开发项目，希望能从北极地区获得稳定的能源供应。韩国"新北方政策"下的北极参与规划与我国的"冰上丝绸之路"战略在诸多方面具有相似性，目前韩国正在"新北方政策"的指导下积极参与北极经济事务。

二　中国"冰上丝绸之路"倡议的内涵及实施

我国提出了"冰上丝绸之路"倡议。"冰上丝绸之路"倡议以北极航道开发为依托，由俄罗斯首先提出，是中俄两国合作的新成果，但合作伙伴不仅包括俄罗斯，也包括其他北极航道沿线国家。通过《"一带一路"建设海上合作设想》《中国的北极政策》等政府文件，中国已经把"冰上丝绸之路"纳入"一带一路"倡议，愿与各方"共建'冰上丝绸之路'"，促进北极的互联互通和经济社会的可持续发展。"冰上丝绸之路"在被纳入"一带一路"倡议后已经成为中国对外战略的重要组成部分。

（一）"冰上丝绸之路"倡议的提出

"冰上丝绸之路"倡议的提出分为三个阶段。

第一阶段，俄罗斯首先提出"冰上丝绸之路"概念，并向中国发出合作邀请。2015 年 7 月俄罗斯副总理德米特里·罗戈津（Dmitry Rogozin）在第五届北极国际论坛——"北极：现在与未来"会议中邀请中国探讨和参与"冰上丝绸之路"建设。随后双方在 12 月 16~17 日中俄总理第二十次定期会晤期间，达成了"加强北方航道开发利用合作，开展北极航运研究"

的共识。① "冰上丝绸之路"倡议雏形初显。2016 年 11 月 8 日，中俄总理第二十一次定期会晤发表联合公报，表示双方将"对联合开发北方航道运输潜力的前景进行研究"。② 2017 年 5 月 14～15 日，在北京举行的"一带一路"国际合作高峰论坛上，普京表示希望中国能利用北极航道，把北极航道同"一带一路"连接起来，这一建议得到了中国政府的支持和欢迎。③ 同年 5 月 25～26 日，在中国外交部部长王毅对俄罗斯进行正式访问期间，俄方再次向中国发出联合开发北极航道的邀约，王毅在接见记者采访时表示，中方视俄罗斯为共建"一带一路"的重要战略伙伴，中方欢迎并支持俄方提出的"冰上丝绸之路"倡议，愿同俄方及其他各方一道，共同开发北极航道。

第二阶段，中国正式确立"冰上丝绸之路"的战略地位。2017 年 6 月 20 日，中国国家发展和改革委员会与国家海洋局联合发布《"一带一路"建设海上合作设想》，指出中国将"积极推动共建经北冰洋连接欧洲的蓝色经济通道"④，首次将北极航道明确为"一带一路"三大主要海上通道之一，中国的官方文件正式确立了"冰上丝绸之路"的地位，将北极地区纳入"一带一路"视野之中。

第三阶段，"冰上丝绸之路"逐渐进入中俄两国的合作视野。2017 年 7 月中俄两国签署和发表了《中华人民共和国和俄罗斯联邦关于进一步深化全面战略协作伙伴关系的联合声明》，该声明将"支持有关部门、科研机构和企业在北极航道开发利用、联合科学考察、能源资源勘探开发、极地旅游、生态保护等方面开展合作"纳入其中，展现了中俄两国共同开展北极

---

① 《中俄总理第二十次定期会晤联合公报（全文）》，http://news. xinhuanet. com/politics/2015 - 12/18/c_1117499329. htm，最后访问日期：2019 年 9 月 25 日。

② 《中俄总理第二十一次定期会晤联合公报（全文）》，http://news. xinhuanet. com/world/2016 - 11/08/c_1119870609. htm，最后访问日期：2019 年 9 月 25 日。

③ 《中俄打造"冰上丝绸之路"实现 500 年前欧洲航海家的梦》，http://www. oushinet. com/ouzhong/ouzhongnews/20171102/276715. html，最后访问日期：2019 年 9 月 25 日。

④ 《积极推动共建经北冰洋连接欧洲的蓝色经济通道》，http://world. huanqiu. com/hot/2017 - 06/10872769. html，最后访问日期：2017 年 12 月 2 日。

航道合作的决心。① 2017 年 12 月 14 日，俄罗斯总统普京在年度新闻发布会上表示，中国对北极航道表现出极大的兴趣，俄罗斯会尽最大努力支持中国利用北极航道优势资源。② 2018 年 1 月中国发表《中国的北极政策》白皮书，中国在该白皮书中表示中国将"依托北极航道的开发利用，与各方共建'冰上丝绸之路'"。③

"冰上丝绸之路"倡议由俄罗斯提出，逐渐被纳入我国的"一带一路"政策，成为中俄两国北极合作的重要战略规划，两国在该规划下进行北极能源、航道、基础设施建设等领域的全方位合作。"冰上丝绸之路"倡议已经成为中国参与北极事务的重要框架，对中国参与北极事务具有指导意义。

（二）"冰上丝绸之路"倡议的内涵

2017 年 6 月，国家发改委和国家海洋局联合发布《"一带一路"建设海上合作设想》，把"积极推动共建经北冰洋连接欧洲的蓝色经济通道"纳入我国"21 世纪海上丝绸之路"的重点方向。④ 因而，"冰上丝绸之路"与"一带一路"密切相关。"一带一路"是我国的顶层战略规划，也是中国提出的全球治理方案。"一带一路"是具开放性、包容性的区域合作协议，而非具排他性、封闭性的中国"小圈子"。因此，"一带一路"秉持共商、共建、共享原则，坚持开放合作、和谐包容、市场运作、互利共赢的目标。为推动"一带一路"建设，中国将与沿线国家加强政策沟通、设施联通、贸易畅通、资金融通、民心相通，并规划六大经济走廊。⑤

---

① 《中俄关于进一步深化全面战略协作伙伴关系的联合声明（全文）》，http：//www. chinanews. com/gn/2017/07 - 05/8269111. shtml。

② " Vladimir Putin's annual news conference," http：//en. kremlin. ru/events/president/news/ 56378.

③ 《中国的北极政策》，2018 年 1 月，中华人民共和国国务院新闻办公室。

④ 《"一带一路"建设海上合作设想》，新华网，http：//www. xinhuanet. com/politics/2017 - 06/20/c_1121176798. htm。

⑤ 《推动共建丝绸之路经济带和 21 世纪海上丝绸之路的愿景与行动》，新华网，http：// www. xinhuanet. com//finance/2015 - 03/28/c_1114793986. htm。

作为"一带一路"的北向延伸,"冰上丝绸之路"倡议继承了"一带一路"建设"开放包容、共建共享"的精神内涵,并以"北极东北航道"为主要载体,从北冰洋将东北亚经济圈与欧洲经济圈紧密相连。2018年1月,中国政府在出台的《中国的北极政策》白皮书中提出"与各方共建'冰上丝绸之路',为促进北极地区互联互通和经济社会可持续发展带来合作机遇",并在其中提到与各方共建"冰上丝绸之路"的四项目标。这四项目标可概括为:1. 促进北极航道常态化商业运营;2. 倡导增强北极航道航行安全和后勤保障能力;3. 推动极地水域航行规则的出台和实施;4. 主张加强北极航道基础设施建设和运营方面的合作。①

根据中国发布的政策文件,"冰上丝绸之路"的主要内涵可总结为以通道建设为依托的北极经济开发。通过"冰上丝绸之路"建设,中国要与"冰上丝绸之路"沿线国家达成政策沟通、设施联通、贸易畅通、资金融通、民心相通的"五通"建设成果。"冰上丝绸之路"倡议与韩国的"新北方政策"在基本内涵和建设目标上不谋而合。

(三)"冰上丝绸之路"倡议的实施情况

2015年"冰上丝绸之路"倡议提出后,中国积极推动该倡议的落实。

在科研方面,2017年在我国第八次北极科学考察结束后,中国国家海洋局正式宣布将北极科考频次从过去的每两年一次提升为每年一次。② 2013年中国与冰岛政府达成协议,中国极地研究中心与冰岛研究中心决定在冰岛第二大城市阿库雷里市共同筹建极光观测站。2018年中国在冰岛的极光观测台升级为科学考察站,其科研设备增多,可承担的科研任务增多,成为我国除黄河站外又一个综合研究基地。③

---

① 《中国的北极政策》,新华网,http://www.xinhuanet.com/politics/2018 - 01/26/c_1122320088.htm。

② "Yamal LNG Shipment Arrives in China via Arctic Route", The Maritime Executive, https://www.maritime-executive.com/article/yamal-lng-shipment-arrives-in-china-via-arctic-route#gs.d1LXhHE.

③ 《中 - 冰北极科学考察站正式运行》,极地与海洋门户网,http://www.polaroceanportal.com/article/2312。

中国航运企业也积极试航北极航道。中国中远航运公司已经开展了 22 个穿越北极东北航道的航次，其中：2015 年实现了"再航北极、双向通行"；2016 年实现了"永盛＋"的第一次"北极往返"航行；2017 年实现了北极东北航道"项目化、常态化"航行；2018 年实现了"项目化、常态化和规模化"运营，累计完成货运量 62.4 万吨。① 据预测，到 2020 年通过北极东北航道运输的货物将占中国国际贸易总量的 5%～15%。同时，中国也对投资北极航道上的基础设施感兴趣，已经明确表示有兴趣参与阿尔汉格尔斯克的深海港口建设以及为连接阿尔汉格尔斯克和佩尔姆两市的贝尔－科穆尔铁路（Belkomur railroad）建设提供资金。② 除航道外，中国也参与北极地区的其他基础设施建设。2018 年 2 月中国和芬兰牵头，以日本和挪威为合作伙伴共同建设沿北极东北航道的跨北极海底电缆。2018 年中国交通建设股份有限公司积极参与格陵兰岛机场建设招标。③

在北极能源开发上，中国参与了俄罗斯北极地区最大的能源开发项目——亚马尔项目，该项目已成为"冰上丝绸之路"的建设支点。除能源开采之外，亚马尔项目还包括服务于能源运输的其他基础设施建设项目。亚马尔项目的投入运营及相关基础设施的建设，将改善北极航道的航运环境，提高北极航道的船运量。2017 年 11 月美国总统特朗普对中国进行正式访问，中国石化集团公司（China Petrochemical Corp.）、中国投资公司（China Investment Corp.）、中国银行（Bank of China）与阿拉斯加州政府和阿拉斯加州天然气管道开发公司（Alaska Gasline Development Corp.）签署了一项联合开发协议以参与阿拉斯加州 LNG 开发项目。阿拉斯加州政府计划每年生产 2000 万吨液化天然气，中国通过这一联合开发协议将获得来自阿拉斯加州的稳定天然气供应。④ 2018 年 11 月俄

① 资料来自与中远航运公司高管的访谈。
② Nadezhda Filimonova, Svetlana Krivokhizh, "China's Stakes in the Russian Arctic", https：//thediplomat. com/2018/01/chinas-stakes-in-the-russian-arctic/.
③ 《沿东北航道的跨北极海底光缆正在建设当中》，极地与海洋门户网，http：//www. polaroceanportal. com/article/1954。
④ 《外媒：中国在北极投资俄罗斯液化天然气项目的背后动机是什么?》，极地与海洋门户网，http：//www. polaroceanportal. com/article/1934。

罗斯诺瓦泰克公司承担的北极 LNG－2 项目招标在即，中国表达了对该项目的参与意向。

根据"冰上丝绸之路"倡议的提出过程、内容含义和实施情况可知，"冰上丝绸之路"是中俄两国积极推动的北极发展规划，具有广阔建设前景。在建设方向上，"冰上丝绸之路"由北极航道向欧亚大陆辐射发展。在该倡议下，中国要与沿线国家达成"政策沟通、设施联通、贸易畅通、资金融通、民心相通"的"五通"建设成果，并深度参与北极科研、航道开辟和资源能源开发活动。

三 "新北方政策"与"冰上丝绸之路"对比分析

"新北方政策"与"冰上丝绸之路"分别是中韩两国参与北极地区发展的战略规划，二者在内容上都以通道建设和能源开发为重点，其最终愿景是促进欧亚大陆的整合发展。目标一致使"新北方政策"与"冰上丝绸之路"存在对接可能。

（一）在我国东北地区实现了战略会接

我国东北地区在韩国"新北方政策"中具有重要的地理位置。"新北方政策"意图打造贯穿朝鲜半岛连接俄罗斯远东地区进而延伸到北极航道的欧亚间广阔经济区域，将朝鲜半岛与北极航道南北联通。韩国北方经济合作委员会主席宋永吉在接受媒体采访时表示"文在寅总统的施政哲学是把俄罗斯、蒙古国、中亚国家和中国进行经济上的连接，通过经济合作拓展韩国市场，缓和半岛紧张关系"①。我国东北三省包括辽宁省、吉林省、黑龙江省，其中吉林和辽宁两省与朝鲜接壤、山水相连，黑龙江省则紧靠韩国"新北方政策"的合作伙伴俄罗斯，并与西伯利亚大铁路相连。韩国实施

---

① "China-ROK Relations: Interview with Song Young-gil: Moon's 'New Northern Policy' aims to ease tensions by economic ties," http://www.bukbang.go.kr/bukbang_ch/issue_news/activities/? boardId = bbs_0000000000000029&mode = view&cntId = 25&category = &pageIdx = 2.

"新北方政策"，最终会与中国东北地区相连接，东北地区将成为韩国"新北方政策"北向延伸至中国的关键点。

东北地区在"冰上丝绸之路"中也具有区位优势。包括"冰上丝绸之路"在内的"一带一路"是中国对外发展的重要规划。"一带"指"丝绸之路经济带"，该经济带从西北第一大城市西安出发穿越中亚、俄罗斯直到欧洲；"一路"指"21世纪海上丝绸之路"，该经济通道与传统航道基本一致，从中国南部①出发，穿越马六甲海峡，经非洲，通过苏伊士运河抵达欧洲。如果说"一带一路"分别是中国西部地区和南部地区的发展促进战略，那以北极航道为载体的"冰上丝绸之路"就是促进我国北部地区发展的战略。"冰上丝绸之路"从中国北部出发，穿越白令海峡，沿俄罗斯北极航道直到欧洲。东北地区可借"冰上丝绸之路"迎来新的发展，该观点已经成为学界的共识。王志民、陈远航在《中俄打造"冰上丝绸之路"的机遇与挑战》一文中提出将"冰上丝绸之路"建设与振兴东北老工业基地和俄远东开发有效整合，促进东北地区发展。② 于砚以吉林省为例探索了我国东北地区融入"冰上丝绸之路"的前景和对策建议。③ 张颖、王裕选等分析了"冰上丝绸之路"背景下大连港的优势和劣势，提出建设辽宁省大连港为东北亚航运中心的政策建议。④ 东北地区也是"冰上丝绸之路"的重要发展地。

事实上，我国东北地区十分需要韩国"新北方政策"和中国"冰上丝绸之路"倡议带来的发展机遇。近年来，我国东北地区一直面临较大的经

① "21世纪海上丝绸之路"圈定上海、福建、广东、浙江、海南五省市。《推动共建丝绸之路经济带和21世纪海上丝绸之路的愿景与行动》，http://kns.cnki.net//KXReader/Detail? TIMESTAMP = 636940523433803750&DBCODE = CJFQ&TABLEName = CJFDTEMP&FileName = KJHU201504002&RESULT = 1&SIGN = ntw%2bRA1HJaCROodGT4gYdGCzCRg%3d。

② 王志民、陈远航：《中俄打造"冰上丝绸之路"的机遇与挑战》，《东北亚论坛》2018年第2期，第17~33页。

③ 于砚：《东北地区在"冰上丝绸之路"建设中的优势及定位》，《经济纵横》2018年第11期，第117~122页。

④ 张颖、王裕选：《"冰上丝绸之路"背景下大连建设东北亚航运中心分析及对策》，《大连海事大学学报》（社会科学版）2018年第5期，第39~45页。

济发展困境。主要表现在：1. 经济结构失衡。作为"老工业基地"，资源型产业在东北所占的比重较大，特别是能源和原材料行业，比如煤炭、钢铁、水泥等。传统产业比重过高，使传统产业的任何风吹草动都会引起该地区的经济震荡。而根据国家统计局 2016 年的资料显示，受经济增速放缓的影响，能源和原材料市场的需求明显下降，传统产业已出现严重的产能过剩。与此同时，东北地区还面临着资源枯竭的问题。比如吉林煤业集团关闭了一些资源枯竭、扭亏无望的矿井。在产能过剩与资源枯竭的双重打击下，工业下行成为东北三省经济下行的主要原因。伴随中国经济发展进入新常态，工业产能过剩和资源枯竭的问题将长期存在，东北地区面临经济发展的后生动力不足问题，正面临经济结构的艰难转型。2. 人口外流加剧，经济后生动力不足。东北三省一直以地广人稀著称，并不属于全国人口大省。自实行计划生育政策以来，由于东北地区的城镇化水平较高，计划生育政策在东北地区得到了较好的执行，该地区一直保持着低人口自然增长率。2010～2015 年，东北三省的人口自然增长率低于全国平均水平，特别是辽宁省，人口一度呈现负增长趋势。人口的低自然增长率使东北地区的人口红利逐渐消失，并面临人口老龄化问题。而传统产业吸纳就业人数有限导致的人口外流，尤其是高技术人才的流失，更加剧了东北地区的人口问题，成为制约东北地区经济转型和未来发展的重要因素。东北地区经济发展进入了传统产业过高、经济发展动力不足导致高技术人才的流失，高技术人才流失阻碍东北地区传统产业向高附加值、高技术和创新产业的转型，转而加剧东北地区经济发展动力减退的恶性循环。因此，当前东北三省急需一个经济发展契机，而韩国"新北方政策"和中国"冰上丝绸之路"倡议在东北地区的战略对接会对我国东北地区产业升级、经济发展产生重要的促进作用。

（二）在北极开发上目标一致

韩国在"新北方政策"及其实施规划"九桥战略"中主要涉及北极的发展领域是天然气、港口、北极航线、造船四方面。在天然气方面，韩国是

北极天然气的重要潜在市场。韩国是世界上第十大能源消费国和最大原油进口国，北极能源开发将促进韩国能源进口多样化。在北极 LNG－2 项目中，韩国天然气公社正考虑收购该项目股份，以获得北极天然气的长期稳定供应。① 在港口建设上，韩国正着力扩展釜山港，希望将该港口建设成为未来低纬度国家使用北极航道的重要航运中转枢纽。在北极航道上，韩国的现代、大宇、三星等航运公司正在积极参与开辟北极航道。在造船领域，韩国在此方面具有领先优势。韩国三星造船厂是世界上第一家双向往返的北极穿梭油轮的建造企业。北极穿梭油轮是破冰船与油轮的结合，能够提高北极地区能源运输效率。2007 年韩国建造了世界上第一艘此类油轮。② 韩国大宇造船厂被认为是世界上最先进的"液化天然气运输船"生产商。③ 大宇造船厂在建造北极航道专用的 Arctic－7 级破冰船上具有独有优势，其参与建造了俄罗斯亚马尔项目中的 15 艘破冰 LNG 运输船。

"冰上丝绸之路"倡议下中国关注的北极开发领域与韩国是几乎相同的。"冰上丝绸之路"倡议是以北极通道建设为依托的北极经济开发规划。在该倡议下，中国积极参与北极资源能源开发、港口等基础设施建设、航道开辟等活动。在北极能源开发上，中国是俄罗斯北极能源项目——亚马尔项目的重要融资方。2013 年中国石油公司购买了亚马尔项目 20% 的股权，2016 年中国丝路基金购买了亚马尔项目 9.9% 的股权。在亚马尔项目中，诺瓦泰克公司占股 50.1%，道达尔公司占股 20%，中国公司持有股份 29.9%，中国成为该项目第二大股东。④ 在北极基础设施建设上，中国是北极铁路、航道、海底电缆的投资者和建设者。在北极通道建设上，2019 年中国点石基金（Touchstone capital Partners）为芬兰意图建设的从赫尔辛基到塔林间的北极走廊（Arctic Corridor）项目临时融资

① 《韩国天然气公社社长郑胜日随行到俄进行国事访问……俄罗斯的 PNG 项目前景如何?》，极地与海洋门户网，http：//www. polaroceanportal. com/article/2139。

② "Overview of Samsung Heavy Industries," http：//www. samsungshi. com/Eng/Company//info_overview. aspx.

③ "Business Area," DMSE, http：//www. dsme. co. kr/epub/business/business010201. do.

④ "About the Project," Yamal LNG, http：//yamallng. ru/en/project/about/.

150 亿欧元。① 在北极航道开辟上，2013 年中国中远航运公司永盛轮从太仓港出发，过日本海，经宗古海峡、白令海峡，进入北极东北航道，对该航道进行了首次试航。2015 年永盛轮实现了"再航北极、双向航行"。继 2013 年永盛轮开展"破冰之旅"以来，中远航运公司所属船舶已经开展了 22 个穿越北极东北航道的航次。② 中国航运企业已经在北极航道使用上积累了丰富的经验。

在"新北方政策"与"冰上丝绸之路"框架下，中韩两国参与北极经济开发的目标一致。中韩两国都积极开辟北极航道为商业运输通道；都希望深入参与北极能源开发，是北极能源的销售市场；同时是北极基础设施如铁路、港口、能源运输通道的投资者和建设者。并且由于中韩两国经济禀赋的差异，中韩两国在部分北极经济开发领域可以实现优势互补。中国参与北极开发具有资金、能源开发设备、工程建设等领域的优势，韩国在破冰船建造上具有独特优势，双方可进行技术交流，合作参与北极事务。中韩两国在"新北方政策"与"冰上丝绸之路"框架下的一致目标和在北极开发上的不同优势，造就了中韩两国在"新北方政策"与"冰上丝绸之路"框架下的广阔合作空间。

四 "新北方政策"与"冰上丝绸之路"合作方案

韩国"新北方政策"从朝鲜半岛出发将朝鲜半岛—俄罗斯远东—北极区域贯穿起来，意欲在营造半岛良好缓和氛围的同时，建设一个从朝鲜半岛深入欧亚大陆腹地进而连接北极航道的广阔经济区域。"冰上丝绸之路"建设方向与"新北方政策"正相向对接。"冰上丝绸之路"以北极航道建设为重点，由北极航道建设带动欧亚大陆发展。"新北方政策"与"冰上丝绸之路"恰好实现了方向上的互补性。在建设内容上，"新北方政策"与"冰上

---

① 《芬兰 - 挪威新铁路线计划对接北极海上航线》，http：//www. polaroceanportal. com/article/2668。

② 《永盛轮再航北极》，新华网，http：//www. xinhuanet. com/local/2015 - 07/10/c_ 128004423. htm。

丝绸之路"都围绕北极航道开发、资源能源开发、基础设施建设等展开。"新北方政策"与"冰上丝绸之路"具备良好合作机遇,中韩两国可推动"新北方政策"与"冰上丝绸之路"相对接,实现在"新北方政策"与"冰上丝绸之路"框架下的北极合作。

(一)建设内陆通道连接北极航道

"新北方政策"与"冰上丝绸之路"倡议都把北极航道尤其是北极东北航道开发作为重要内容。以北极东北航道为载体的"冰上丝绸之路",西起冰岛,经巴伦支海,沿欧亚大陆北方海域,直至白令海峡。北极东北航道绵延7000多海里,具有巨大的航运价值。2013年中远航运公司船只永盛轮从中国江苏太仓港出发,经北极东北航道抵达荷兰鹿特丹港,减少了大约10天的航运时间,节约燃油270吨。① 北极东北航道的商业价值正吸引越来越多的船只使用北极航道,也有越来越多的北极航道利用方案被提出。有韩国学者研究认为,通过欧亚大陆陆上通道连接北极航道更具经济价值。因为如果通过传统的北极东北航道利用方式,亚洲各国必须沿着欧亚大陆曲折的海岸线,穿过狭长迂回的白令海峡,才能绕到北极东北航道。即使在海冰逐渐减少的当前,航船在通往白令海的途中仍需要面对浮冰、海雾等风险。而陆路运输的风险远远低于海运风险。

韩国学者研究认为俄罗斯远东地区的河流勒拿河可以作为通往北极东北航道的内河水运通道。勒拿河长度约4400公里,流域面积241.8万平方公里,从贝加尔湖西岸的高山向北注入北冰洋。该河水量丰富、河面宽阔、支流众多,河流中游平均宽度可达10公里,有着较好的通航条件。目前韩国外国语大学的学者们正在对勒拿河的航运条件,流域内的社会经济发展情况、民族分布及文化习俗进行实地走访调研。通过这一研究,韩国意图建设通过陆路运输连接内河航运,最终连通"冰上丝绸之路"的"勒拿河走廊"

---

① 《北极东北航道距亚欧交通新干线还有多远?》,http://epaper.gmw.cn/gmrb/html/2016 - 01/17/nw. D110000gmrb_20160117_1 - 08. htm。

这一新北极航道利用方案。韩国外国语大学校长姜德洙认为应通过内河航运等途径贯通俄罗斯远东地区直达北极航道，俄罗斯远东地区可成为"新北方政策"的腾飞之地。①

学界目前已普遍关注到通过陆路运输连接北极航道的巨大优势，我国东北地区具有陆路连接"冰上丝绸之路"的优越条件。我国东北地区是韩国"勒拿河走廊"拓展路径的重要中途站。目前我国东北地区已建立起完善的对俄交通运输网络，并且我国东北地区和俄罗斯远东地区还在进一步推进基础设施建设合作，未来中俄两国间物流网络会更加健全。严密的交通运输网可服务于朝鲜半岛通过我国东北地区与"勒拿河走廊"相接。因而，推动"新北方政策"与"冰上丝绸之路"连接，中韩两国可与俄罗斯共同建设贯穿朝鲜半岛—中国东北地区—俄罗斯远东，进而连通"冰上丝绸之路"的内陆通道。

（二）建立中韩北极合作协调组织

中韩两国的"冰上丝绸之路"与"新北方政策"存在对接可能，对北极地区有着浓厚兴趣的中韩两国完全可建立中韩北极合作协调组织，促进"冰上丝绸之路"与"新北方政策"的协调对接，并增强双方在北极事务上的合作。经济学中的"囚徒困境"已然证明，每个国家都只寻求自身利益最大化，将造就充斥霍布斯式恐怖的世界，而具有强制约束力的协议和制度，是克服"囚徒困境"的一个重要方法。通过建立中韩北极合作协调组织，可以减少两国因猜忌而采取的"不合作行为"，促进中韩两国在北极参与过程中"求同存异"，增加双方在北极的共同收益。

建立中韩两国北极合作协调组织可为中韩两国合作参与北极事务提供基础性平台并有利于规范化管理，降低双方合作风险，使两国能够在信息对称、共商共建、和平稳定中进行持续合作。中韩北极合作协调组织可涵盖北

---

① 김봉철，"［시베리아·레나강을 가다］우리와 언어 닮은 에벤키족… 1000년 전 발해와 '연결고리' 품다"，세계일보，십이월 2，2017，http://www.segye.com/newsView/20171201005110.

极科研、航道开发、港口建设、能源利用、海上安全等领域，促进双方在上述领域的协调。在北极科研上，中韩北极合作组织可下设北极科研中心，增强双方在北极科研上的数据共享和信息交流，提高北极科研效率；在北极航道开发上，中韩北极合作组织可下设北极航道开发机构，增加双方在北极航道冰情、沿线基础设施建设、破冰船技术、搜救和船员培训等方面的沟通合作。同时，在该组织下还可设置北极开发银行和技术中心，以增强在北极开发上的融资和技术交流。

北极合作协调组织应成为中韩两国就北极事务的机制化沟通渠道和磋商平台，以达成避免双方恶性竞争，推动双方互利共赢的战略目的。此外，中韩北极合作协调组织的设置也可以有效增强两国沟通，在朝鲜半岛形势急剧变化的当前通过北极领域的合作加强双方互信，改善两国自"萨德事件"后的紧张关系。

（三）完善中韩两国就北极事务的"二轨对话机制"

除了官方合作和建立官方合作组织，中韩两国还应建立完善就北极事务的"二轨对话机制"。比起官方交流，"二轨"交流的非政府性和非官方的特点，使其具有制约因素小、转圜余地大的优势，可以加深双方就某些问题讨论的广度和深度，促进双方就更高层面的议题达成合作共识。例如，2005年12月中国国际问题研究所组团赴美与布鲁金斯学会学者举行会谈，为美国助理国务卿罗伯特·佐利克和中国外交部副部长戴秉国在华盛顿的"中美战略对话"奠定了良好基础。中美智库间的先期沟通交流，使双方明晰了两国在一些问题上的基本观点、基本立场、基本目标，为两国高层交流和对话成果的取得做了必要的铺垫。[1]

中韩两国北极利益的同质化，使两国在北极开发领域不可避免的合作与竞争并存。然而，同为在北极地区没有领土的域外国家，中韩两国在北极地

---

[1]　王存刚：《二轨外交与亚太合作：作用与问题》，《同济大学学报》（社会科学版）2011年第4期，第64~70页。

区通过合作获得的绝对收益要远远大于双方竞争所带来的相对收益。中韩两国在北极事务上的合作是极为必要的。广泛合作的达成不仅需要官方交流，更需要民间的意见沟通与磋商。因此，中韩两国有必要完善"二轨对话机制"，如举办中韩北极合作研讨会、中韩极地研究所学术交流会等活动，先就有关北极事务的合作进行民间沟通协商，再推动民间讨论成果上升到政府层面落实，实现在"冰上丝绸之路"和"新北方政策"框架下两国北极合作的互利共赢。

五 结语

韩国的"新北方政策"将北极地区纳入欧亚经济整合，中国的"冰上丝绸之路"倡议也包含促进区域经济一体化发展的理念。作为一衣带水的邻国，韩国的"新北方政策"与中国的"冰上丝绸之路"倡议存在对接可能。"新北方政策"与"冰上丝绸之路"的对接不仅会对中国的区域经济发展产生重要的促进作用，而且可以打造贯通欧亚大陆到北极航道的经济走廊，带动欧亚大陆纵向整合发展。欧亚大陆是全球最大的地缘政治经济中轴，而韩国是欧亚大陆上一个具有地缘优势的支轴国家。① 当前"冰上丝绸之路"另一端的欧洲已经实现了联合，东北亚正在北极开发的带动下显现出区域经济融合发展的新趋势。在欧亚经济整合与北极联系日益密切的新时代，研究具有重要地缘优势的韩国在欧亚经济一体化发展和北极参与上的策略，研究中韩两国在"冰上丝绸之路"倡议和"新北方政策"下的合作前景与方案和推动未来更广泛的东北亚北极合作和欧亚区域经济发展前景具有重要意义！

---

① 〔美〕兹比格纽·布热津斯基：《大棋局——美国的首要地位及地缘战略》，中国国际问题研究所译，上海人民出版社，2007。

B.3

"冰上丝绸之路"航行中的
国际航运减排法律规制发展研究[*]

白佳玉 冯蔚蔚[**]

摘 要: 海冰减少致使北极航运量不断增加,这一地区性问题与国际气候治理和全球航运业治理存在着密切的关联。虽然海冰融化为商业运输发展创造了有利的条件,但该活动同时也增加了温室气体排放量。减少航运业的温室气体排放对防止破坏脆弱的北极生态系统而言至关重要。本文围绕《巴黎协定》的核心内容,指出国际海事组织可引导航运业与各国达成公平协议,其可采取的措施包括市场化措施、能力建设以及作为非国家行为体的航运公司的自愿行动。

关键词: 气候变化 北极 航运排放 《巴黎协定》 非国家行为体 国际海事组织

---

[*] 本文是国家社会科学基金一般项目"中国参与北极治理的国际合作法律规则构建研究"(项目编号16BFX188)的阶段性成果。

[**] 白佳玉,女,中国海洋大学法学院教授、博士生导师;冯蔚蔚,女,中国海洋大学法学院2018级硕士研究生。

一 研究背景

研究显示，北极的变暖速度几乎是世界其他地区的 2 倍。[①] 自 20 世纪 70 年代以来，北极平均气温上升了 2.3℃。[②] 到 21 世纪中叶，北冰洋在夏季可能会达到无冰的状态。在此背景下，中国与俄罗斯积极合作，通过共建"冰上丝绸之路"的方式开发利用北极航道。早期中俄两国就"研究联合开发北方海航道运输潜力的前景"达成共识后，继续加大该议题中的协商力度。2017 年中俄两国领导人共同表示要开展北极航道开发和利用合作，打造"冰上丝绸之路"，[③] 同时《"一带一路"建设海上合作设想》提出"积极推动共建经北冰洋连接欧洲的蓝色经济通道"，[④] 此种举措标志着"冰上丝绸之路"正式进入实质推动阶段并成为"一带一路"倡议总体布局在北极的新延伸。

早期学界的研究将北极变暖归因于温室气体排放和其他人为因素的综合影响，如平流层臭氧损耗和黑碳排放。[⑤] 由于目前的研究多认为引起气候变化的主要原因在于温室气体排放，[⑥] 因此各国政府更加关注如何有效减少全球范围内的温室气体排放量。化石燃料、生物燃料和生物质不完全燃烧后产

---

① M. O. Jeffries, J. Richter-Menge, J. E. Overland, "Executive Summary in Arctic Report Card 2014," ftp: //ftp. oar. noaa. gov/arctic/ documents/ArcticReportCard_ full_ report2015. pdf，最后访问日期：2019 年 6 月 24 日。

② J. Richter-Menge, J. E. Overland, J. T. Mathis et al, "Arctic Report Card 2017," http: //www. artic. noaa. gov/Report-Card，最后访问日期：2019 年 6 月 24 日。

③ 《习近平会见俄罗斯总理梅德韦杰夫》，人民网，http: //world. people. com. cn/n1/2017/1102/ c1002-29622572. html。

④ 《"一带一路"建设海上合作设想》，新华网，http: //www. xinhuanet. com/politics/2017 - 06/20/c_1121176798. htm。

⑤ Carolina Cavazos Guerra, "Clean Air and White Ice: Governing Black Carbon Emissions Affecting the Arctic", *Palgrave Macmillan UK* (2017): 231 - 256.

⑥ T. F. Stocker, D. Qin, G. K. Plattner et al., *Climate Change: The Physical Science Basis: Contribution of Working Group I to the Fifth Assessment Report of the Intergovernmental Panel on Climate Change*, Cambridge University Press: pp. 1 - 30.

生的黑碳一旦沉积在冰雪上，① 将极大地增强冰雪颗粒对太阳辐射的吸收能力，进一步提高北极变暖的速率。因此，有必要考虑减少黑碳排放在减缓北极变暖方面的作用。

航运活动会排放二氧化碳（CO_2）、甲烷（CH_4）、氮氧化物（NO_X）、硫氧化物（SO_X）、一氧化碳（CO）以及包括有机碳和黑炭在内的多种颗粒物，对全球气候变化造成了较大的影响。2007 年至 2012 年，全球航运活动产生的二氧化碳量约占全球二氧化碳排放量的 2.6%。②

此外，2010 年航运活动产生的黑碳量占全球柴油黑碳排放量的 8% ~ 13%。③ 国际海事组织（International Maritime Organization，IMO）作为联合国下属机构之一，在海上航行的安保和安全问题以及防止国际航运污染方面制定了诸多全球性规则，但是目前国际航运产生的柴油黑炭排放物仍不受国际海事组织的规制。

如果国际组织仍对航运活动的增长不加以监管，北极航运造成的黑碳排放量预计将在 2030 年翻一番。④ 与此同时北极以外的航运活动预计将使北极周边的黑碳浓度增加 10% ~ 20%。⑤

相较于通过苏伊士运河或巴拿马运河的航线，北极航线可为连接东北亚与欧洲提供距离更短的选择。鉴于北极海冰覆盖的范围正逐步缩小，预计今后通过北极航线的国际船只数量将持续增加。但是由于海冰的迅速融化以及永久冻土层的厚度减少，气候变化对北极的影响较世界其他区域更为严重。

---

① V. Ramanathan, G. Carmichael, "Global and regional climate changes due to black carbon", *Nature Geoscience*（2008）：221 – 227.

② T. Smith, J. Jalkanen, B. Anderson et al., "Third IMO GHG Study 2014", *IMO*：1 – 4.

③ A. Azzara, R. Minjares, D. Rutherford, "Needs and opportunities to reduce black carbon emissions from maritime shipping", https：//www. theicct. org/sites/default/files/publications/ICCT_black-carbon-maritime-shipping_20150324. pdf，最后访问日期：2019 年 6 月 24 日。

④ Arctic Monitoring and Assessment Programme（AMAP）, "Summary for Policy-makers：Arctic Climate Issues 2015", https：//www. amap. no/documents/doc/summary-for-policy-makers-arctic-climate-issues-2015/1196，最后访问日期：2019 年 6 月 24 日。

⑤ Stig B. Dalsøren, et al, "Environmental impacts of shipping in 2030 with a particular focus on the Arctic region," *Atmospheric Chemistry & Physics 13. 4*（2013）：26647 – 26684.

与此同时，全球航运贸易量预计将在 2017～2022 年保持 3.2% 的年增长率。① 而北极地区航运活动的增加可能会给该地区带来更多的挑战。

随着全球航运活动特别是北极航道内的航运活动不断增加，人们更加关注航运排放对北极环境的影响程度。本文首先概述了国际海事组织为规范北极航运所做的努力，包括《极地水域船舶作业国际规则》（International Code for Ships Operating in Polar Waters, the Polar Code, 以下简称《极地规则》）、《能源效率措施》（Energy Efficiency Measures）等正在进行的工作。其次对《巴黎协定》的治理方式进行分析，本文重点讨论了《巴黎协定》对航运以及航运排放监管的影响。最后，通过重新审视研究背景和综合本文主要观点以总结全文。

二 《极地规则》在北极航运治理中的作用

考虑到北极严酷条件下航行安全面临的威胁以及北极地区航运活动日益加剧对环境造成的压力，国际海事组织一直致力于通过制定国际规则的方式确保极地航行安全并防止航行污染。② 《极地规则》Ⅱ-A 部分对防止船舶污染作出了强制性要求，而其他部分虽然更加侧重于航行安全，但同时也间接地包含了保护海洋环境的内容。例如，船舶结构、稳定性和完整性的技术要求既有助于航行安全，又能够降低海洋污染事故发生的可能性。

在北极地区拥有领土的八个国家在特殊的地理优势和政治需求的驱动下，试图通过国内立法来规范北极航运。③ 1991 年，俄罗斯颁布了《北方海航道航行规则》（Rules of Navigation in the Water Area of the Northern Sea

① United Nations Conference on Trade and Development（UNCTAD），"Development in international seaborne trade". D. BARKI, L. DéÉLÈZE-BLACK, "Review of Maritime Transport 2017", United Nations：1 - 2.

② Bai, Jiayu, "The IMO Polar Code：The emerging rules of Arctic shipping governance," *The International Journal of Marine and Coastal Law 30. 4*（2015）：674 - 699.

③ 邹磊磊、黄硕琳、付玉：《加拿大西北航道与俄罗斯北方海航道管理的对比研究》，《极地研究》2014 年第 4 期，第 515～521 页。

Route），随着北方海航道的进一步发展，该规则于 2013 年更新为一套更完整的航行管理措施法律体系，其内容涵盖了航行安全、环境保护、救援和引航服务费等多个方面。加拿大作为北极地区西北航道的重要利益攸关方，十分重视保护航道周边环境。加拿大目前已建立了包括《北极水域污染防治法》（Arctic Waters Pollution Prevention Act）在内的较为完善的北极环境保护法律体系。但是由于国家标准与国际标准之间存在一定的冲突，而基于《极地规则》的要求，北极地区沿海国的国内法不应较《极地规则》更为严格。

三　国际海事组织减少北极地区以外船舶航运排放的措施与适用

目前，国际海事组织正通过两套法律机制对极地航运进行管理。《极地规则》规定了保护北极和南极独特而敏感环境的特别规则和强制性规则。此外，现有的多部国际海事公约具有普遍性和广泛性，因此同样也可适用于极地水域。

（一）能源及运作效率措施的适用

关于航运温室气体排放的管制问题在 20 世纪 80 年代首次得到重视，国际海事组织在《防止船舶造成污染国际公约》（The International Convention for the Prevention of Pollution From Ships，MARPOL）项下正式审议了该议题。[①] 国际海事组织依据其作出的决议，与《联合国气候变化框架公约》（UNFCCC）秘书处进行积极合作，其最终目标是控制温室气体浓度，以防止危险的人为活动干扰全球气候系统的稳定。海洋环境保护委员会（MEPC）作为国际海事组织职权范围内对环境问题作出反应的专门性组织，

---

① "Focus on IMO：MARPOL – 25 years," http：//www. imo. org/en/KnowledgeCentre/ReferencesAndArchives/FocusOnIMO（Archives）/Documents/Focus% 20on% 20IMO% 20 – % 20MARPOL% 20 – % 2025% 20years% 20（October% 201998）. pdf, 最后访问日期：2019 年 6月 24 日。

同样被邀请拟订有关评价和减少国际航运产生的温室气体的对策战略。

2000 年，国际海事组织发布了一份关于国际航运温室气体排放的研究报告。2003 年，国际海事组织大会第 23 届会议通过了第 A. 963（23）号决议，[①] 该决议敦促国际海事组织建立必要的机制，以实现国际航运温室气体减排的目标。

随后几年间，MEPC 通过多重努力制定了一套旨在减少国际航运排放的兼具技术、运营和市场机制的规则性文件。2011 年，MEPC 第 62 届会议通过了对 MARPOL 公约附则Ⅵ的修订议题，本次修订增加了第四章的内容从而使得新船能效设计指数（EEDI）与船舶能效管理计划（SEEMP）成为强制性要求。至此 MARPOL 公约成为自制定《京都议定书》以来第一个具有法律约束力的气候变化条约。[②]

与在设计阶段考虑的能效计算相比，船舶运行期间的能效计算包含更多的随机性和不确定性，同时能效运行指标的定义、计量方法和实际水平等问题也有待解决。因此，强制性的运行能源效率标准不足以满足减排目标。

（二）减少船舶航运排放量的制度进展

国际海事组织正不断努力以达到减少船舶航运排放量的目标，而《巴黎协定》的文本中虽然没有提及航运排放的问题，但是它在加速这一目标达成的进程中发挥了不可忽略的作用。《巴黎协定》签署后，2016 年 4 月举行的第 69 届 MEPC 会议通过制定数据收集、数据分析和决策三步走的方式，进一

---

① IMO ASSEMBLY，"IMO policies and practices related to the reduction of greenhouse gas emission from ships，" http：//www. imo. org/en/OurWork/Environment/PollutionPrevention/AirPollution/Documents/A. 963 _ 23. pdf#search = Resolution% 20A% 2E963% 2823% 29，最后访问日期：2019 年 6 月 24 日。

② IMO， "Main events in IMO's work on limitation and reduction of greenhouse gas emissions from international shipping，" http：//www. imo. org/en/OurWork/Environment/PollutionPrevention/AirPollution/Documents/Main% 20events% 20IMO% 20GHG% 20work% 20 – % 20October% 202011% 20final. pdf#search = Main% 20events% 20in% 20IMO's% 20work% 20on% 20limitation% 20and% 20reduction% 20of% 20greenhouse% 20gas% 20emissions% 20from% 20international% 20shipping，最后访问日期：2019 年 6 月 24 日。

步明确了解决航运业减排问题的措施。2016年10月，MEPC第70届会议通过了MARPOL公约附件6关于5000吨及以上船舶燃油消耗的强制性规定。[1]

2018年4月13日，作为对《巴黎协定》温度目标的回应，在伦敦举行的第72届MEPC会议接受了减少船舶温室气体排放的初步战略。这一战略阐明了国际海事组织的愿景，即继续致力于航运减排工作，并在21世纪尽快达到减少温室气体排放的目标。EEDI作为航运减排的重要工具，也将进一步得到审查和加强。此外，该战略还制定了更长远的目标，即到2030年减少至少40%的二氧化碳排放量，并争取到2050年在2008年的基础上实现70%的总体减排目标。制定这一目标的目的是尽快使国际航运温室气体排放达到峰值并下降，从而使得2050年年度排放总值相较于2008年的水平下降至少50%，[2] 这一初步战略也试图与《巴黎协定》中设定的温度目标保持一致。

然而，为达到《巴黎协定》第2条所设立的"把全球平均气温升幅控制在工业化前水平以上低于2°C之内，并努力将气温升幅限制在工业化前水平以上1.5°C之内"的目标，需要特别关注减少黑碳排放量的问题。[3] 更重要的是，北极地区以外的航运活动所排放的黑碳量远大于北极航运的排放量。因此，减少北极地区以外船舶排放量的努力可能需要在北极航运活动治理中占据更重要的地位。

四 《巴黎协定》的治理方式

全球气候变化与北极变暖密切相关，北极冰川融化导致全球海平面上

---

① MEPC, "Amendments to the annex of the protocol of 1997 to amend the international convention for the prevention of pollution from ships, 1973, as modified by the protocol of 1978 relating thereto amendments to MARPOL Annex Ⅵ," http://www.imo.org/en/OurWork/Environment/PollutionPrevention/AirPollution/Documents/278%2870%29.pdf, 最后访问日期：2019年6月24日。

② IMO, "UN body adopts climate change strategy for shipping," http://www.imo.org/en/MediaCentre/PressBriefings/Pages/06GHGinitialstrategy.aspx, 最后访问日期：2019年6月24日。

③ M. Amann, Z. Klimont, and K. Kupiainen, "Integrated assessment of black carbon and tropospheric ozone," 2011.

升，并可能造成全球性影响。由于北极变暖影响全球，保护北极环境的责任不仅局限于北极国家，更需要整个国际社会的通力配合。因此，有必要研究国际社会在减缓气候变化方面的反应与措施。

长期的政治僵局导致各国高层间的气候谈判进展缓慢，[①] 而《巴黎协定》为解决这一问题提供了一种创新性的促进模式，从而允许参与者自愿和渐进地开展温室气体减排活动。[②]

在政府一级，通过国际谈判达成的减排目标已转化为各国自主的减排任务，这一做法极大地缓解了排放大国的犹豫态度。同时，为了实现控制全球气温上升小于2℃的长期目标，还需要大幅度提高各国的行动能力。五年一次的审查有助于各国能够促使其国家活动与气候变化的现状相适应，从而逐步提高各国的贡献度。《巴黎协定》同样强调非国家行为体的参与对避免气候灾难性变化的重要作用。

（一）国家自主贡献的基础作用

根据《巴黎协定》第四条第四款，发达国家应继续在减排中发挥主导作用，而发展中国家应逐步加大减排力度，根据本国国情实现绝对减排或实现已制定的目标。事实上，随着《巴黎协定》的签署，应对气候变化的制度已经从自上而下的模式转变为自下而上和自上而下相结合的混合体系，[③] 所有国家都可根据各自的国家自主决定贡献意愿（Intended Nationally Determined Contributions，INDCs）来减少其排放量。截至2018年，已有175个缔约方批准了《联合国气候变化框架公约》。[④] 《联合国气候变化框架公约》的缔

① O. Stuenkel, "Gridlock: why global cooperation is failing when we need it most," *Brazilian Journal of International Relations* (2013): 694 – 699.

② T. Hale, "All hands on deck: The Paris Agreement and nonstate climate action," *Global Environmental Politics*, *16.3* (2016): 12 – 22.

③ R. Franker, "The Paris Agreement and the new logic of international climate politics," *International Affairs 92.5* (2016): 1107 – 1125.

④ UNFCCC, "Paris Agreement—Status of ratification", https://unfccc.int/process/the-paris-agreement/status-of-ratification，最后访问日期：2019年6月24日。

约方被要求在第21次缔约方大会召开前就2020年后的气候行动提出具体纲要，其针对减排目标的承诺将在《巴黎协定》获得批准时具有法律约束力。

国家自主决定贡献表现了各国愿积极采取行动从而将全球平均气温上升幅度控制在1.5℃~2℃的决心。而"意愿"（intended）这一表述，显示了各国在《巴黎协定》最终定稿前已就拟定的行动进行了广泛的沟通和交流。然而，随着越来越多的国家正式加入《巴黎协定》，这些国家期待相关行动能够得到正式实施，这也标志着先前设定的贡献目标逐步得到了确认，国家自主决定贡献意愿转化为国家自主贡献（Nationally Determined Contribution，NDC）。[①]"国家自主"（nationally determined）意味着全球性的行动并非由集体决定，而是由考虑其国内情况和能力的每个国家自主决定的。《巴黎协定》要求缔约国将国家自主贡献作为一项有约束力的义务，而根据《巴黎协定》第四条第二款，缔约国应承诺积极通过国内政策的转化以实现其国家自主贡献的目标。

国家自主贡献被视为各国实现可持续发展的共同意愿，更重要的是，国家自主贡献内容的非约束性特征提供了广泛的自由裁量权，[②]从而促使各方采取积极行动以降低气候变化的速率。[③]这种谨慎的举措在目前的国际政治环境中尤为重要，因为每个国家面临着不同的国内现实状况，包括社会、经济和技术条件等各方面的区别。通过国家自主贡献，各国能够作出切合本国建设优先事项、符合本国能力、满足本国应负责任的可行举措。每个国家单独的措施可成为国际集体行动的基础，如果这些措施得以有效实施，则可为低碳化和适应未来气候的变化开辟有利道路。

《巴黎协定》所确立的国家自主贡献的独立性、非约束性和自愿性与《联

---

① N. Höhne, C. Ellermann, L. Li, "Intended nationally determined contributions under the UNFCCC", https://www.ecofys.com/files/files/ecofys-giz-2014-intended-nationally-determined-contributions-under-unfccc.pdf，最后访问日期：2019年6月24日。

② A. Macey, "The atmosphere, the Paris Agreement and global governance," https://ojs.victoria.ac.nz/pq/article/view/4640，最后访问日期：2019年6月24日。

③ A. Savaresi, "The Paris Agreement: a new beginning?" http://dx.doi.org/10.2139/ssrn.2747629，最后访问日期：2019年6月24日。

合国气候变化框架公约》和《京都议定书》（Kyoto Protocol）中确立的原则截然不同。《联合国气候变化框架公约》缔约方根据共同但有区别的责任原则（principle of common but differentiated responsibilities，CBDR），分为载于附件1与未载于附件1的两类。附件1缔约方包括发达国家和经济转型国家，根据《联合国气候变化框架公约》第四条，此类国家有义务带头采取措施进行减排。而未列在附件1中的发展中国家可从发达国家获得资金支持，以建立并增强自身的减排能力。《联合国气候变化框架公约》正式确立的共同但有区别的责任原则规定，各国在保护环境方面负有共同责任，但根据各自的社会、经济和生态条件的区别承担不同的责任。共同但有区别的责任原则反映了国际环境法中两种对立的趋势，即各国一般义务的需要和对发展中国家特殊需求予以照顾的需要。共同但有区别的责任原则在关注责任共同性的同时还特别注意到责任的差异性。这一原则的基础在于各国影响全球环境问题的历史差异以及各国解决这些问题能力的差异。《联合国气候变化框架公约》是国际气候协定的基础，同时也是与气候变化有关的后续行动的有力支撑。

《京都议定书》在共同但有区别的责任原则的基础上作出了进一步的努力，为发达国家设定了强制性目标。然而，由于《京都议定书》并未被所有国家接纳，其实际履行的程度远低于国际社会的预期。例如，美国从未批准《京都议定书》，而加拿大在2011年退出该议定书。日本作为北极利益攸关方，虽然没有效仿美国或加拿大的做法，但最终未能实现其确定的目标。

尽管《京都议定书》通过将缔约方分为附件1和非附件1两类的方式体现了共同但有区别的责任原则，但该原则的内涵及实施仍然缺少一定的灵活性，从而使各方难以达成共识，由此阻碍了集体减排行动的进展。从公平角度可对这种无法激发全球行动的现象加以解释，因此在平衡各攸关方利益的过程中，强调公平所发挥的作用显得更为重要。利益相关者出于政治的公平性而参与政治过程，从而确保了协议的持续性。[1]　国际法代表了主权国家

---

① Frank Biermann et al.，"Navigating the Anthropocene：improving earth system governance，" *Science 335. 6074*（2012）：1306 – 1307.

的意志，谈判的立场被各国政府对公平的看法所主导，这些见解对各国作出的承诺以及与其他国家进行合作的意愿具有深远的影响。① 如果最终产生的结果不合理，行动者之间的合作可能无法达到一个双赢的局面。②

《巴黎协定》中的"国家自主贡献"概念减弱了《京都议定书》造成的不对称性现象的影响，从而使发达国家和发展中国家之间的气候谈判能够一直围绕国际法规定的减排义务问题展开。根据《巴黎协定》的规定，发达国家仍在实现全经济体绝对减排目标方面发挥主导作用，而发展中国家则面临着根据本国国情继续加大减排力度的任务。虽然《巴黎协定》的主要原则是建立信任措施，但国家自主贡献原则可进一步帮助实现发达国家和发展中国家之间的利益平衡。

虽然从科学的角度分析国家自主贡献仍不足以满足政府间气候变化专门委员会（IPCC）最新报告中所提出的全球减排目标。但是采用国家自主贡献对于缓解国际社会在气候变化谈判中造成的政治僵局具有至关重要的意义，这一方法将焦点从一项全球协议转移到多中心政策的集合。国家自主贡献在对各国责任、能力和情况进行全面考虑后，其产生的差异性有利于实现《巴黎协定》的短期及长期目标。③ 在对差异化进行重新解释后，共同但有区别的责任原则能够得以强化，从而可吸引世界各国的广泛及和平参与。

（二）透明度框架与全球盘点的补充作用

通过建立国家自主贡献机制，《巴黎协定》创造了一个更具多样化的应对气候变化的平台。此外，它通过建立透明度框架和全球盘点的方式，创新了该协定的遵约机制。与通过谈判达成排放目标并通过时间表进行监管相比，协调后的政策为敦促气候治理创造了条件，从而促使行动者逐步实现减

---

① Harald Winkler, and Judy Beaumont, "Fair and effective multilateralism in the post-Copenhagen climate negotiations," *Climate Policy 10. 6* （2010）: 638 –654.

② Elinor Ostrom, and James Walker（eds.）*Trust and Reciprocity: Interdisciplinary Lessons for Experimental Research*, Russell Sage Foundation, 2003.

③ C. Voigt, F. Ferreira, "Differentiation in the Paris Agreement," http://dx. doi. org/10. 2139/ ssrn. 2827633，最后访问日期：2019 年 6 月 24 日。

少排放量的目标。① 《巴黎协定》通过具有法律约束力的透明度框架、定期全球盘点及提供资金的方式以加强其便利性。定期评估实现《巴黎协定》目标的进展情况为缔约方思考如何增大减排活动的动力提供了宝贵的机会。

建立透明度框架的目的是确保行动执行的透明度，同时也可借此跟踪缔约方实现其国家自主贡献的进展。② 对任何较为成熟的国际机制而言，完善且具有公信力的透明制度将有助于建立彼此间的政治信任从而达到维持该机制的目标。由于缔约方实现其国家自主贡献的最终结果基于自愿的前提，且只有在公布缔约方的进展时，各国才能通过比较而确定其承担的责任是否公平，因此透明度框架应密切注意缔约方的实质进展。此外，由于国家自主贡献在各方之间存在差异，因此透明度框架有利于收集数据，从而用于确认每个国家具体的负担值，因此对评估全球减排目标的进程极为重要。

但是仅有透明度框架还不足以保证该机制的有效运行，全球盘点进一步起到了有效的补充作用，以帮助评估长期目标下取得的集体进展。《巴黎协定》将全球盘点设想为一项具有全面性和促进性的工作，即该协定不仅涉及减缓气候变化的速度，同时还涉及适应与支持的问题，从而推动其成为一种具有促进性而非规范性的工具。

全球盘点是《巴黎协定》提出的定期评估各方履行义务情况的长期措施。定期盘点将于2023年开始，每五年进行一次。这一措施可提高国家行动的透明度，并将收集到的数据用于预测未来趋势。更为重要的是，审查工作将首先评估各国的贡献是否足以满足《巴黎协定》的长期目标。为了确保此项任务的全面开展，全球盘点工作将包括透明度框架内各缔约国提供的信息，以及政府间气候变化专门委员会等其他来源所提供的信息。全球盘点

① Thomas Hale, "All hands on deck: The Paris agreement and nonstate climate action," *Global Environmental Politics 16. 3* (2016): 12 – 22.

② UNFCCC, "Decision 1/CP. 21 Adoption of the Paris Agreement Annex article 14 (2)," https://unfccc.int/resource/docs/2015/cop21/eng/l09r01.pdf, 最后访问日期：2019 年 6 月 24 日。

可指导今后的国家自主贡献行动，并逐步加大减排行动方面的国际合作力度。

此外，各缔约国还同意在 2018 年举行一次促进性对话（facilitative dialogue），① 以评估各方就协议确定的长期减排目标的状况，并就这一初步评估情况为下一阶段的国家自主贡献计划提供信息。经过特别设计的全球盘点机制目的是确保国家自主贡献在服务于长期目标方面能够受到一定的限制，同时其结果可被所有国家接受。此外，全球盘点是一个评估集体行为而非个别国家行为的过程，在评估集体进展时，也将科学要素和公平要素纳入考量范畴。

（三）非国家行为体的合作参与度

国家自主贡献、对发展中国家的资金支持、五年一次的全球盘点、透明度框架，以及促进遵约的举措构成了《巴黎协定》的支柱和基础。② 以上机制共同组成了一个以国家为中心的气候治理框架，但这一框架并未排除非国家行为体在全球气候治理中的重要影响力。《联合国气候变化框架公约》通过《巴黎协定》的第 1/CP. 21 号决定承认了作为非缔约方的其他利益攸关方采取的应对气候变化的行动。目前参与《联合国气候变化框架公约》体系的非国家行为体包括非营利性和独立于政府的非政府环境组织、活动团体、政府间组织、城市网络（City networks）、石油公司、咨询公司和法律公司、碳交易经纪人（carbon brokers）、土著社区和工会。

由于外交政策和国际谈判未能在应对气候变化方面实现有效的多边合作，由此促使非国家行为体逐步加入全球气候治理的进程中。③ 出于复杂的国际政治形势考量，城市、企业和非政府组织决定推动其各自的倡议计划，

---

① Conference of Parties， "Draft decision 1/CP. 23 Fiji Momentum for implementation," https：// unfccc. int/resource/docs/2017/cop23/eng/l13. pdf，最后访问日期：2019 年 6 月 24 日。

② Daniel Klein et al.， ed.， *The Paris Agreement on Climate Change：Analysis and Commentary*， Oxford University Press，2017.

③ Matthew J. Hoffmann， *Climate Governance at the Crossroads：Experimenting with a Global Response after Kyoto*， Oxford University Press，2011.

因此，现存国际条约并不是唯一能够指导气候变化行动的文件，非国家行为体制定的规则和标准也可起到辅助和补充的作用。① 但是，这不意味着非国家行为体的决定和行动将会损害国家的能力和权威。相反，《巴黎协定》建立了一个混合治理机制，将国家与非国家行为体的减排措施相结合，这一机制也可被解释为一种并不稳定的多边主义。与之相对应，《联合国气候变化框架公约》需要成为一个将非国家行为体、跨国项目与各主权国家的行动相结合的平台，从而帮助适应现有复杂的法律制度。② 为起到应有的协调作用，《联合国气候变化框架公约》可通过组织国际会议并制定相应时间表的方式，协调决策的审议进程。此外，它还可协助其成员国和非国家行为体在财政和行政领域中达成统一的前进目标。③

《巴黎协定》承认各主权国家的国家自主贡献是减缓、适应和财政行动的基础，同时也强调非国家行为体在治理、实施和知识信息收集方面发挥的重要作用。《巴黎协定》进一步明确了次国家或非国家行为体在促进多行为体共同实施应对气候变化活动中的补充作用。

五　《巴黎协定》对减少国际航运排放的影响

来自不同学科的专业知识与新兴的治理机制相互作用，将有助于产生全新的观点和举措，从而有效地加速国际航运减排进程。《巴黎协定》作为《联合国气候变化框架公约》框架下的最新国际协议，较为成功地缓解了国际气候谈判的政治僵局，进一步促进了全球温室气体减排行动的有效实施。现有的促进机制将有助于有效落实国家自主贡献举措，增进各国间的政治互

---

① K. Bäckstrand, J. W. Kuyper, B. O. Linnér et al., "Non-state actors in global climate governance: from Copenhagen to Paris and beyond," *Environmental Politics* 26. 4 (2017): 561 – 579.

② K. Bäckstrand, J. W. Kuyper, "The Democratic legitimacy of Orchestration: the UNFCCC, non-state actors, and transnational climate governance," *Environmental Politics* 26. 4 (2017): 764 – 788.

③ Kenneth W. Abbott et al., eds. *International Organizations as Orchestrators*, Cambridge University Press, 2015.

信，同时还将非国家行为体在温室气体减排过程中的努力纳入考量。尽管如此，减少国际航运排放的努力目前也面临着政治辩论的困境。正如第 3 节所述，国际海事组织通过建立数据收集系统及制定初步战略的方式逐步推动温室气体减排的进程。然而，其成员国之间的政治僵局可能无法避免，《巴黎协定》以其全新的沟通机制帮助国际海事组织及其成员国形成一定程度的妥协。而国际海事组织在增进各国政治互信和促使航运公司自愿减排方面仍具有不可忽视的协调作用。

（一）以《巴黎协定》公平精神为依托的矛盾调和机制

发达国家与发展中国家之间持续的利益分歧，可能会对国际海事组织减排规则的制定进程造成潜在的威胁。[①] 旨在促进提高能源效率的全球法规已成为解决航运减排问题的重要机制，然而这一制度也伴随着诸多挑战，其中最重要的是需要思考如何调和共同但有区别的责任原则中纳入的公平原则与不更优惠原则（No More Favorable Treatment，NMFT）的关系。

1. 指导原则之间的冲突

不更优惠原则要求港口国对其港口内的所有船舶执行统一适用的标准，而不考虑船舶的船旗国。该原则现已列入《防污公约》，并适用于该公约的所有附件。这一举措意味着不更优惠原则要求所有船舶，不考虑其所有者和登记国，都必须遵守同样的规则。世界航运理事会（World Shipping Council）和其他行业组织都表示了对不更优惠原则的大力支持。此外，如果可以通过改变船舶登记地以规避减少碳排放的规定，那么这种制度的作用将被大幅减损。

当前解决国际航运温室气体减排问题的机制与全球气候谈判中的做法如出一辙。部分工业化国家赞成一种囊括所有主要排放者的方法，而部分发展中国家则坚持发达国家应带头减少排放。

---

① Hui Zhang, "Towards global green shipping: the development of international regulations on reduction of GHG emissions from ships," *International Environmental Agreements: Politics, Law and Economics 16. 4* （2016）: 561 – 577.

为解决此问题,《巴黎协定》确立了另一种规则,即同时考虑到公平责任原则与发展中国家的利益。其进一步强调了公平但有区别的责任原则的差异性,同时强调建立一个包容新兴经济体的共同应对框架的必要性。

国际海事组织现已成立了减少船舶温室气体排放闭会期间工作组,并于2017年制定了初步行动战略。该集团成员包括国际海事组织成员国和顶级航运组织,如国际航运协会(International Chamber of Shipping)和清洁航运联盟(Clean Shipping Coalition),同时提出了战略性的减排目标和保护措施。丹麦、德国、北欧国家和部分太平洋国家都表现出对具体排放目标的特别偏好,相比之下,印度、巴西、阿根廷和沙特阿拉伯不愿承诺具体的排放目标。由于利益集团间的利益难以得到有效的协调,会议最终以双方的分歧状态结束。而造成这一结果的根源是公平分担原则。因此,各国政府应寻求一种折中的解决方案,从而囊括更多利益攸关方的意见并体现可能的社会经济后果和环境因素,以此反映发展中国家和发达国家之间的利益差别。这一行动的实施需要各国之间建立高度的信任、信心和谅解,在最终得到解决方案前各国仍需作出大量而长期的努力。

2. 市场化措施

经济发展是解决环境问题的核心,因此市场化措施能够在解决环境问题的同时促进可持续发展。为达到此目的,碳交易市场在管理和转移气候风险的同时,可将排放的负外部性内部化。

2010年3月举行的国际海事组织海洋环境保护委员会第60届会议提出了11项以市场为基础的减排措施。除巴哈马提交的对贸易和发展进行惩罚的提案外,① 其他提案可分为两类。第一种类型的提案提出了一种以税收为基础的模式。此种模式可以细分为燃油税和效率税。有关燃油税的提案包括由塞浦路斯、丹麦、马歇尔岛、尼日利亚和国际包裹油轮协会(International Parcel Tankers

---

① "Summary of the proposal submitted by Bahamas to MEPC 60 on Market-Based Instruments: a penalty on trade and development (MEPC 60/4/10)," https://docs.imo.org/Shared/Download.aspx? did = 58103,最后访问日期:2019年6月24日。

Association, IPTA）提交的国际 GHG 基金，① 牙买加提交的港口国税②以及国际自然保护联盟（International Union for Conservation of Nature, IUCN）提交的退税机制③。以提高船舶能源效率为目标的效率税的相关提案包括日本提交的杠杆激励方案④和世界航运理事会（World Shipping Council, WSC）提交的船舶效率体系⑤。第二类提案指出了一种交易机制，该机制可以进一步分为排放交易模型和效率交易模型。排放贸易模型由挪威⑥、英国⑦、法国⑧

---

① "Summary of the proposal submitted by Cyprus, Denmark, the Marshall Islands, Nigeria and the International Parcel Tankers Association (IPTA) to MEPC 60 on an International Fund for Greenhouse Gas Emissions from ships (MEPC 60/4/8)", http：//www. imo. org/en/OurWork/Environment/PollutionPrevention/AirPollution/Documents/Summary% 20of% 20MBM-EG% 20proposals. pdf, 最后访问日期：2019 年 6 月 24 日。

② "Summary of the proposal submitted by Jamaica to MEPC 60 on achieving reduction in GHG emissions from ships through Port State arrangements (MEPC 60/4/40)", http：//www. imo. org/en/OurWork/Environment/PollutionPrevention/AirPollution/Documents/Summary% 20of% 20MBM-EG% 20proposals. pdf, 最后访问日期：2019 年 6 月 24 日。

③ "Summary of the proposal submitted by IUCN to MEPC 60 on a Rebate mechanism for a market-based instrument for international shipping (MEPC 60/4/55)", https：//docs. imo. org/Shared/Download. aspx？ did = 58606, 最后访问日期：2019 年 6 月 24 日。

④ "Summary of the proposal submitted by Japan to MEPC 60 on Consideration of a market-based mechanism: Leveraged Incentive Scheme to improve the energy efficiency of ships based on the International GHG Fund (MEPC 60/4/37)", http：//www. imo. org/en/OurWork/Environment/PollutionPrevention/AirPollution/Documents/Summary% 20of% 20MBM-EG% 20proposals. pdf, 最后访问日期：2019 年 6 月 24 日。

⑤ "Summary of the submission by World Shipping Council (WSC) to MEPC 60 on a Proposal to Establish a Vessel Efficiency System (VES) (MEPC 60/4/39)", https：//docs. imo. org/Shared/Download. aspx？ did = 58358, 最后访问日期：2019 年 6 月 24 日。

⑥ "Summary of the proposal submitted by Norway to MEPC 60 on a Further outline of a Global Emission Trading System (ETS) for international shipping (MEPC 60/4/22)", https：//docs. imo. org/Shared/Download. aspx？ did = 58292, 最后访问日期：2019 年 6 月 24 日。

⑦ "Summary of the proposal submitted by United Kingdom to MEPC 60 on a global emissions trading system for GHG emissions from international shipping (MEPC 60/4/26)", http：//www. imo. org/en/OurWork/Environment/PollutionPrevention/AirPollution/Documents/Summary% 20of% 20MBM-EG% 20proposals. pdf, 最后访问日期：2019 年 6 月 24 日。

⑧ "Summary of the proposal submitted by France to MEPC 60 on further elements for the development of an Emissions Trading System for international shipping (MEPC 60/4/41)", https：//docs. imo. org/Shared/Download. aspx？ did = 58420, 最后访问日期：2019 年 6 月 24 日。

和德国引入。① 而美国提出的船舶效率和信用交易计划是效率交易模型的代表。②

部分发展中国家强烈反对实施市场化措施，因为即使市场化措施与不更优惠责任兼容，也无法实现共同但有区别的责任原则的要求。③ 如果港口国建立一个自治基金或接受国际财政支持，则可以有效实施共同但有区别的责任原则。因此，此种类型的市场化措施可以与共同但有区别的责任原则保持一致，并有望确保各国能够公平分担航运减排的负担。④ 而根据各国国情制定的市场化措施也需符合《巴黎协定》中确立的差异化原则。

（二）能力建设

《巴黎协定》中并没有提及航运排放问题，这表明航运业的复杂性和分歧性导致谈判人员试图避免触及该领域。然而，出于多种原因《巴黎协定》授权国际海事组织采取全球行动以减少航运排放。国际海事组织作为联合国的一个专门机构及国际航运业的最高管理机构，自 1948 年以来一直被委托制定有关国际海事安全和环境影响的规章和标准。而促进航运业的环境可持续发展近年来一直是国际海事组织的优先工作事项。同时国际海事组织还在激励、指导和管理航运活动方面发挥着重要作用。

---

① "Summary of the proposal submitted by Germany to MEPC 60 on Impact Assessment of an Emissions Trading Scheme with a particular view on developing countries（MEPC 60/4/54）"，http：//www. imo. org/en/OurWork/Environment/PollutionPrevention/AirPollution/Documents/Summary%20of%20MBM-EG%20proposals. pdf，最后访问日期：2019 年 6 月 24 日。

② "Summary of the proposal submitted by the United States to MEPC 60 on further details on the United States proposal to reduce greenhouse gas emissions from international shipping（MEPC 60/4/12），" https：//docs. imo. org/Shared/Download. aspx? did = 58133，最后访问日期：2019 年 6 月 24 日。

③ Saiful Karim，"Reduction of Emissions of Greenhouse Gas（GHG）from Ships，" *Prevention of Pollution of the Marine Environment from Vessels*，Springer，Cham，2015，pp. 107 – 126.

④ Shi Yubing，"Reducing greenhouse gas emissions from international shipping：Is it time to consider market-based measures?"，*Marine Policy 64*（2016）：123 – 134. Harilaos N. Psaraftis，"Market-based measures for greenhouse gas emissions from ships：a review，" *WMU Journal of Maritime Affairs 11. 2*（2012）：211 – 232.

目前国际海事组织没有执法权，现有规则的执行权还掌握在国家手中。但是，国际海事组织仍在尽一切努力推进环境保护工作的有效开展。例如建立强制性的数据收集机制，以此为海洋环境保护委员会的政策讨论提供客观、透明和全面的数据基础。

只有在利益攸关方普遍愿意参与的情况下，国际环境制度才能取得有效实施。然而，制度的有效性在很大程度上取决于利益攸关方对亟须处理的问题的解释以及对解决问题的适当措施的共识。① 因此，未来的制度可在合作的基础上加强利益攸关方之间的信任和信心，以此达成协商一致的意见。

因此，规范国际航运排放的制度也可为成员国和其他利益攸关方，如学术界、航运业和非政府组织，提供分享和转让跨学科及实践知识技术的平台。该制度通过帮助各国将航运减排的问题与自身的发展政策、计划相结合，以协助其进行海上能源效率问题的能力建设。

（三）船舶公司贡献与国际海事组织战略的配合

目前国际海事组织的活动更倾向于对成员国的监管，并没有关注航运公司的减排责任。② 然而，诸多航运公司正在研究可持续性的业务方式。③ 私营部门参与减排的趋势反映了参与治理气候变化的主体与治理类型的多样性正在逐步增加。航运公司的减排贡献与国际海事组织的减排战略相结合凸显了航运业的反规范化趋势，以及公共部门和私营部门在缓解气候变化方面的责任日益模糊的分工趋势。宣布减排目标的做法不是被动地要求航运公司接受，否则将违反新船能效设计指数的要求，这一做法的目的是激励动员航运

① Oran R. Young, "Institutions and environmental change: the scientific legacy of a decade of IDGEC research," *Institutions and Environmental Change: Principal Findings, Applications, and Research Frontiers* (2008): 3 – 45.

② Mia Mahmudur Rahim, Md Tarikul Islam, and Sanjaya Kuruppu, "Regulating global shipping corporations' accountability for reducing greenhouse gas emissions in the seas", *Marine Policy 69* (2016): 159 – 170.

③ Jan Skovgaard, "European Union's policy on corporate social responsibility and opportunities for the maritime industry", *International Journal of Shipping and Transport Logistics 6. 5* (2014): 513 – 530.

公司进行减排，以此纠正航运业参与减排过程中的民主缺陷，扩大参与全球气候治理的利益攸关者的范围。

六　总结

《巴黎协定》旨在解决气候变化相关问题，并深刻影响了未来有关全球投资、技术创新和商业模式问题的前景发展。其中创设的国家自主贡献与非国家行为体参与的管理模式对航运业产生了深远影响。在全球温室气体减排框架下，航运业坚持谈判应该基于共同但有区别的责任原则，并拒绝绝对减排目标。由于该议题较为复杂，《巴黎协定》最终没有涉及航运业的减排问题。

尽管如此，《巴黎协定》还是为航运减排提供了一种全新的思维方式。发展中国家基于各国的特殊需要和全球减排的总体需求从而强调适用国家自主贡献的措施。《巴黎协定》动员各国积极参与气候治理，从本质上强调治理的共性。此外，《巴黎协定》中提议的透明度框架和全球盘点机制也为实现国家自主贡献提供了有效的参考。虽然一个国家可根据其国情提出不同的贡献目标，但都应具有强制性和透明性，从而帮助增进国家间的信任。如果一个国家违反设定的义务，则需承担相应的国际责任，并受到其他国家的谴责以及各种形式的制裁。此种后果的发生来源于人们假设各国将在国际社会中谨慎行事以维护国家声誉。如果一国不履行其承诺，则会直接影响该国的国际形象。此外，《联合国气候变化框架公约》在推动非国家行为体参与应对气候变化全球行动方面发挥了新的协调作用，这表明全球气候治理体系虽然存在一定的碎片化现象，但正向着公平和便利的方向前进。

国家自主贡献与自下而上的治理模式都是航运减排方面的典型代表。由于各国航运业的利益不同，共同但有区别的责任原则使得国际社会难以遵守具有约束力的目标。虽然不歧视原则能够与国际航运的跨国性质相结合，然而该原则未能注意到气候政策中公平责任分担的特殊需要。而国家自主贡献

的重要作用就在于重新阐明了共同但有区别的责任原则的内涵，从而避免了责任分散的状况并将国家的特殊情况与作出国家贡献决定的能力结合起来。由于航运业同样强调共同但有区别的责任原则，国际海事组织可引导其成员国使用市场化措施，以达成与《巴黎协定》相类似的协议。

除促进公平外，国际海事组织还可仿效《巴黎协定》，尽可能地成为一个具有促进作用的合作与交流论坛。《巴黎协定》通过建立促进对话、透明度框架和全球盘点机制的措施，巩固了各缔约国间的政治信任和信心。国际海事组织作为一个政府间组织，可以以身作则，凝聚共同利益，通过实施能力建设项目，避免产生不必要的不信任问题。

《巴黎协定》承认非国家行为体是一股不可忽视的力量。目前已有诸多航运公司参加了国际海事组织的相关会议，由此证明了非国家行为体的努力已逐步得到了国际社会的承认与分享。《巴黎协定》对航运业的另一个贡献是它有助于将航运公司的减排贡献纳入国际海事组织制定的航运减排的战略之中。即使航运公司的贡献可能是无效的，且将私营部门纳入国际航运治理可能导致治理机制的碎片化，但是非国家行为体的一体化有助于动员航运公司积极探索和采取各种缓解措施。减少国际航运碳足迹的后巴黎轨迹虽然将逐步趋向分散化，但也将更具便利性和可合作性。

此外，《巴黎协定》也可以促进航运业减排及北极航运管理制度的发展。北极海冰的减少将会导致该地区的航运业务数量不断增加，为保护脆弱的北极环境，国际海事组织与北极国家针对北极航运活动进行了多方面的规制。然而，当北极国家试图运用国际法和国内法追求其自身利益时，现存规定可能会导致不公正的现象发生。巴黎会议后的北极航运需遵循《巴黎协定》所倡导的公平精神，支持国际海事组织的领导地位，通过公平合理的机制建构或市场化措施达到商业发展与北极环境保护的平衡。此外，北极国家和非北极国家都可借由知识共享平台，通过技术转让和能力建设积极开展国际合作。

随着"冰上丝绸之路"建设的不断推进，航行于北极航道的中国船舶数量将持续增加。作为北极航道使用国和北极利益攸关方，中国一直主张和平、可持续地利用北极，并于 2016 年加入《巴黎协定》。在规范船舶温室气体排放、维护北极生态环境、减少气候变化影响方面，中国正积极遵循《巴黎协定》设定的目标承担应有的责任。国家层面的减排贡献有助于减少北极航运的不利影响，而北极航运企业作为北极地区的重要利益攸关者，其承担企业社会责任、减少北极地区污染的内在动力也正在不断增加。

B.4
"冰上丝绸之路"背景下的中蒙俄经济走廊建设研究

额尔敦巴根*

摘　要： 蒙古国和俄罗斯是我国重要的北方邻国，在东北亚地区开发调整和共建丝绸之路经济带中具有重要的地缘战略地位。中蒙俄经济走廊建设能够扩大向北开放及促进西部大开发，实现兴边富民，是睦邻友好的重要战略举措，对打造全方位主动对外开放新格局、落实国家区域发展总体战略和加快边疆民族地区经济社会发展具有重大意义。随着北极航道的不断开发及建设，"冰上丝绸之路"也成为未来中蒙俄经济走廊的重要连接点及经贸运输的关键点。因此加快推进落实中蒙俄经济走廊建设迫在眉睫。

关键词： 向北开放　中蒙俄经济走廊　冰上丝绸之路

2014年9月，中国、俄罗斯、蒙古国三国元首在杜尚别举行会晤，习近平主席在会上提出将"丝绸之路经济带"同"欧亚经济联盟"、蒙古国"草原之路"倡议进行对接，打造中蒙俄经济走廊，随后三国签署了《建设中蒙俄经济走廊规划纲要》。自此，中蒙俄经济走廊被纳入"一带一路"建设的总体框架，成为"一带一路"六大经济走廊之一。[1]

＊　额尔敦巴根，男，中国海洋大学法学院博士研究生。
① http://world.people.com.cn/n1/2018/1220/c1002－30479038.html。

一 中蒙俄经济走廊的前世今生

1689 年 9 月 7 日，清朝代表和沙俄帝国代表签订了《尼布楚条约》，此条约是中俄两国历史上的第一份条约。该条约确立了两个国家的边界线，强调相互贸易的重要性，但是，由于交通不便利等某些不确定性因素，贸易相关的规定未能有效实施。

1727 年 8 月 31 日中俄签订《中俄布连斯奇条约》，确定了中俄两国的边界关系。1727 年 11 月 2 日签订《恰克图条约》，建立了两国之间的贸易原则，给中俄两国贸易创造了有利条件。在这些条约的基础上，中俄两国在这些贸易的中枢地带建立了恰克图等著名的贸易城市。通过这些口岸城市，中俄两国的贸易进行了 200 多年。由于 1869 年苏伊士运河和 1903 年西伯利亚内线铁路的开通，以及 1911 年辛亥革命、第一次世界大战、十月革命的爆发等，这些口岸城市的影响力显著下降，之后中俄两国间的贸易关系一直持续到 1927 年。

经恰克图运输的主要的货物是中国的茶叶、丝绸，因此，这条经恰克图的商路被称为"茶叶丝绸之路"。贸易商人通过收购来自中国南方的茶叶和丝绸，通过扎门乌德、确日瓦、大库伦等地，运送到恰克图。用牲畜皮包装茶叶，用骆驼队运输。每个骆驼队通常有 1000 多头骆驼。每头骆驼约驮 200 公斤货物，配车的话，能运载近 400 公斤货物。骆驼队每天行走 30～40 公里。由于自然环境和气候特点的缘故，驼队运输集中在秋季和冬季。从哈嘎拉格到恰克图，要走 30～40 天的戈壁、山川之路。除了茶叶之外，运输的货物还包括丝绸和瓷器。

查阅历史文献得知，通过恰克图口岸做的贸易是当时俄罗斯最赚钱的贸易。据说，在 19 世纪，恰克图做生意的百万富翁人数仅次于莫斯科。1881 年参观过恰克图的美国记者哲·克楠在笔记中记载，恰克图口岸每年的进出口货运总价值达 10 万～15 万美元。有些人把当时的恰克图口岸比喻成现在的中国香港。事实上，按现在的标准来说，恰克图口岸就是当时的世界自由

贸易区之一。

"茶叶丝绸之路"对蒙古国的城市发展有着显著的影响,特别是在蒙古国首都乌兰巴托市的历史上有着重要的影响。在西伯利亚最南边、宝格达山附近、托拉河岸边、骆驼队旅程必经之地新建的大库伦就是今天的乌兰巴托市。大库伦位于连接中俄两国的商业之路上。来自中国和俄罗斯的商品的销售范围已扩大到蒙古国境内全境。1947~1956年修建的乌兰巴托铁路与"茶叶丝绸之路"重叠,该铁路不仅起到了连接中国和俄罗斯的作用,而且还成为沟通亚洲和欧洲的主要运输通道。此外,连接俄罗斯和中国的高压电线和天然气管道也沿着该铁路铺开。同时,连接俄罗斯和中国的航线也经过这条路线。

连接欧亚大陆,全长将近9000公里的"茶叶丝绸之路",其始发点是中国的张家口,途经乌兰巴托,最后一站是俄罗斯的莫斯科。据此可以认定,作为丝绸之路经济带的六大经济走廊之一的中蒙俄三国间的经贸合作有着悠久的传统与历史传承。

二 中俄蒙经济走廊概念的提出

近年来,中国、蒙古国和俄罗斯一直在加强经济合作。2013年,中国首次提出了共建丝绸之路经济带的倡议,得到了俄罗斯和蒙古国的积极响应。2014年9月11日,中国、蒙古国和俄罗斯三国元首首次会晤期间,习近平主席提出将丝绸之路经济带同俄罗斯的欧亚经济联盟、蒙古国"草原之路"倡议对接。[1]在中国、蒙古国和俄罗斯之间建立一条经济走廊。此后,中蒙俄经济走廊被纳入"一带一路"建设的总体框架,成为"一带一路"六大经济走廊之一。[2]

中国-蒙古国-俄罗斯经济走廊是中国"一带一路"倡议的重要组成部

---

[1] 王海运:《合作共建"中蒙俄经济走廊":深化战略价值认知,找准重点着力方向》,《俄罗斯学刊》2017年第12期。

[2] 吕文利:《中蒙俄经济走廊与"冰上丝路"》,《中国青年报》2018年12月17日。

分。目前，中蒙俄经济走廊建设基础设施薄弱，产业和资金不足等情况非常突出。

2015 年，中蒙俄经济走廊建设顺利起步。2015 年 3 月 28 日，在中国国家发改委、外交部、商务部联合发布的《推动共建丝绸之路经济带和 21 世纪海上丝绸之路的愿景与行动》中，提出要共同打造中蒙俄经济走廊。①

2015 年 5 月 8 日，中俄两国元首共同签署并发表了《中华人民共和国和俄罗斯联邦关于深化全面战略协作伙伴关系、倡导合作共赢的联合声明》②《中华人民共和国和俄罗斯联邦关于丝绸之路经济带建设与欧亚经济联盟建设对接合作的联合声明》③，并见证了在能源、交通、航空航天、金融、新闻媒体等领域签署的一系列合作文件的签署。

2015 年 7 月 9 日，中蒙俄元首举行第二次会晤，达成三方深化合作的共识，其间，三国元首批准了《中华人民共和国、俄罗斯联邦、蒙古国发展三方合作中期路线图》④，三国有关部门分别签署了《关于编制建设中蒙俄经济走廊规划纲要的谅解备忘录》《关于创建便利条件促进中俄蒙三国贸易发展的合作框架协定》《关于中蒙俄边境口岸发展领域合作的框架协定》。

中俄蒙三国元首于 2016 年 1 月 6 日在塔什干会晤，中俄蒙三方依托互为邻国的优势开展紧密合作，积极落实《中华人民共和国、俄罗斯联邦、蒙古国发展三方合作中期路线图》并签署了《建设中蒙俄经济走廊规划纲要》⑤，该规划纲要是促进中蒙俄经济走廊可持续发展的极为重要的文件。

2016 年 9 月 13 日，国家发改委正式公布了《建设中蒙俄经济走廊规划

① 《推动共建丝绸之路经济带和 21 世纪海上丝绸之路的愿景与行动》，新华网，http://www.xinhuanet.com/world/2015 - 03/28/c_1114793986.htm。
② 《中俄两国关于深化全面战略协作伙伴关系，倡导合作共赢的联合声明》，新华网，http://www.xinhuanet.com/world/2015 - 05/09/c_127780870.htm。
③ 《关于丝绸之路经济带建设与欧亚经济联盟建设对接合作的联合声明》，新华网，http://www.xinhuanet.com//world/2015 - 05/09/c_127780866.htm。
④ 《中俄蒙发展三方合作中期路线图》，http://news.china.com.cn/world/2015 - 07/10/content_36025728.htm? agt = 15438。
⑤ 《建设中蒙俄经济走廊规划纲要》，新华网，http://www.xinhuanet.com/world/2016 - 06/23/c_1119101935.htm。

纲要》，上述声明和协定表明，中蒙俄三国对未来的发展战略有了高度的契合点，中蒙俄经济走廊的建设已经顺利起步并且驶入快车道。

2016 年中国出台的"十三五"规划提出，畅通"一带一路"经济走廊，其中包括推动中俄蒙国际经济合作走廊的建设，2017 年 7 月 4 日中俄两国元首签署了《中华人民共和国和俄罗斯联邦关于进一步深化全面战略协作伙伴关系的联合声明》①，上述文件、规划等表明，中俄蒙经济走廊的建设逐步从宏观愿景进入了具体实施建设的新阶段。

三　中蒙俄经济走廊的建设

从传统意义上说，中蒙俄经济走廊包括两条路线：从中国北京、天津、河北到呼和浩特再到蒙古国和俄罗斯的西部路线；从中国东北的大连、沈阳、长春、哈尔滨到满洲里，然后到俄罗斯赤塔的东部路线。这两条路线相互协调，形成了中国、蒙古国和俄罗斯之间的新经济带。

建设中蒙俄经济走廊的益处颇多，一是有利于将三国间的经济合作推上新的高度，促进三国间安全与政治关系的深化；二是随着经济走廊的不断发展，三国间的人才和文化交流将得到丰富，有望增进相互了解，加深睦邻友好关系；② 三是中蒙俄经济走廊对其他经济带的建设起到引领性的作用；四是中蒙俄经济走廊的建设是中国与邻国的国际经济合作的重要方向，也是中国实施"一带一路"倡议的重要组成部分。

近年来我国周边确实出现了一些严峻挑战和一些不容忽视的问题，有些问题目前的确严重制约着国际次区域经济合作的深入，但也说明我国国际次区域经济合作的发展潜力巨大，中蒙俄经济走廊的优势非常明显，主要有以下六个方面的优势。

---

① 《中华人民共和国和俄罗斯联邦关于进一步深化全面战略协作伙伴关系的联合声明》，新华网，http://www.xinhuanet.com/world/2017－07/05/c_1121263941.htm。
② 王海运：《合作共建"中蒙俄经济走廊"：深化战略价值认知，找准重点着力方向》，《俄罗斯学刊》2017 年第 6 期。

第一，中蒙俄经济走廊拥有较明显的地缘经济优势。

第二，中俄蒙经济互补性强，区域资源开发具有巨大潜力。

第三，我国对俄罗斯和蒙古国投资能力显著增强。

第四，我国周边区域国际力量格局有利于中蒙俄合作。

第五，我国与俄罗斯、蒙古国的政治关系良好。

第六，抵御国际经济不稳定冲击成为中俄蒙三国的共同需要。

四 中国与蒙古国的经济合作
（连接中国的"一带一路"与蒙古国的"发展之路"）

继 2013 年中国提出"一带一路"倡议后，蒙古国提出建设包含高速公路、铁路、电气线路、石油管道和天然气管道等多项基础设施在内的"草原之路"发展战略。2016 年，蒙古国将"草原之路"名称调整为"发展之路"，并于 2017 年首届"一带一路"国际合作高峰论坛期间与中国正式签署了《蒙古国"发展之路"计划与中国"一带一路"倡议对接谅解备忘录》。①

2018 年已成为快速发展中的中国与蒙古国关系的一个重要里程碑。2018 年 1 月，蒙古国总统巴特图勒嘎（H. Battulga）访问北京并进行国事访问。2018 年 4 月，蒙古国总理呼日勒苏赫（W. Hurelsukh）对中国进行了正式访问，共有来自 163 家蒙古公司的 299 名代表参加了访问，来自两国的 600 多名商人举行了中蒙商务论坛，共签署了 36 份总价值 48 亿美元的文件和协议，这些访问确定了两国关系进一步发展的主要方向。

2018 年 8 月 23～25 日，中华人民共和国国务委员兼外交部部长王毅在蒙古进行正式访问，会议期间，蒙古国总统巴特图勒嘎提及希望中方增加蒙古国农产品进口，并且通过了蒙古国支持中国和俄罗斯之间的基础设施建设发展的协议。

---

① 《蒙古国"发展之路"计划与中国"一带一路"倡议对接谅解备忘录》，中国新闻网，http：//www.chinanews.com/gn/2017/05－12/8222181.shtml。

蒙古国最高经济委员会主席恩赫伯德强调了两国立法机构在扩大蒙中关系方面所发挥的重要作用，蒙古国与中国特别签署了关于建立两国议会常设机制的谅解备忘录和合作备忘录。他指出，虽然蒙古国方面的重点是贸易和经济合作，但有必要在教育、文化、体育和人道主义领域开展合作。

访问期间进行的谈判显示，双方都热切希望加强和丰富自 2006 年以来一直在发展的中国与蒙古国之间新的战略伙伴关系。

中国当前是蒙古国最大的贸易伙伴对象和最大投资国。除采矿业外，双方都认识到需要增加中国在蒙古国各行各业的投资。两国达成协议，到 2020 年将相互贸易额从目前的 56 亿美元增加到 100 亿~150 亿美元。根据蒙古国外交部部长的声明，宣布双方开始建立中蒙跨境经济合作区的联合研究工作组。

2018 年 8 月 25 日，两国外长出席了中国在乌兰巴托投资建设中央污水处理厂的仪式。该项目的建设成本为 2.67 亿美元。建成后，每天将清理 25 万立方米的水，这将对蒙古国首都的污水净化产生积极影响。

会谈的另一项重要成果是就蒙古国参与中国"一带一路"项目达成协议，该协议有助于双方贸易和投资的增长。

2018 年 4 月 9 日，在中国国务院总理李克强和蒙古国总理呼日勒苏赫的见证下，中国商务部部长钟山与蒙古国对外关系部部长朝格特巴特尔在北京共同签署了《中国商务部与蒙古国对外关系部关于加快推进中蒙跨境经济合作区建设双边政府间协议谈判进程的谅解备忘录》（以下简称《备忘录》）。①

2019 年 6 月 4 日，中国商务部部长钟山与蒙古国政府授权代表蒙古国食品农牧业与轻工业部部长乌兰在京正式签署《中华人民共和国政府和蒙古国政府关于建设中国蒙古二连浩特—扎门乌德经济合作区的协议》。②

该协议的签署是中蒙二连浩特—扎门乌德经济合作区建设的重要里程

---

① http：//www. mofcom. gov. cn/article/ae/ai/201804/20180402729737. shtml，中华人民共和国商务网站，最后访问日期：2019 年 5 月 9 日。

② http：//www. mofcom. gov. cn/article/ae/ai/201906/20190602869903. shtml，中华人民共和国商务部网站，最后访问日期：2019 年 6 月 10 日。

碑。二连浩特—扎门乌德经济合作区是中国与蒙古国首个跨境经济合作区，是落实两国领导人共识、加强中国"一带一路"倡议与蒙古国"发展之路"战略对接的重要举措，对两国边境地区发展乃至两国之间的贸易投资和人员往来的重要意义不言而喻。

从二连浩特和扎门乌德入手建立跨境经济合作区，实现边境贸易的规范化、制度化，不但能够进一步刺激中蒙贸易良性增长，还将为两国贸易与投资往来发挥"先行先试"的作用，使"一带一路"与"发展之路"深入对接向前再迈一步。

近年来蒙古国国内经济面临一定困难，迫切希望通过"发展之路"与"一带一路"倡议对接从中国获得更多贸易与投资，改善国内困局。中蒙两国经济结构存在互补性，具备合作发展的条件，通过战略对接实现资源的有效配置，不仅可促进中国的可持续发展，也可促进蒙古国的经济转型发展。

表1 2013～2018 年中蒙经贸合作数据

单位：亿美元

主要指标	2013 年	2014 年	2015 年	2016 年	2017 年	2018 年
对蒙出口	24.50	22.16	15.72	9.88	12.48	16.5
自蒙进口	35.06	50.93	37.79	36.19	51.18	63.4
对蒙直接投资	3.8879	5.0261	-0.2319	0.7912	22.9298	—

资料来源：中国海关、中国商务部。

近年来，以资源性产品为主导的中蒙边境地区贸易合作呈现良好的发展势头，增长迅速，合作潜力巨大。但仍有一些亟待解决的问题，如基础设施特别薄弱，同时还需要进一步整理和完善港口通关程序和自由贸易区的法律法规。

从中国二连浩特到蒙古国的扎门乌德建立跨境经济合作区，实现边境贸易的规范化、制度化，不但能够进一步刺激中蒙贸易良性增长，还将为两国贸易与投资往来发挥"先行先试"的作用，"一带一路"与"发展之路"深入对接将向前再迈一步。

蒙古国处于世界上国土面积最大、自然资源丰富的俄罗斯及人口最多、发展最快的经济体中国之间，因此蒙古国建立连接中俄两国的经济走廊意义重大。经有关专家预测，中蒙俄经济走廊建设项目的实施需要 50 亿 ~ 60 亿美元的投资。

五 中国与俄罗斯"冰上丝绸之路"的经济合作

"冰上丝绸之路"倡议是"一带一路"倡议的延伸。中国已将"冰上丝绸之路"纳入"一带一路"范围。"冰上丝绸之路"是"一带一路"的重要补充，对中俄两国的经济发展具有重要意义，将成为中俄两国合作的新亮点。一旦北极航道正式开通，"冰上丝绸之路"将进一步扩大中俄两国和沿线国家的文化、经贸、旅游交流与合作。

（一）"冰上丝绸之路"落实的意义

中俄两国开展北极航道合作以来，对于共同打造"冰上丝绸之路"，中俄不仅达成了共建的战略共识，还在能源合作、联合科考等方面取得了一系列成果，中俄共建"冰上丝绸之路"实现了良好开局。"冰上丝绸之路"倡议已经成为中国参与北极事务的重要框架，对中国参与北极事务具有指导意义。

（二）"冰上丝绸之路"的不断推进及落实

2015 年"冰上丝绸之路"倡议提出后，中国积极推动该倡议的落实。

在科研方面，2017 年在中国第八次北极科学考察结束后，中国国家海洋局正式宣布将北极科考频次从过去的每两年一次提升为每年一次。2013 年中国与冰岛达成协议，中国极地研究中心与冰岛研究中心决定在冰岛第二大城市阿库雷里市共同筹建极光观测台。2018 年中国在冰岛的极光观测台升级为科学考察站，科研设备增多，可承担的科研任务增多，成为中国除黄河站外的又一个综合研究基地。

中国航运企业也积极试航北极航道。中国中远航运公司已经开展了22个穿越北极东北航道的航次，其中：2015年实现了"再航北极、双向通行"；2016年实现了"永盛+"，第一次进行了"北极往返"航行；2017年实现了北极东北航道"项目化、常态化"航行；2018年实现了"项目化、常态化和规模化"运营，累计完成货运量62.4万吨。据预测，到2020年通过北极东北航道运输的货物将占中国国际贸易总量的5%~15%。同时，中国也对投资北极航道上的基础设施感兴趣。中国已经明确表示有兴趣参与阿尔汉格尔斯克的深海港口建设以及为连接阿尔汉格尔斯克和佩尔姆两市的贝尔－科穆尔铁路（Belkomur railroad）的开发提供资金。除航道外，中国也参与北极地区的其他基础设施建设。2018年2月中国和芬兰牵头，日本和挪威为合作伙伴共同建设沿东北航道的跨北极海底电缆。2018年中国交通建设股份有限公司积极参与格陵兰岛机场建设招标。

在北极能源开发上，推动中俄两国共建"冰上丝绸之路"的互联互通。近年来中俄两国贸易额逐年递增，其中能源合作功不可没。北极油气资源丰富，拥有近4120亿桶油当量的储备。因此中俄两国共建"冰上丝绸之路"，能源合作依然是重点。

值得注意的是，能源合作还推动了中俄两国共建"冰上丝绸之路"的互联互通。在建设俄罗斯亚马尔项目的过程中，中国方面的中石油的海洋工程公司、中海油的海油工程公司、中石化所属的炼化工程公司，以及其他多家海洋工程有限公司承担了该项目约120个模块的建造工作；中国宏华集团提供了能够抵御极寒气候的北极钻机；中国工商银行、国家开发银行与丝路基金一起为项目融资190亿美元，占项目总投资额的63%；山东大宇造船厂承接了该项目15艘17万立方米冰级LNG船的建造工作，预计在2020年上半年之前全部完成交付。中国在"一带一路"建设实践中积累的经验在中俄两国的北极合作中得到了充分体现。

2019年6月7日，中国中远海运集团与俄罗斯诺瓦泰克股份公司、俄罗斯现代商船公共股份公司，以及丝路基金有限责任公司在俄罗斯圣彼得堡签署《关于北极海运有限责任公司的协议》。

根据协议，各方将建立长期伙伴关系，为俄罗斯联邦北极地区向亚太地区运输提供联合开发、融资和实施的全年物流安排，并组织亚洲和西欧之间通过北极航道的货物运输。各方认为，此举将有助于推动北极航道进一步发展成太平洋和大西洋流域之间全球性的商业运输走廊，为进一步优化畅通国际贸易大通道、促进世界互联互通及经济增长发挥作用。

中国国家主席习近平于 2019 年 6 月 5 日至 7 日对俄罗斯进行国事访问，并出席第二十三届圣彼得堡国际经济论坛。在此次访问过程中，中俄两国签署了《中华人民共和国和俄罗斯联邦关于发展新时代全面战略协作伙伴关系的联合声明》①。声明中提到，推动中俄两国北极可持续发展合作，在遵循沿岸国家权益的基础上扩大北极航道的开发利用以及北极地区基础设施、资源开发、旅游、生态环保等领域的合作。

此次访问恰逢中俄两国建交 70 周年，不仅促进了两国的传统友谊，更为双边经济的发展尤其是"冰上丝绸之路"的建设确定了明确的方向。

六 实现中蒙俄经济走廊与冰上丝绸之路的有效对接

中蒙俄经济走廊的建设与"冰上丝绸之路"之间可以进行有效的对接，促进"一带一路"沿线国家的发展与建设。宏观方面应当做到以下几点。

（一）中蒙俄经济走廊与"冰上丝绸之路"之间的顶层设计

一是从战略上引领好三方合作。二是以重点合作带动三方合作。中俄蒙三方要推动中蒙俄经济走廊框架内合作项目落地实施，推动三方通关便利化，推动重点口岸升级改造，深入开展地方合作。三是加强上海合作组织框架内的协调与合作，使上合组织在促进各国的发展与繁荣方面发挥更加有效的作用。

---

① 《中华人民共和国和俄罗斯联邦关于发展新时代全面战略协作伙伴关系的联合声明》，http：//www. xinhuanet. com//2019 - 06/06/c_1124588505. htm。

越来越多的国家希望加强与上合组织的合作。中俄蒙三国应发挥自身优势，深度参与上合组织合作，更多分享地区合作机遇，有效推动中俄蒙三方合作。

同时中俄蒙三方应当在相互尊重、平等互利的基础上深化合作关系，加强欧亚经济联盟同"一带一路"倡议以及蒙古国"草原之路"规划的对接合作。中俄蒙三方要加强交通运输互联互通，扩大共同贸易，加强能源、金融等领域的合作。同时中俄蒙三方要建立起相关机制性安排，加快建设跨越三国的国际公路网，促进三国间通关便利，加强能源合作，探讨区域电力网络建设。总体而言，中俄蒙三国的合作交流对于三国来说，关系到国家经济的长远发展以及跨境合作互联互通。

（二）中国推进中蒙俄经济走廊建设的主要经验

对"一带一路"倡议下的其他五大经济走廊建设而言，中国推动中蒙俄经济走廊建设中主要有以下两方面的经验值得关注。

第一，以政策性资金引导商业性资金支持，完善融资保障体制。在国家层面加强对口岸建设、对外开放及跨境合作等项目的资金投入，发挥国家开发银行、丝路基金、亚投行的作用，助推口岸建设、对外开放与跨境合作等重大项目建设。

第二，发挥政策性信贷作用，以优惠贷款、官方出口信贷等金融工具为先导，积极引导商业性资金的支持，推动其向走廊重大双边、多边合作项目倾斜。在重大基础设施和重大工程项目建设中，充分考虑利用世界银行、亚洲开发银行的资金。

七 结语

中蒙俄经济走廊规划建设，是中俄蒙三国元首会晤的成果。三国之间友好合作共同发展的传统源远流长，同时，当前世界经济一体化的趋势又促使三国要紧紧抓住合作共赢的大趋势，将中蒙俄经济走廊落到实处，增加三国

百姓间的福祉。

无论是中蒙俄经济走廊还是共建"冰上丝绸之路"都是中国着眼于世界经济一体化所提出的，未来随着中俄蒙三国间经济的不断融合与发展，"冰上丝绸之路"与中蒙俄经济走廊必将会连成一体，结出更多的经济果实，成为未来世界经济合作的成功范例。

B.5
"冰上丝绸之路"背景下的
中日韩北极事务合作

焦朵朵　孙　凯*

摘　要： 随着全球气候变暖的加速，北极地区的价值日益凸显，北极
　　　　 事务也成为国际事务中的重要内容，成为各国关注的焦点。
　　　　 中国、日本、韩国作为北极事务的"重要利益攸关方"，在
　　　　 气候变化、科学考察、航道利用与能源开发等方面都存在利
　　　　 益的交叠，在北极事务合作上存在现实基础和动力。现阶段，
　　　　 中日韩三国在北极事务中的合作虽然取得了一定进展，但是
　　　　 合作程度仍然非常有限，合作潜力尚未充分发挥。共建"冰
　　　　 上丝绸之路"这一新形势为中日韩三国开展北极事务合作注
　　　　 入了新的活力。中日韩三国应该以此为契机，加强三国在北
　　　　 极事务中的合作，拓展合作领域、深化合作层次，在合作中
　　　　 实现共赢。

关键词： "冰上丝绸之路"　中日韩北极事务　北极合作

　　北极地区具有特殊的地理位置和自然环境，同时也蕴含着丰富的资源。
近年来，全球温度上升加快了北极地区冰雪融化的速度，北极地区环境正在
逐渐发生变化。一方面，这可能对全球的气候和环境产生重大影响；另一方

---

* 焦朵朵，女，中国海洋大学国际事务与公共管理学院政治学与行政学专业 2015 级本科生；孙
凯，男，中国海洋大学国际事务与公共管理学院教授。

面，北极地区的开发利用条件也可能会逐步改变，为各国开发利用北极资源和北极航道提供机遇，对全球航运、国际贸易和世界能源供应格局产生影响。北极问题已经不仅仅是北极国家之间的地区性问题，而且涉及域外国家和国际社会的共同利益，具有全球性的意义和影响，离不开北极利益攸关方的参与。①

中国、日本、韩国同为北极域外国家，也都是北极事务的重要利益攸关方，三国在北极地区都拥有气候、科考、航道和资源等方面的重要利益，在参与北极事务中存在相互的联系和影响。相同的身份认同和交叠的利益诉求也使中日韩三国在北极事务合作上存在现实的基础和动力，三国在北极地区拥有着广泛的合作空间。随着北极地区态势的变迁，三国更应当积极开展北极合作，共同应对北极变化所带来的机遇和挑战，在合作中寻求共赢。

中国国务院新闻办公室在 2018 年 1 月发布了中国在北极政策方面的第一部白皮书，即《中国的北极政策》。《中国的北极政策》白皮书也成为未来一段时期内指导中国开展北极活动的指导性政策文件。在白皮书中，中国明确表明愿意以北极航道的开发利用为依托，与各方共建"冰上丝绸之路"。"冰上丝绸之路"的建设对中日韩三国的航运、能源、经济格局等有着重要的价值，为三国在北极事务中的合作注入了新的活力，成为加强中日韩北极事务合作的新契机。

近年来，中日韩三国在北极事务合作中已经取得了一些突破和进展，但是在合作领域及深度上仍然存在很多局限，合作潜力尚未充分发挥。共建"冰上丝绸之路"使得三国在北极地区的共同利益更加密切，为三国在开展北极事务合作中注入了新的活力，是三国加强北极事务合作的新契机。本文旨在通过梳理当前中日韩三国北极事务合作现状，发现其中存在的问题和障碍，并据此为三国在新形势下深入开展北极事务合作提供一些参考建议。

加强中日韩三国在北极事务中的合作研究不仅有利于解决当前三国在

---

① 中华人民共和国国务院新闻办公室：《中国的北极政策》，人民出版社，2018。

合作进程中存在的问题和困难，充分发挥三国在北极事务中的合作潜力，促进三国在北极地区的政策目标和利益的实现，而且能够为中日韩三国在其他领域进行合作提供借鉴，促进东北亚区域的合作发展。另外，中国与日本韩国的合作经验也可以为我国与其他相关国家进行北极合作提供参考和借鉴，能够为我国提供新的北极合作思路，有利于我国更好地进行北极活动。

一 "冰上丝绸之路"背景下中日韩北极事务合作的基础

在全球化时代的大背景下，各国之间的联系和交往日益紧密，国家间能否实现合作最终都要回归到是否有利于实现国家利益的根本问题上。[①] 作为北极事务的重要利益攸关方，中日韩三国在北极地区的气候、资源、航道等方面都存在利益的交叠，可以说，共同利益的形成是三国北极合作的重要客观条件，而"冰上丝绸之路"的建设和推进更是强化和扩大了这种共同利益，这将为三国开创更大的合作空间。

"冰上丝绸之路"是指穿越北极圈，连接北美、东亚和西欧三大经济中心的海运航道。[②] 随着气候环境的变化，北极航道的开发和利用也越来越具有现实可能性，中日韩三国同处东北亚地区，又都是资源进口和航运贸易大国，"冰上丝绸之路"的建设对三国而言都具有重要的价值。

首先，在资源开发方面，中日韩三国均为能源需求大国。中国、日本和韩国的经济发展都保持着较为稳定的增长速度，对矿产和能源也有着较大的需求，根据国际能源署 2018 年公布的数据显示，2016 年中国、日本、韩国在世界能源消费占比中的排名分别为第一、第五和第八[③]，且随着经济的持

---

① 崔白露、王义桅：《"一带一路"框架下的北极国际合作：逻辑与模式》，《同济大学学报》（社会科学版）2018 年第 2 期，第 48～58、102 页。

② 《冰上丝绸之路》，中国一带一路网，https：//www.yidaiyilu.gov.cn/zchj/slbk/80077.htm，最后访问日期：2019 年 4 月 24 日。

③ "IEA. Key World Energy Statistics 2018，" https：//webstore.iea.org/download/direct/2291？fileName = Key_World_2018.pdf.

续发展，这种需求还有增长的趋势。日本和韩国的国土面积狭小，自然资源相对稀缺，所以绝大部分资源依赖进口，中国能源需求的对外依存度也较高，三国都是能源需求和资源进口的大国。长期以来，中日韩三国能源都依赖从中东、俄罗斯等地区进口，随着国际局势的变化，这种较为单一的供应源在一定程度上威胁着三国的能源安全。根据美国国家地质勘探局发布的报告，全世界有大约22%的未探明油气资源储藏在北极地区，其中包含全球大约30%未被发现的天然气资源和13%的石油储量。[1] 因此，北极地区丰富的资源对中日韩三国来说都具有重大的经济和战略价值，能够满足其日益增长的能源需求，保持国民经济的稳定发展。

其次，在航道利用方面，北极地区冰雪加速消融增大了北极航道通航的现实可能性。北极航道由俄罗斯北部沿岸的东北航道和加拿大北极群岛沿岸的西北航道这两条航道构成。中日韩三国作为东亚经济中心，与欧洲、美洲的贸易往来密切，海运贸易需求较大。但是三国的海运也经常受到亚丁湾、马六甲海峡等地区不安全状况的困扰，国际贸易的安全和航运安全都受到威胁。据估计，对于中日韩等东亚国家来说，与经过苏伊士运河的传统航道相比，通过北极航道到达欧洲可以节省30%～40%的航行时间，极具经济前景。比如，从日本横滨到达鹿特丹经传统航道的航程为20742公里，而经过北极航道却仅有12038公里的航程，航行时间也将缩短大约15天，大大提高了航行的效率，减少了船舶的燃料消耗。[2] 此外，东亚国家从北极航道到达北美东海岸也比经过巴拿马运河的航道缩短6500公里，能节约大概40%的运输成本。[3] 北极航道一旦开通，不但有利于减少航行时间、降低运输成本，而且有助于中日韩三国打破海运通道单一的局面，缓解长期以来的运输安全问题，实现三国海运、能源运输通道的多元化。

---

[1] USGS, "Assessment of Undiscovered Oil and Gas in the Arctic," http：//pubs. er. usgs. gov/publication/70035000, 2019 - 04 - 24.

[2] 叶艳华：《东亚国家参与北极事务的路径与国际合作研究》，《东北亚论坛》2018 年第 6 期，第 92 ~104、126 页。

[3] 李振福：《中国面对开辟北极航线的机遇与挑战》，《港口经济》2009 年第 4 期，第 31 ~34 页。

最后，北极航道的开通将影响中日韩三国经济发展的格局。北极航道的开通和商业化运营不仅会影响中日韩三国的海上运输，而且还将带动部分港口城市的发展和完善，促进三国相关沿海地区的经济和外贸发展。中日韩三国作为东亚经济的中心，与各国贸易往来频繁，2018 年全球前 20 大集装箱港口吞吐量排名中，上海港位列第一，韩国釜山港排名第六，中国北方的青岛港、天津港和大连港分列第八名、第十名和第十六名。① 由于当前的国际航道依然主要依靠传统航道，所以位置偏南的新加坡港、中国南方的舟山港、深圳港、广州港和香港港依旧在全球港口格局中占有重要位置，但是随着北极航道的开发和利用，中国北方的青岛港、天津港和大连港以及韩国釜山港和日本的横滨等港口在地理位置上的优势会逐渐凸显，货源的运输也会逐渐分流，为这些城市经济的发展带来新的机遇。另外，在外贸行业转型升级的背景下，北极航道运输成本的降低也会刺激相关产业的发展，从而促进对外贸易的增加，使之有可能成为新的经济增长点。

二 中日韩北极事务合作的现状

中国、日本、韩国在 2013 年同时成为北极理事会的正式观察员国，这不仅提高了中日韩三国对北极事务的热情和参与度，也使三国围绕北极事务产生了更多的交集，为推进中日韩三国在北极事务中的合作提供了良好的条件。随着北极事务中的国际合作不断加强，中日韩三国也在不断努力寻找加强同彼此之间进行合作的方法和途径。

（一）北极事务高层对话

2015 年 11 月 1 日，中日韩三国第六次领导人会议搁浅三年之后在韩国首尔举行，这标志着中日韩三国关系重新回到正轨，各项合作又得以继续推

---

① 《2018 年全球前 20 大集装箱港口预测报告发布》，观察者网，https://www.guancha.cn/economy/2018_07_10_463510.shtml，最后访问日期：2019 年 4 月 27 日。

进，三国领导人也在会议中就深化北极合作进行了交流与讨论。会后发表的《关于东北亚和平与合作的联合宣言》中称，中日韩三国将建立北极事务高层对话机制，加强在北极政策上的交流，并积极讨论在北极地区的合作项目，深化三国的北极合作。① 紧接着，为了落实联合宣言所赋予的使命，首轮中日韩北极事务高级别对话于 2016 年 4 月在韩国首尔举行，三国与会代表分别介绍了各自在参与北极国际合作、开展科学研究等方面的政策和实践活动，并在包括北极科研在内的诸多领域都表达了合作的意愿，达成了深化北极合作共识。② 另外，面对北极地区的机遇和挑战，三国都表示，作为北极理事会的正式观察员国，应当以此为平台继续为北极事务做出应有的贡献，并同意在国际场合中加强三国在北极事务上的协调与合作。

2018 年，中日韩三国在北极政策方面都有了新的进展，《中国的北极政策》白皮书作为指导中国进行北极活动的重要政策依据终于得以发布，日本也通过了其第三份《海洋政策基本计划》。2018 年 6 月 8 日，中日韩第三轮北极事务高级别对话在上海举行，对中国政府于 2018 年 1 月发布的《中国的北极政策》白皮书，日韩两方也都表示欢迎，三方代表团团长也在会议中强调了加强政策对话对促进三国北极合作的重要意义，表示愿意通过深化参与其他国际机制来共同应对北极地区带来的挑战。在合作领域上，三方表示将继续将北极科研作为优先的合作领域，支持通过联合科考、信息交流共享等方式加强在此领域内的合作，三国也就在其他领域内合作的可能性进行了探讨。③ 北极事务高级别对话显然已经成为加强中日韩三国政府在北极领域进行磋商合作与政策交流的重要平台，第四轮中日韩三国北极事务高级别对话也于 2019 年 6 月在韩国釜山召开。

---

① 《关于东北亚和平与合作的联合宣言》，中国政府网，http：//www. gov. cn/xinwen/2015 – 11/03/content_5003702. htm，最后访问日期：2019 年 4 月 24 日。
② 《首轮中日韩三国北极事务高级别对话在首尔举行》，中国政府网，http：//www. gov. cn/xinwen/2016 – 04/28/content_5068817. htm，最后访问日期：2019 年 4 月 24 日。
③ 《第三轮中日韩北极事务高级别对话联合声明》，新华网，http：//www. xinhuanet. com/world/2018 – 06/08/c_1122959283. htm，最后访问日期：2019 年 4 月 24 日。

（二）极地科学合作组织

除了在政府层面展开的高层对话之外，中日韩三国早在 2004 年就共同发起了"极地科学亚洲论坛"（Asian Forum for Polar Sciences，AFoPS），致力于加强在极地科学考察领域的交流和合作研究，该组织目前已经发展了中国、日本、韩国、印度、马来西亚和泰国 6 个成员国，以及印度尼西亚、菲律宾和越南等观察员国，成为极地科考和研究的重要区域性国际组织。[①] 十几年间，极地科学亚洲论坛通过协调各国项目研究、加强科学家交流、联合期刊出版、创建共享平台等方式，致力于推进亚洲各国在极地科学领域的联系与合作。另外，极地科学亚洲论坛还与国际北极科学委员会等国际组织建立了联系，努力增强亚洲国家在国际极地事务中的存在感和话语权。中日韩作为极地科学亚洲论坛的发起国，在组织的发展中发挥了重要的作用，使得论坛的工作不断向前推进，成为目前亚洲地区唯一的极地科学合作组织，为亚洲各国开展极地领域合作创造了平台和条件。

（三）北极研究学术研讨

随着北极事务的重要性日益凸显，来自中日韩三国的众多学者、智库和一些政府机构也都纷纷参与到北极研究的合作中来。韩国海洋水产研究院于2014 年在济州岛召开北极研讨会时倡议成立北太平洋北极研究共同体会议，主要的发起单位还有上海国际问题研究院，目前已经有来自中日韩三个国家的 29 家科研机构成为正式成员。该共同体成立以来，已经成功举办了五次学术研讨会，并与北极理事会等组织积极展开合作，成功举办了北极伙伴周等活动，成为中日韩三国开展北极研究的重要平台。2018 年 6 月 7 日到 8日，上海国际问题研究院在上海主办了北太平洋北极研究共同体的第五届学术研讨会，有来自韩国海洋研究院、日本笹川和平基金会海洋政策研究所、

---

① 《2018 极地科学亚洲论坛年会圆满落幕》，中国极地研究中心网，http：//www. pric. org. cn/detail/News. aspx？id＝64f6a48b-93d3-4cfb-b5ca-20a4af5d6696，最后访问日期：2019 年 4 月24 日。

北海道大学、东京大学，以及中国极地研究中心、中国海洋大学、同济大学、上海交通大学等机构的 30 多名专家学者参加。会议中，来自三国的学者对中日韩最新的北极政策进行了解读和交流，并围绕中日韩在北极事务中的政策协调、合作前景和领域、方式等展开了深入的交流和研究讨论，取得了丰富的成果。上海国际问题研究院院长陈东晓在开幕致辞中表示，中日韩作为北极理事会正式观察员国和利益攸关方，在北极治理中不可或缺，有必要在北极事务合作中保持政策和学术上的交流和沟通。韩国海洋研究院金钟德研究员指出，在北太平洋北极研究共同体未来的发展中将为三国政府间的北极合作提供咨询性建议，不断完善机制建设，努力发展成为东北亚真正的"北极智库"。

（四）实际北极合作事项

以实际事务而言，因为中日韩三国地缘和身份上的局限性，所以在具体的北极事务中，三国大都通过国际组织及现有国际制度框架来参与其中，就共同关注的问题展开交流与合作。在双边和多边的合作中，三国的目标合作对象也都多选择与北极国家展开双边的交流与合作，而在三国之间的合作中，受中日、韩日的国家关系的影响，中韩合作相对较多。

在气候变化和科学考察方面，三国作为北半球国家都对全球气候变暖问题给予了充分的重视，从 20 世纪末开始中日韩三国就积极开展科考活动，并同其他国家一起进行了多次航行科考活动，试图通过加强国际合作来承担相应的责任，共同应对全球气候变暖给北极造成的生态、环境、生物多样性等问题。中国和韩国早在 2008 年就签署了《极地科技合作谅解备忘录》，希望能够通过联合研究、信息交换和人员交流等方式加强双方在极地科技领域的合作，共同应对全球气候变化、保护地球生态环境。[①] 另外，2014 年，韩国极地研究所还与中国就共同使用韩国第一艘破冰船、推进横穿北极、试

---

① 《中韩极地科技合作谅解备忘录在北京签署》，http：//www. most. gov. cn/tpxw/200806/ t20080603_62158. htm，最后访问日期：2019 年 4 月 24 日。

钻冰河等工作事务签署了谅解备忘录。① 在北极航道开发方面，2018 年在中国的北极政策白皮书正式发布之后，为了响应白皮书提出的倡议，中远海运集团在日本东京举办了北极航道的客户推介会，希望能够积极宣传中国的"一带一路"和"冰上丝绸之路"倡议，推动日本企业也参与其中建设。中远海运集团作为中国最早开展极地商业航行的企业，在北极航道的探索上拥有丰富的经验和雄厚的实力，举办推介会的目的也是希望能够与日本企业、政府进行合作，实现北极航道的商业化运营，日本政府也对参与合作表达了积极意愿。② 据悉，中国远洋海运集团和日本三井集团即将共同开辟一条北极运输航道，将液化天然气运往亚洲区域市场。③ 另外，在中俄两国的北极天然气开发项目中，韩国大宇造船制造承揽了 48 亿美元的破冰型液化天然气船订单，中远海运和日本三井所共同拥有的 3 艘破冰型液化天然气船也被长期出租给俄罗斯诺瓦泰克公司用于亚马尔项目。

三 中日韩北极事务合作中存在的问题

虽然中日韩三国在科研、能源、航道等领域有着交叠的利益诉求，使得三国在参与北极事务中存在合作的空间和较强的合作动力，但三国在北极事务中的合作能否实现以及实现的程度，又受到多种因素的影响。具体来看，复杂的北极战略环境、竞争性关系的存在、国家关系的波动等因素都将给中日韩北极事务合作带来一定的负面影响，成为深化三国北极合作过程中的阻碍性因素。

（一）合作领域有待拓展

尽管目前中日韩三国在北极事务中的活动已经取得了一些突破，在环

---

① 龚克瑜：《北极事务与中日韩合作》，《韩国研究论丛》2014 年第 2 期。
② 《中远海运北极航线日本推介会开启"冰上丝绸之路"合作新篇章》，人民网，http：//japan. people. com. cn/n1/2018/0211/c35421 – 29818040. html，最后访问日期：2019 年 4 月 24 日。
③ 《中日航运巨头联手开辟北极 LNG 运输航道》，国际船舶网，http：//www. eworldship. com/html/2018/ShipOwner_0508/138953. html，最后访问日期：2019 年 4 月 27 日。

境保护、科学考察等方面有一些成果，但实际上三国在合作的领域、深度及具体实践效果上仍然存在很多的局限。比如，虽然中日韩三国都多次强调要加强科学考察领域的合作，并以此为切入点深化北极事务中各个领域的合作，但从目前三国的北极活动实践中可以看出，三国在调查研究、技术交流等相关活动中都是以本国为中心分开进行的，在经济、政治等领域内的合作更是匮乏。造成目前这种情况的原因主要有两个。一方面，中日韩三国都是非北极国家，这使得三国在参与北极活动中存在诸多局限，因此也都多选择同北极国家建立联系，忽略了与自身相邻国家的合作与交流；另一方面，除了中日韩三国之间存在的历史遗留问题以外，近年来"中国威胁论"逐渐发酵，中日韩三国缺乏政治互信，日本和韩国对中国参与北极事务都在一定程度上存在担忧和恐慌，使得三国在北极事务中的合作难以推进。

（二）北极地区战略环境复杂

从地理位置来说，中日韩三国都不是传统意义上的北极国家，但是随着北极地区治理态势的变迁，北极事务具有了全球性的意义，这使得包括中日韩三国在内的许多域外国家也都加大了在北极事务中的参与力度，但是这些逐渐增加的参与也引起了北极国家的关注和防范。[①] 北极国家对于中日韩等域外国家参与北极事务的心理是矛盾的，一方面，北极国家希望能够借助中日韩等域外国家雄厚的经济实力来提供更多的公共产品，促进北极地区的发展和建设；另一方面，又不希望这些国家过度参与其中，害怕这种过度的参与会威胁到北极国家在北极事务中的话语权和主权地位。[②]

在中日韩三国加入北极理事会和参与北极事务的问题上，北极国家态度也不相同。北欧国家总体上持欢迎态度是想通过中国的国际政治影响力来适

---

① 刘惠荣、孙凯：《演进中的北极治理以及中国参与北极事务的立场选择》，载刘惠荣主编《北极地区发展报告（2017）》，社会科学文献出版社，2018，第7~8页。

② 孙凯、吴昊：《北极安全治理中国的角色定位与战略选择》，载刘惠荣主编《北极地区发展报告（2017）》，社会科学文献出版社，2018，第63~64页。

当平衡一下北极地区俄罗斯、美国、加拿大这些大国的战略竞争，而美国更多的也是希望通过这些国家的加入来稀释俄罗斯在北极地区的影响力，从而相对加强自身的影响力和话语权重。俄罗斯起初是不赞成的，担心其在北极地区的主权和地位会被弱化，但是乌克兰危机以后俄罗斯受到欧美的经济制裁，才改变方针允许中日韩三国有限度地参与北极事务，加入其北极能源的开发行动，将能源出口转向亚太市场。但是俄罗斯作为中日韩三国北极外交的核心目标国，在其与三国展开的双边合作中，俄罗斯也常常通过在三国之间寻找外交战略上的平衡来确保其在资金和市场等方面的多元，这种战略选择也会带来三国之间的利益纷争。① 由此可见，目前中日韩三国在北极地区面临的战略形势是比较复杂的。

虽然中日韩三国目前是北极理事会的正式观察员国，但在一些涉及北极地区的核心问题上依旧被排除在外，并不真正享有平等的表决和参与权利，北极国家存在的一些戒备和防范心理是三国在推动北极事务合作中不得不关注的难题。

（三）中日韩存在竞争性关系

前文提到，中日韩均为能源消费和进口的大国，且都属于海运贸易的大国，所以北极地区的能源、航道开发等都对三国具有重要的战略价值，存在相似的利益诉求，但与此同时，这也意味着三国在北极事务中也存在着明显的竞争关系。在全球 LNG（液化天然气）消费市场中，中国、日本、韩国均位居前列，在 2016 年全球五大 LNG 进口国中，日本、韩国、中国分列第一、第二和第四名，所以三国在获取北极能源上有着较强的竞争性。比如，在中俄两国合作的亚马尔 LNG 项目中，其液化天然气出口的主要对象是以中、日、韩为主的东亚国家，俄罗斯的部署是在远东地区建立资源的转运站，由中日韩三国通过竞价来获取，今后俄罗斯天然气在亚太市场的转运分

---

① 李晗斌：《东北亚国家北极事务合作研究》，《东北亚论坛》2016 年第 5 期，第 118 ~ 126、128 页。

布可能成为三国之间在能源方面博弈的焦点。①

另外，在中日韩三国区域合作的过程中，一直都面临着东亚地区主导权的竞争问题。中国和日本分别是世界上第二大和第三大的经济体，韩国也早已经成为经济发达国家，三国都想在与彼此的合作中占据优势地位，美国因素的影响也将放大三国之间的矛盾，因此，在未来区域合作深入发展的过程中，如何有效协调和处理三国在北极合作中的竞争、平衡地区主导权，将是三国在北极事务合作中面临的一个较为困难的问题。

（四）易受双边国家关系影响

中日韩三国间的合作除了存在竞争外，还会受到双边关系的影响。中日、韩日、中韩之间存在历史认知和领土纠纷等遗留问题，两两关系不时地就会出现波折，这也导致三国之间的合作会出现时断时续的情况，另外，美日、美韩同盟的存在，也成为三国在北极事务中深化合作的重要阻碍。

在二战侵略的历史问题上，日本政府多次否认或者美化其发动侵略战争的历史事实，其参拜靖国神社、否认南京大屠杀、歪曲慰安妇问题等行为也极大地伤害了中韩两国人民的情感，引起了中韩两国的强烈不满，2013 年的中日韩三国领导人会议就因安倍晋三参拜靖国神社而取消，中日和韩日之间的关系开始恶化，使得三国之间的各项合作也都受到了很大的影响，甚至出现中断。在领土纠纷上，中国和日本之间存在钓鱼岛问题，韩国和日本之间也有独岛（日本称为"竹岛"）之争，领土上的纠纷也使得三国之间的合作因国家关系的波动而难以获得战略性的发展。领土问题作为国家主权的重要内容，其重要性和意义不言而喻，而且国民情感对这种领土纠纷也非常敏感，2012 年日本进行的钓鱼岛"国有化"行动就导致中日关系陷入了僵局，一旦国家之间的领土纠纷得不到有效解决和控制，其后果非常严重，也自然

---

① 肖洋:《中日韩俄在参与北极治理中的合作与竞争》,《和平与发展》2016 年第 3 期,第 82～85 页。

会使彼此合作的进程中断。①

另外，在中日韩三国关系发展过程中还有一个不可忽视的因素就是美国。二战以后，亚太地区成为美国的一个战略重心，亚太地区的政治、经济格局都深受其影响，美日、美韩同盟的存在和加强也使东北亚地区区域一体化难以推进。如今，虽然美国特朗普政府奉行"美国优先"政策，但是日本、韩国作为美国的盟国，要想在中日韩三国的合作中完全去除美国的因素是不可能的。因此，中日韩三国在未来的合作中如何应对美国因素的影响、保持三国之间关系的稳定，也成为三国推动合作进程向前发展的一个挑战。

四 中日韩北极事务合作的深化路径

从目前中日韩三国进行北极事务合作的进程看，三国尚未开展全面、有效的合作，合作程度很低，同时还面临着一系列的挑战，这些问题的存在阻碍了三国合作潜力的发挥，而且不利于三国各自北极政策目标和利益的实现。因此，基于北极事务的交集和共同利益，中日韩三国要积极合作、整合相互间的优势，在更高的层次上、更宽的领域内加强交流与磋商，寻求在北极事务中的合作与共赢。

（一）加强国家政策战略对接

2018 年 1 月，与各方共建"冰上丝绸之路"在《中国的北极政策》白皮书中被正式确定，这为中国的北极活动提供了重要的政策指导，引起了国际社会的广泛关注。作为中国"一带一路"倡议在北极地区的补充和延伸，"冰上丝绸之路"为中日韩三国在北极事务中的合作提供了新的机遇，中日韩三国若能在更高的战略框架内实现政策的对接，将更有利于实现合作效果的最大化。虽然日本和韩国并不是"一带一路"的合作国，但是在建设"冰上丝

---

① 庞中鹏：《中日韩合作机制特点、机遇与挑战及其走向的分析》，《东北亚学刊》2018 年第 5 期，第 30 ~ 36 页。

绸之路"的新形势下，三国在航道、能源等方面的共同利益又进一步加强，为三国的合作提供了现实的基础和动力，韩国和日本的积极态度也增加了政策对接的可能性。日本在其北极政策中提到，期待能通过与国际组织、多边或双边上的合作来积极参与北极事务，日本外相河野太郎在其演讲中也肯定了中国的"一带一路"倡议，并强调了同中国建立长期良好关系的重要性。①就韩国而言，在其北方委 2018 年公布的《韩国"新北方政策""新南方政策"与中国"一带一路"的战略对接探析》中可以看出，其政策中有关天然气、北极航道、造船等领域的规划与中国的"一带一路"及"冰上丝绸之路"有较大的重叠。② 虽然俄罗斯才是"新北方政策"的主要合作对象，但是文在寅一直希望能尽快消除"萨德"给韩国带来的不利影响，表示希望能够尽快推进"新北方政策""新南方政策"与中国"一带一路"倡议接轨。③ 中日韩三国若能够实现战略层次上的对接，那么除了在北极航道、能源上的务实合作外，也有利于实现在经贸合作、基础设施建设、资金和人文交流上的畅通，推进区域一体化发展。

另外，由于中日韩三国存在一些不同程度的矛盾纠纷和竞争性关系，双边关系会发生一些波动，这也使三国的合作进程受到影响。因此，三国有必要在加强政治互信上努力，减少敌意和猜忌，妥善协调处理矛盾，在遇到敏感问题和突发事件时也要保持冷静和沟通对话，排除因各自双边关系对三国合作产生的干扰，使三国在北极事务中的合作向机制化稳定发展。

（二）构建北极事务协调机制

目前，在北极治理中缺乏一个权威的组织和统一的管理体系，在涉及北

---

① 《日本外相："一带一路"倡议具有国际合作的巨大潜力》，观察者网，https：//www. guancha. cn/internation/2018_09_30_473958. shtml，最后访问日期：2019 年 4 月 25 日。
② 薛力：《韩国"新北方政策""新南方政策"与"一带一路"对接分析》，《东北亚论坛》2018 年第 5 期，第 60 ~ 69、127 ~ 128 页。
③ 文在寅：《希望能够尽快与中国"一带一路"倡议接轨》，环球网，http：//world. huanqiu. com/exclusive/2017 - 12/11460884. html？qq-pf-to = pcqq. group，最后访问日期：2019 年 4 月 25 日。

极事务的不同主体和各个领域中都有着各自的规定和管理制度，存在北极理事会、国际海事组织等相关组织，以及《联合国海洋法公约》《斯匹次卑尔根群岛条约》《北极冰封水域船只航行指南》《北极海空搜救合作协定》等各种公约、条约以及协定。虽然目前北极问题缺乏体系性、全面性、约束力及协调性，① 缺乏统一的协调和管理，但是目前的北极活动都围绕这些国际制度、公约和条约等展开，这也是各国参与北极活动的合法性依据。中日韩三国作为域外国家，更应该积极融入并充分利用当前涉北极事务的制度框架，并在制度框架内协调合作，共同推动国际机制的制定、修改和完善。北极理事会作为目前协调北极事务最具有效力的政府间组织，在推动北极地区可持续发展方面发挥了重要的作用，提升了北极治理的机制化程度，虽然多为北极国家和大国主导，但是中日韩三国应该抓住作为北极理事会正式观察员国的机会，在现有的框架体系内积极寻求合作机会，并构建三国之间的协调机制。由于当前中日韩三国在参与北极事务中大都被北极国家排斥在核心问题之外，所以三国在一些共同关注的领域中有必要尽可能地联合起来，提高政治互信，构建北极事务协调机制，就共同关注的问题充分地进行意见交换，加强对北极事务的交流与协商，通过发出共同声音来提升三国在北极治理中的话语权和影响力，建设性地参与北极治理。

（三）建立新型北极外交关系

中国、日本和韩国都不是北极国家，这使得三国没有足够的支撑去直接进行北极活动，因此，三国都必须通过与北极国家进行合作这种路径来参与北极事务，在合作中寻求效益的最大化。在北极外交上，三国在以往的政策实践中也都同冰岛、挪威等北极国家开展不同程度的合作，并取得了一些成果。中日韩三国在未来不仅要继续加强同北欧国家之间的关系，为三国更好地参与北极事务创造良好的国际环境，而且更要积极地探讨三国开展北极外交的合作途径、方式和内容，与俄罗斯建立良好的关系，实现效益的最

---

① 龚克瑜：《北极事务与中日韩合作》，《韩国研究论丛》2014 年第 2 期，第 2 页。

大化。

俄罗斯作为北极大国，在北极圈内有着大量的领土和漫长的海岸线，这也意味着其在北极地区拥有主权权利和丰富的资源，中日韩三国对北极东北航道和北极资源的开发利用又有着浓厚的兴趣，三国要想在北极地区实现其能源及航道等方面的利益，离不开俄罗斯的合作与支持。俄罗斯尽管也十分重视北极东北航道的建设和利用，但是在乌克兰危机之后俄罗斯受到了欧美国家的制裁，资金和技术上的短缺使得俄罗斯需要寻求与其他国家之间的合作，这也为中日韩三国发挥作用提供了机遇，使得中、日、韩、俄四国加强北极合作的前景更趋明朗。中日韩三国除了在资金、技术及人力方面的优势以外，还是巨大的能源需求市场和航运需求国，与俄罗斯优势互补，使其在北极航道开发、能源开采、科研等领域都有着很大的合作空间。借助中俄两国共建"冰上丝绸之路"这一契机，日本、韩国也应该同中国一起强化与俄罗斯的联系和交往，共同开发利用北极资源，形成效益的最大化。

（四）拓展北极地区合作领域

目前，鉴于中日韩三国在北极事务中的合作程度还比较低，因此在深化三国北极合作的过程中可以先易后难，以环保、科考这些低政治领域为三国深化合作的切入点，然后再发展到其他领域。中日韩等域外国家在北极事务上的发言权和影响力，在很大程度上取决于其以科研为主的北极知识储备的获取和转化能力。[①] 中日韩三国从科研出发，不仅有利于推动合作的深入，还有助于消除北极国家的疑虑和戒备，发展同北极国家之间的关系。中日韩作为北半球国家，同时也都是西太平洋的沿海国家，全球气候变暖和北极生态系统的变化对三国的气候、生态环境影响很大，因此，三国从20世纪90年代起就在北极地区进行了多次科学考察，也都先后在斯瓦尔巴群岛设立了科学考察站，并成立各类极地研究所，用以监控和研究北极地区及周边环境的变化。2018年3月，在中日韩北极事务高层对话中，三国也再次强调在

---

① 程保志：《中国参与北极治理的思路与路径》，《中国海洋报》2012年10月12日，第4版。

北极科考方面合作的意愿。今后，三国可利用科学考察站这一便利平台，通过互相派遣专家、共同进行科考活动、定期组织学术交流等形式，在北极气候、环保、生物等方面加强合作与交流，分享最新的科学研究成果和实践经验，共同加强对北极地区的保护和科学利用。

在航道方面，中日韩三国也是各具优势，中国拥有雄厚的资金优势，日本在高端技术上有优势，而韩国更是凭借其先进的造船技术和航运产业吸引了诸多合作机会。鉴于中日韩三国在航道利用中都需要依赖北极沿岸国家的参与，加上北极自然环境上的限制，中日韩三国加强在北极航道利用上的合作不仅有利于整合相互间的优势，更能通过韩国在航道领域得到的北极国家的好感和青睐与北极国家建立良好的关系，克服单独开发北极航道面临的困难，推动北极航道的探索和开发，实现三国的政策目标。

五　结语

在北极地区态势的变迁下，北极事务越来越具有全球性的意义，各国对北极的关注也日益加强。中国、日本和韩国作为北极事务的重要利益攸关方，具有相同的身份和相似的利益诉求，在北极事务中存在很大的合作空间。虽然三国在北极事务的参与及合作中也受到国际及内部等条件的限制，但是三国在市场、资金、技术和人力上的优势也使北极国家对三国的需求程度增强，为三国更好地参与北极事务提供了机会。在现有框架内加强协商，深化三国在政策对接、北极外交及其他领域上的合作，不仅有利于三国各自政策目标的实现，而且能够增强中日韩三国在北极治理中的话语权和影响力，在北极的治理与建设中贡献东北亚的智慧和力量。

B.6
"冰上丝绸之路"背景下的
中国北极科技外交

张佳佳[*]

摘　要： 鉴于北极特殊的地理位置和自然环境，北极科技外交往往是各国参与北极事务的起点和实现北极利益的先导。回溯中国参与北极事务的历程，北极科技外交是其中的主要线索和核心内容，现已取得了一些成绩。"冰上丝绸之路"倡议是中国参与北极事务的新契机，北极科技外交对"冰上丝绸之路"建设意义重大，可在诸如提供科研科考装备、保护北极环境、实现互利共赢等方面提供助力。但作为北极域外国家和发展中国家，中国北极科技外交还面临着缺乏顶层设计、政策和资金支持不足，以及若干国际因素的掣肘。对此，中国应从充分发挥政府的主导作用、强化和完善运行机制、扩展北极科技外交的广度和深度等方面入手加以改进。

关键词： "冰上丝绸之路"　北极科技外交　北极事务　中国参与

"冰上丝绸之路"，是指通过北冰洋，连接北美、东亚和西欧三大地区的航运通道。这一概念最先由俄罗斯提出，2017年5月普京总统在参加

---

* 张佳佳，女，武汉大学中国边界与海洋研究院暨国家领土主权与海洋权益协同创新中心博士研究生。

"一带一路"国际合作高峰论坛时，正式表示希望中国将北极航道与"一带一路"倡议连接起来。① 这一倡议很快得到了中方的积极回应，2017 年 7 月，习近平主席在莫斯科会见俄罗斯总理梅德韦杰夫时，双方就"开展北极航道合作，共同打造'冰上丝绸之路'"达成共识。作为"一带一路"倡议的有机组成部分和中国参与北极事务的新方向，"冰上丝绸之路"建设在中俄两国的共同努力下进展良好，如特大型能源合作项目——亚马尔液化天然气（LNG）项目一期工程生产的液化天然气已正式装船外运。②

但需要注意的是，鉴于北极地区特殊的自然环境，科学研究往往是各国参与北极事务的起点以及实现北极利益的先导，"冰上丝绸之路"的建设亦然。在此背景下，中国作为北极事务的"外来者"和"后来者"，要想在"冰上丝绸之路"建设以及其他北极事务上发挥更大的影响，北极科技外交是可行且有效的努力方向。针对这一问题，本文将在厘清北极科技外交内涵、回顾中国北极科技外交历程的基础上，分析其对中国建设"冰上丝绸之路"的意义，进而指出当前存在的问题，最后提出相应的改进建议。

一　北极科技外交的内涵

所谓北极科技外交，简单理解就是"科技外交"加"北极外交"。这是在全球治理不断深化和外交实践日益多样化的背景下，外交工作由传统意义上由专门机构和人员负责的"小外交"转向多主体、宽领域的"大外交"的产物。③ 不过，无论是科技外交还是北极外交，学界都尚未做出明确定义，因而我们只能在分别认识这两个概念的基础上来界定北极科技外交。

就科技外交而言，这一概念最早是由美国提出的。1999 年，美国国务院发布题为《科学、技术和卫生在外交政策中的全面深入——国务院的迫

---

① 王志民、陈远航：《中俄打造"冰上丝绸之路"的机遇与挑战》，《东北亚论坛》2018 年第 2 期，第 18 页。
② 罗英杰：《中俄共建"冰上丝绸之路"：成果与挑战》，《世界知识》2019 年第 3 期，第 52～53 页。
③ 赵可金：《非传统外交：当代外交理论的新维度》，《国际观察》2012 年第 5 期，第 7～14 页。

切任务》的报告，首次将科技与外交联系起来。① 随后，科技外交这一概念被英、日、法等国政府以及联合国所接纳，并赋予了其三个层面的含义：一是"外交中的科技"，即通过提供科技建议实现外交工作目标；二是"为了科技的外交"，即通过外交手段促进国际科技合作；三是"为了外交的科技"，即利用科技合作促进国家之间的关系。② 目前，中国政府尚未正式使用科技外交的概念，但相关实践却有着几十年的历史。国内这一领域的权威当属中国科技发展战略研究院的赵刚研究员，他将科技外交界定为："以主权国家的国家元首（政府首脑）、外交机构、科技部门、专门机构（如中国科学院、国家自然科学基金委员会）以及企业等为主体，以促进科技进步、经济与社会的可持续发展为宗旨，以互惠互利、共同发展为原则而开展的与世界其他国家或地区以及国际组织等之间的谈判、访问、参加国际会议、建立研究机构等多边或双边的科技合作与交流。"③

就北极外交而言，其起源暂时无从可考，使用也不是很规范。从现有研究成果看，1998 年加拿大学者埃利奥特·梅西尔（Elliot Meisel）的《北极外交：西北航道中的加拿大和美国》④ 一书应该是这一概念的发端。随后，不少学者提及或使用了这一概念，如詹姆斯·克拉斯卡（James Kraska）的《北极外交的出路》⑤、亚历山大·奥列什科夫（Alexander Oreshenkov）的《北极外交：解决诉讼领土争端的历史教训》⑥、彭竞超等的《中国在北极的

① 张翼燕、章宁：《基于活动分析法的科技外交三元模型》，《中国科技论坛》2017 年第 2 期，第 171~177 页。

② The Royal Society, "New frontiers in science diplomacy: navigating the changing balance of power," January 12, 2010, https://royalsociety. org/~/media/Royal_Society_Content/policy/publications/2010/4294969468. pdf.

③ 赵刚、张兵、袁英梅：《全球科技资源利用中的科技外交战略》，《中国软科学》2007 年第 8 期，第 18~22 页。

④ B. Elizabeth, Elliot Meisel, *Arctic Diplomacy: Canada and the United States in the Northwest Passage*. Bern and New York: Peter Lang, 1998.

⑤ Commander James Kraska, "A Way Out for Arctic Diplomacy," *Canadian Naval Review*, Vol. 5, No. 3, 2009, pp. 17 – 22.

⑥ Alexander Oreshenkov, "Arctic Diplomacy: History Lessons for Settling Disputes on Litigious Territories," *Russia in Global Affairs*, Vol. 7, No. 4, 2009, pp. 121 – 132.

双边外交》①、肖洋的《一个中欧小国的北极大外交：波兰北极战略的变与不变》② 等，但他们都没有对之进行明确界定。最先对北极外交进行界定的是中国海洋大学的孙凯教授，他把中国北极外交定义为：以中国政府中涉及北极事务的单位为主体，包括其他相关次国家、非国家行为体等，以实现中国在北极地区的合法权益和北极地区善治为目标，参与北极地区的开发、治理和北极地区治理机制的构建等事务，在涉及北极事务的政治、经济、安全、科技、文化等领域进行的外交活动。③

结合科技外交、北极外交的定义以及对外交这一概念本身的认识，北极科技外交可大致理解为：以一国政府中涉北极科技事务的部门以及其他相关次国家、非国家行为体为主体，以实现北极利益、推进北极善治为目标，与北极国家、其他相关国家、国际组织等在北极科学研究、环境保护、经济发展等领域进行的科技交流、合作以及竞争、博弈等。就性质而言，北极科技外交属于科技外交和北极外交的交集，即科技外交中涉及北极事务的部分和北极外交中与科技相关的部分，最终统合于总体外交之中（见图1）。就内容而言，北极科技外交具有二元性，既包含了合作的一面，如科研人员交流

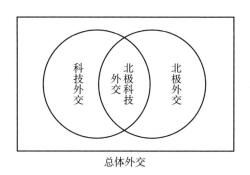

图1 北极科技外交的定位与性质

① Jingchao Peng and Njord Wegge, "China's bilateral diplomacy in the Arctic," *Polar Geography*, Vol. 38, No. 3, 2015, pp. 233 – 249.

② 肖洋：《一个中欧小国的北极大外交：波兰北极战略的变与不变》，《太平洋学报》2015 年第 12 期，第 64 ~72 页。

③ 孙凯：《中国北极外交：实践、理念与进路》，《太平洋学报》2015 年第 5 期，第 37 ~45 页。

和互访、国际科学考察和研究、组织或参与国际学术会议、国际技术援助等；也包含了冲突的一面，如技术出口管制、技术贸易壁垒、技术标准霸权等。①

二 中国北极科技外交的发展历程

其实，北极科技外交是贯穿中国参与北极事务发展历程的主要线索，也是中国维护和实现北极利益的主要手段。根据参与程度和参与范围的变化，中国对北极事务的参与可划分为蛰伏期（20 世纪 90 年代之前）、筹备期（1991 年至 1999 年）、初步参与期（1999 年至 2013 年）和全面参与期（2013 年至今）四个阶段。② 无论在哪个阶段，北极科技外交都是其中的核心内容。

20 世纪 90 年代之前，中国与北极联系甚少，北极科技外交几乎是中国对北极表达关注的唯一途径。中国国家层面对北极事务的参与可追溯到 1925 年段祺瑞政府加入《斯匹次卑尔根群岛条约》③，但受国际环境和国家实力所限，中国在之后很长一段时期，包括新中国成立初期，都未能在北极地区开展实质性活动。不过，国家层面的缺失没有阻断科研人员对北极的关注和探索。最先呼吁重视北极问题的是著名气象学家竺可桢。他指出，极地的存在和演化与中国关系密切，中国是一个大国，要研究极地；中国派出的

① 潘华：《我国科技外交研究的现状与思路》，《中国科技论坛》2009 年第 5 期，第 104～108 页。
② 王晨光：《对中国参与北极事务的再思考——基于一个新的分析框架》，《亚太安全与海洋研究》2017 年第 2 期，第 64～74 页。
③ 该条约的英语全称为 "Treaty between Norway, The United States of America, Denmark, Spain, France, Italy, Japan, the Netherlands, Great Britain and Ireland and the British overseas Dominions and Sweden concerning Spitsbergen signed in Paris 9 February 1920"。当时，该条约所涉及的群岛称为斯匹次卑尔根（Archipelago of Spitsbergen），故当时称之为《斯匹次卑尔根群岛条约》。但从 1920 年开始，挪威将这片群岛重新命名为斯瓦尔巴群岛（Archipelago of Svalbard），1925 年，挪威议会在批准该条约时将其改名为《斯瓦尔巴条约》（The Svalbard Treaty）。

留学生，要有人学习极地专业。① 1951 年，武汉测绘学院（现武汉大学）的高时浏到达北磁极（北纬 71°，西经 96°）从事地磁测量工作，成为第一个进入北极地区的中国科学工作者。1958 年，中国驻苏联记者李楠先后在苏联北极第七号浮冰站和北极点着陆，完成了北极考察，成为第一个到达北极点的中国人。②

20 世纪 90 年代，随着冷战结束和全球气候变暖加剧，中国开始在南极科考的基础上筹备北极科考，而北极科技外交是其最主要的实现形式。这主要表现在以下四个方面：一是选派科研人员赴北极国家进修学习或参与国际北极科考，如 1991 年派陶丽娜赴美国学习北极考察的经验和管理、1994 年派周良赴芬兰进行 GPS 考察等；二是与国外北极研究机构加强交流与合作，如自 1992 年起国家海洋局第二海洋研究所与德国极地研究所等合作开展北冰洋生态科学考察、自 1993 年起中科院兰州冰川冻土研究所与加拿大麦克马斯特大学联合开展对加拿大北极群岛的冻土研究等；三是获取北极科考所需的技术装备，如中国第一艘极地科考船"雪龙"号就是 1993 年从乌克兰购得的；四是加入相关国际组织，如 1996 年中国正式成为国际北极科学委员会（IASC）第 16 个成员国，实现了与国际北极科学研究的接轨。

以 1999 年首次北极科考为标志，中国北极科考事业正式拉开序幕，北极科技外交也取得了进一步发展。一方面，中国继续深化国际北极科研合作，如中国组织的历次北极科考都充分利用了国际上的信息资料和先进技术，并邀请或批准国外科学家参加；2004 年中国在斯瓦尔巴群岛的奥尔松镇建立"黄河"科考站，在很大程度上得到了挪威的帮助等。另一方面，中国北极科技外交的态度更加积极、形式更加多样，如 2005 年 4 月云南昆明承办了北极科学高峰周会议（ASSW），2012 年中国极地研究中心主任杨惠根当选为国际北极科学委员会副主席等。值得注意的是，随着中国对极地事业的日益重视，政府高层也参与到北极科技外交当中，如 2005 年国务院

---

① 北极问题研究编写组编《北极问题研究》，海洋出版社，2011，第 359 页。

② 《中国人的北极考察活动》，国家海洋局极地考察办公室，http：//www. chinare. gov. cn/caa/gb_article. php？modid＝04010。

副总理曾培炎出席了 2007～2008 国际极地年（IPY）中国行动启动仪式，2012 年国务院总理温家宝与冰岛总理签署了涉及北极科技合作的政府间框架协议等。

2013 年 5 月，北极理事会接纳中国为正式观察员，中国参与北极事务取得了历史性突破。在此背景下，中国北极科技外交也步入新阶段，并呈现如下特点。第一，渠道更宽。2013 年 12 月，来自中国和北欧五国的 10 多家北极研究机构签署协议，在上海成立了中国－北欧北极研究中心；在北极理事会实现身份"转正"后，中国派出了 6 名科学家参与相关工作组，就黑碳与甲烷的气候污染物、冰冻圈和大气监测、海洋酸化等问题展开深入研究。[①] 第二，层次更高。2015 年 9 月，习近平在会见丹麦首相时提出双方应加强在气候变化、北极科考等方面的合作；[②] 2017 年 4 月，习近平在会见挪威首相时表示愿与之深化在北极科研、资源开发、环境保护等领域的合作。[③] 第三，内容更实。除与芬兰合作建造破冰船外，中国首艘科学调查飞机将由美国制造、委托加拿大航空公司运营；中国与冰岛建立了联合北极科学考察站，还计划设立国际科学与普及委员会；等等。

三　北极科技外交对"冰上丝绸之路"建设的意义

2017 年中俄两国提出共建"冰上丝绸之路"之后，中国对北极事务的参与迎来了前所未有的历史机遇。但中国毕竟是北极事务的"外来者"和"后来者"，且仍是发展中国家，在极地科技方面存在水平低、积累少、转化慢等问题，因而迫切需要通过外交途径与相关国家、国际组织等进行科技交流与合作，更好地利用全球科技资源加速"冰上丝绸之路"建设。目前，

① 《中国科学家将在北极科学研究舞台扮演更积极角色》，新华网，http：//news. xinhuanet. com/politics/2015 - 01/24/c_1114116729. htm。

② 《习近平会见丹麦首相：加强气候变化、北极科考等合作》，中国新闻网，http：//www. chinanews. com/gn/2015/09 - 29/7549045. shtml。

③ 《习近平会见挪威首相索尔贝格》，新华网，http：//news. xinhuanet. com/politics/2017 - 04/10/c_1120783405. htm。

中国在北极地区主要拥有科学研究、气候环境、资源开发等利益，北极科技外交对"冰上丝绸之路"建设的意义也可从这三个方面进行考察。

第一，科研科考是"冰上丝绸之路"建设的基础因素，北极科技外交有利于满足中国对相关技术装备的现实需求。鉴于北极地区恶劣的自然环境，北极科研、科考对仪器装备、后勤保障等都有着特殊的要求，但中国在这些方面的自主化水平较低。就拿北极科考所需的破冰船来说，在"雪龙2"号极地科考船下水服役之前，中国只有"雪龙"号极地科考船具备破冰能力，但其破冰能力并不强①。同时，中国的造船业虽然稳居世界第一，但设计、建造破冰船这种特种船舶的技术和经验还相当匮乏。因此，中国必须通过科技外交来取长补短，如中国最新的"雪龙2"号极地考察船就采取了与芬兰公司联合设计、中国造船企业自主建造的模式。另外，中国北极科考在通信、导航、测绘等方面的核心技术和装备，如台式离心机、气象传真接收系统、流速剖面仪、超声波粉碎机、超纯水系统等，都还依靠进口。② 在此情形下，中国一方面要加强对这些技术的引进、吸收和消化，另一方面也要防止相关国家的技术封锁和制裁。

第二，环境保护是"冰上丝绸之路"建设的必然要求，北极科技外交有利于提升中国对北极气候、环境问题的认识水平。作为全球气候变化的"响应器"和"驱动器"，北极地区的气温在过去几十年里一直以其他地区两倍的速度上升，③ 这使其经历着冰雪大面积消融、海水结构变异、海洋流动减弱等变化。这些变化一方面对北极地区的生态环境造成了直接影响，另一方面又进一步反作用于全球气候系统，影响北半球中高纬度大气环流特别是东亚季风，增加洪涝、干旱等气候灾害的发生概率。中国是受北极气候变化负面影响最大的国家之一，有研究表明，2008年初的南方冻雨和2011年

---

① 破冰船的破冰等级分为1到7档，其中第1档破冰能力最强，第7档最弱。"雪龙"号只能冲破1.2米的冰加上20厘米的雪，其破冰能力大概在第6档。

② 马德毅：《中国第五次北极科学考察报告》，海洋出版社，2013，第9~11页。

③ NOAA, "Arctic Report Card 2016," ftp：//ftp. oar. noaa. gov/arctic/documents/ArcticReportCard_full_report2016. pdf.

秋冬的北方干旱都与北极海冰变化密切相关。① 同时，北极海冰融化将导致海平面上升，威胁中国经济最为发达的东部沿海地区。目前，包括中国在内的很多国家都致力于北极气候、环境问题的研究，北极科技外交有助于各国共享科研信息，提高知识储备和认识水平，共同寻求这一全球性问题的应对之道。

第三，互利共赢是"冰上丝绸之路"建设的最终目的，北极科技外交有利于保障中国合理开发北极资源的利益诉求。全球气候变暖对北极地区而言是一把"双刃剑"：一方面加剧了自然环境的恶化，另一方面吹响了经济开发的号角。"冰上丝绸之路"的经济价值主要体现在两个方面，即油气、矿产、渔业等资源储藏丰富和东北航道、西北航道开发前景广阔，中国对这两者都有着合理的利益诉求。就前者而言，随着中国能源、资源的对外依赖程度不断加深，北极有望成为保障能源、资源进口安全的新方向；就后者而言，中国作为世界海运贸易大国，北极航道有利于缩短航程，降低成本，打破"马六甲困境"。但是，在北极地区进行经济开发活动，不仅需要适应特殊环境的技术装备，也需要妥善预防和处理由此造成的环境污染，研发污染物低温降解技术、冰区油污清理技术等。当前，中国在这些方面的技术还不成熟，通过技术引进、合作、贸易等形式，有助于在开发北极的过程中落实负责任、可持续的原则。②

四 "冰上丝绸之路"背景下中国北极科技外交面临的问题

综上可见，经过多年的发展和努力，中国北极科技外交已在保障北极科考开展、提高北极研究能力、增进与北极国家关系等方面取得了一些成绩。但"冰上丝绸之路"建设为中国参与北极事务创造了新的环境和机遇，中

---

① 赵进平等：《北极海冰减退引起的北极放大机理与全球气候效应》，《地球科学进展》2015年第9期，第985～995页。

② 丁煌：《极地国家政策研究报告（2013～2014）》，科学出版社，2014，第138页。

国北极科技外交也面临着很多亟待解决的问题。

首先，中国北极科技外交缺乏相应的顶层设计。从 1999 年的首次北极考察算起，中国对北极事务的实质性参与已有 20 年的历史。但直到 2018 年 1 月，中国政府才首次发布《中国的北极政策》白皮书，这不仅远逊于北极 8 国，也落后于英国、德国、日本、韩国等域外国家。顶层设计的不足极大地影响了中国北极科技外交的开展：第一，在发展方向上，由于长期以来中国没有在气候、环境、油气、航道、渔业等北极利益之间确定重点方向、划分轻重缓急，因而在开展北极科技外交时无法充分考虑国家利益，明确优先发展领域，在需求旺盛但资源有限的情况下难以形成最佳布局；第二，在目标设置上，北极科考是开展北极外交的重要机遇和平台，但中国尚未从国家战略层面来设置历次北极科考目标，对北极科考的战略价值、北极科考的权益维护、北极科学博弈对国家安全的影响等都缺乏系统、长期的规划与评估；第三，在资源整合上，由于缺乏牵头单位，分散在中国科学院、国家海洋局、国家测绘地理信息局等政府机构，武汉大学、中国海洋大学、同济大学等高校以及中石油、中石化、中远集团、五矿集团等企业的涉北极研究力量之间缺乏沟通渠道，难以实现科研成果的有机整合和快速转化。[①]

其次，中国北极科技外交缺乏足够的政策和资金支持。随着经济实力的快速增强以及"科教兴国""海洋强国"等战略的贯彻实施，中国北极科学研究迎来了最好的发展时期。但不可否认，因为种种原因，中国北极科技外交所获得的支持并不充足：第一，在北极科考上，虽然财政部和国家海洋局在 2012 年启动了最大规模的"南北极环境综合考察与评估专项"，使中国北极科考结束了间歇性状态而进入了常态化时期，但中国主要考察区域仍集中在白令海和楚科奇海，对北极基本环境和快速变化的了解依然有限，还需进一步扩大考察范围，特别是加强对北冰洋中心海域的考察；[②] 第二，在北

---

① 肖洋：《地缘科技学与国家安全：中国北极科考的战略深意》，《国际安全研究》2015 年第 6 期，第 106~131 页。

② 何剑锋、张芳：《从北极国家的北极政策剖析北极科技发展趋势》，《极地研究》2012 年第 4 期，第 408~414 页。

极研究上，尽管从 1995 年起国家自然科学基金委员会就把极地问题在海洋学科中单列出来，保障了对北极科学研究的支持，但作为国家科技资助主体的科技部对之重视不足，如北极问题在"863"领域屈指可数，争取"973"项目也无果而终；① 第三，在国际合作上，虽然很多北极国家明确表示愿与域外国家加强北极科研合作，但受资金和能力的限制，中国无法充分参与很多重大国际北极科考项目，更难在其中发挥主导作用。

最后，中国北极科技外交受到了若干国际因素的制约。有国外学者认为，北极地区正在发生的变化受到了三个因素的驱动，即气候变化、冷战后的地缘政治、中国发展带来的全球化或权力转移。② 可见，作为一个快速发展的域外大国，中国对北极治理产生的影响不可小觑，同时也给包括俄罗斯在内的北极国家造成了一定的心理负担。对中国北极科技外交而言，这首先体现为北极国家对中国北极科考的"刁难"。如 2012 年"雪龙"号在途经斯瓦尔巴群岛北侧海域时就收到了挪威方面的警告，俄罗斯更是多次要求在经过北方海航道时不得实施任何形式的作业或大洋调查。③ 除此之外，西方国家还对重要数据信息、技术装备等进行封锁，使中国在一些关键技术领域无法顺利实现自主化，并面临西方科技标准霸权的制约。另外，中国北极科技外交也受到北极地缘政治形势的掣肘。乌克兰危机发生后，俄罗斯和美欧之间的关系持续紧张，北极因其特殊的地理位置成为双方战略博弈的"新疆域"。④ 当前，北极地缘形势的变化虽然尚未对国际北极科研合作造成实质性冲击，但随着北极"军事化"加剧，北极科研合作的前景存在一定的隐忧。

---

① 赵进平：《我国北极科技战略的孕育和思考》，《中国海洋大学学报》（社会科学版）2014年第 3 期，第 1～7 页。

② Michael Evan Goodsite et al. , "The Role of Science Diplomacy：A Historical Development and International Legal Framework of Arctic Research Stations under Conditions of Climate Change，Post-Cold War Geopolitics and Globalization/Power Transition，" *Journal of Environmental Studies and Sciences*, Vol. 6, No. 4, 2016, pp. 645 – 661.

③ 刘惠荣主编《北极地区发展报告（2016）》，社会科学文献出版社，2017，第 261 页。

④ 张佳佳、王晨光：《地缘政治视角下的美俄北极关系研究》，《和平与发展》2015 年第 2 期，第 102～114 页。

五 "冰上丝绸之路"背景下中国北极科技外交的建设进路

随着"冰上丝绸之路"建设的不断推进，中国北极科技外交应以"尊重、合作、共赢、可持续"为原则，以保障在北极地区的合法利益为导向，以实现北极科技自主创新为宗旨，深化北极国际科技合作，同时注意防范西方国家的技术封锁和制裁。

第一，充分发挥政府的主导作用，加强北极科技外交的顶层设计。中国北极科技外交的主体虽然多元，但政府是主角。要想充分发挥政府的作用，一是要以 2018 年出台的《中国的北极政策》白皮书为指导。白皮书指出，中国愿本着尊重、合作、共赢、可持续的基本原则，以认识北极、保护北极、利用北极和参与治理北极为政策目标，并将科研作为中国参与北极事务的先导。[①] 这有利于根据国家发展的需要确定北极科技外交工作的重点和顺序，实现关键知识的获取、吸收和转化，缩小与发达国家的科技差距。二是要从战略高度认识和开展北极科考。无论是自己组织北极科考还是参与国际北极科考，都是中国开展北极科技外交的重要途径。极地科考主管部门不仅要尽快制定北极科考中长期战略规划，而且应对每次北极科考的目标、内容、结果等进行科学评估，进而总结经验、查缺补漏。三是要促进国内相关资源的整合。中国北极科技外交，离不开政府部门、科研院所、企业等多方力量的参与和大气、海洋、测绘、国际法等不同学科的支持。因此，应以国家海洋局新成立的中国极地科学技术委员会为依托，凝聚各方智慧，整合多方资源，实现对北极科技工作的有效咨询和指导。[②]

第二，加大政策和资金支持力度，完善北极科技外交的运行机制。先就

[①] 《〈中国的北极政策〉白皮书（全文）》，中华人民共和国国务院新闻办公室，2018 年 1 月 26 日，http：//www. scio. gov. cn/zfbps/32832/Document/1618203/1618203. htm。

[②] 《中国极地科学技术委员会在京成立》，国家海洋局，2017 年 12 月 28 日，http：//www. soa. gov. cn/xw/hyyw_ 90/201712/t20171228_ 59760. html。

北极科考而言，中国应在继续执行"南北极环境综合考察与评估专项"的基础上增加资金数额、细化项目设置，适当增加对关键区域的潜标、浮标布放，升级改造黄河科考站的软硬件设施。同时，加大国际合作的支持力度，对科考人员实行"请进来"和"走出去"相结合的原则，与相关国家探索"考察站共享和开放"机制。① 再就北极研究而言，科技部、教育部、国家自然科学基金委员会、国家海洋局等部门应加大对涉北极科学研究、技术装备的专项资助，保障相关研究的持续发展。同时，各极地研究院所要优化人才引进制度和人才培养模式，力争在各学科领域都形成"领军人物－中年骨干－青年博士"的梯级人才队伍，扩大专业研究团队的规模。另外，在政府资金有限的情况下，中国还应充分利用社会资本，尝试推行"科研院所出人、企业出钱、保险公司承担风险"的多元化北极科研合作模式。企业是北极科技外交的主体之一，也是北极经济开发的"先行者"和"排头兵"，② 只有充分调动企业的积极性，才能促进产－学－研联动，实现北极科研成果与"冰上丝绸之路"建设的顺利对接。

第三，优化中国参与北极事务的国际环境，扩展北极科技外交的广度和深度。中国北极科技外交的对象，涵盖了北极 8 国、重要域外国家、相关国际组织以及北极原住民等实体。在北极国家层面，中国应深化与俄罗斯、冰岛、丹麦等国的双边关系和既有合作，将北极国家的科技优势和中国的资金、市场优势结合起来，加快技术的引进、吸收和转化，实现技术自主甚至技术赶超。在域外国家层面，中国与它们当中的大多数有着相似的立场、处境和诉求，因而在北极科技合作方面更具动力。如 2016 年首轮中日韩北极事务高级别对话，三国表示愿在包括北极科学研究在内的诸多领域加强合作；③ 2017 年第二轮中日韩北极事务高级制对话中，再次强调科学研究是三

① 孙立广：《中国的极地科技：现状与发展刍议》，《人民论坛·学术前沿》2017 年第 11 期，第 16～23 页。

② 孙凯、张佳佳：《北极"开发时代"的企业参与及对中国的启示》，《中国海洋大学学报》（社会科学版）2017 年第 2 期，第 71～77 页。

③ 《首轮中日韩三国北极事务高级别对话在首尔举行》，新华网，2016 年 4 月 28 日，http：//news. xinhuanet. com/world/2016－04/28/c_1118762983. htm。

国北极合作最具潜力的领域。① 在国际组织层面，中国应充分发挥在国际海事组织、世界气象组织等全球性机制以及北极理事会、国际北极科学委员会、北极圈论坛等区域性机制中的身份优势，更加深入地参与国际北极科研合作，增强在其中的制度性话语权。在北极原住民层面，中国应重视原住民组织在北极治理中的特殊作用，尊重和保护他们的合法权益，积极通过经济技术援助促进当地基础设施建设，帮助他们提高生产水平、改善生活境遇。

---

① 《第二轮中日韩北极事务高级别对话联合声明》，中华人民共和国外交部网站，2017 年 6 月 14 日，http：//www.fmprc.gov.cn/web/zyxw/t1470182.shtml。

B.7

"冰上丝绸之路"背景下中俄哈额尔齐斯河－鄂毕河合作机制的构建

闫鑫淇[*]

摘　要： 随着中国－俄罗斯－哈萨克斯坦次区域合作的加深以及"一带一路"倡议的实施，中俄哈额尔齐斯河－鄂毕河合作机制的构建正处在历史机遇期。作为纵贯亚洲大陆连接"丝绸之路经济带""冰上丝绸之路"和亚马尔半岛的跨境水运走廊，额尔齐斯河－鄂毕河流域的战略价值日益凸显。然而，当前额尔齐斯河－鄂毕河的社会经济发展、机制平台建设以及域内安全等问题使得构建中俄哈额尔齐斯河－鄂毕河合作机制面临着诸多现实挑战。对此中俄哈三国需要加强沟通互信、增强顶层设计以及充分发挥次国家政府行为体的能动作用，为构建中俄哈额尔齐斯河－鄂毕河合作机制提供互信基础和制度保障。

关键词： "一带一路"　额尔齐斯河－鄂毕河合作机制　次区域合作

"丝绸之路经济带"是贯穿欧亚的经济大动脉，也是沿线各国跨区域合作的基础，是发展新兴战略伙伴的重要平台，对我国对外贸易扩大起着积极的推动作用。[①] 随着"一带一路"建设的深入展开，中国、俄罗斯与哈萨克

---

[*] 闫鑫淇，女，武汉大学中国边界与海洋研究院博士研究生。

[①] 万永坤：《"丝绸之路经济带"建设视域下的中俄贸易合作潜力分析》，《兰州大学学报》（社会科学版）2017年第2期，第139～145页。

斯坦三国毗邻地区的次区域合作引起人们的关注，该地区的额尔齐斯河－鄂毕河作为贯穿亚洲大陆连接"丝绸之路经济带""冰上丝绸之路"以及亚马尔半岛的跨国水运走廊，其所潜在的战略价值日益显现。当前中国、俄罗斯、哈萨克斯坦正处在构建额尔齐斯河－鄂毕河合作机制的历史机遇期。中俄哈额尔齐斯河－鄂毕河合作机制有望成为中国"一带一路"倡议延伸的新支点，实现"两路一岛"的互联互通，为"一带一路"倡议在亚洲腹地的发展提供巨大助力。

一　构建中俄哈额尔齐斯河－鄂毕河
合作机制的时代机遇

经济全球化的迅猛推进使得区域合作快速发展，次区域合作理论为构建中俄哈额尔齐斯河－鄂毕河合作机制提供理论依据。而"一带一路"倡议的实施和中哈、中俄、俄哈所建立的良好双边合作关系则为构建中俄哈额尔齐斯河－鄂毕河合作机制提供了历史机遇和现实基础。

（一）次区域合作为构建中俄哈额尔齐斯河－鄂毕河合作机制提供理论依据

次区域合作是指"若干国家接壤地区之间跨国界的经济人或法人，基于平等互利的原则，通过各种生产要素的流动而实施的较长时期的经济协作活动"。1993 年，亚洲开发银行指出，"次区域合作是包括多个国家精心设计的地理毗邻的跨界经济区"。[1] 新经济地理学认为，跨边界次区域合作可以改善边境地带由于边界的政治属性而被扭曲的边境市场，并最终缩小边境地带经济与中心地带经济的差距。一体化理论则认为广泛的次区域

---

① 柳思思：《"一带一路"：跨境次区域合作理论研究的新进路》，《南亚研究》2014 年第 2 期，第 2 页。

合作产生的累积和扩散效应可以渐进地抬升区域一体化的程度。① 对于地区经济的显著推动作用促使次区域合作自 20 世纪 90 年代以来在亚洲地区迅速发展，一系列次区域合作组织陆续成立。邻国众多的地缘优势使得中国成为推动亚洲地区次区域合作的主要国家之一。当前在中国沿海地区、西南地区、东北地区、西北地区都建立了双边或多边的跨境次区域合作机制，这些合作机制的出现不仅推动了次区域经济的快速发展，同时也为我国全方位、多层次、宽领域的参与国际合作提供了经验。借助跨国河流所形成的天然地理优势推动次区域发展是次区域合作的重要方式，如中国、俄罗斯、朝鲜围绕图们江建立的图们江次区域合作，中国与缅甸、泰国、老挝、柬埔寨、越南等构建的湄公河次区域合作等。其中由中国与湄公河沿岸国家所共同参与构建的澜沧江－湄公河合作机制是亚洲次区域合作的典范。2015 年 11 月 2 日在云南西双版纳举行的澜沧江－湄公河合作首次外交会议标志着澜湄合作机制正式成立，② 澜湄合作机制的建立对于推动大湄公河次区域合作发展有重要意义。

中国、俄罗斯与哈萨克斯坦是彼此接壤的陆上邻国，三国对于推动中亚地区社会经济发展、维护地区的和平与稳定有重要影响。当前中国与俄罗斯、哈萨克斯坦在经贸往来、政治沟通、文化交流等方面都有广泛合作。2017 年中俄双边贸易额达到 840 亿美元，同比增长 20.8%，③ 中哈双边贸易额为 180 亿美元，同比增长了 37.4%。④ 目前，中国是俄罗斯第一大贸易伙伴国、哈萨克斯坦第二大贸易伙伴国。除了快速发展的经贸联系，中国、俄罗斯与哈萨克斯坦还同为上海合作组织的成员国，三国在加强军事沟通、打

---

① 苏长和：《中国地方政府与次区域合作：动力、行为及机制》，《世界经济与政治》2010 年第 5 期，第 22～23 页。

② 邵建平：《澜沧江－湄公河合作机制的推进路径探析》，《广西社会科学》2016 年第 7 页，第 28 页。

③ 《让中国始终成为外商投资热土》人民网，http：//finance. people. com. cn/n1/2018/0608/c1004－30044565. html，最后访问日期：2019 年 3 月 25 日。

④ 《商务部：去年中哈双边贸易额 180 亿美元 同比增长 37.4%》人民网，http：//ydyl. people. com. cn/n1/2018/0601/c413612－30027579. html，最后访问日期：2019 年 3 月 25 日。

击恐怖分子、增强文化交流等领域合作成果显著。中俄哈三国的沟通合作成果非凡，但在中俄哈三国相毗邻的次区域地区的社会经济发展依然相对落后。进一步加深三国毗邻地区的相互合作，加强次区域经济要素流动，推动三国接壤地区的社会经济发展成为中俄哈三国进一步的发展目标。为推动中俄哈次区域经济发展，提升次区域合作水平，中俄哈需要充分利用贯通三国的额尔齐斯河－鄂毕河，深入发掘额尔齐斯河－鄂毕河作为跨国国际河流的巨大潜力，借助这条水运走廊推动额尔齐斯河－鄂毕河沿岸走廊地区实现社会经济大发展。

（二）"一带一路"倡议的实施为构建中俄哈额尔齐斯河－鄂毕河合作机制提供了历史机遇

当前额尔齐斯河－鄂毕河流域正迎来自身发展的春天，"一带一路"倡议为中俄哈额尔齐斯河－鄂毕河合作机制的建立提供了历史机遇。2013 年 9 月 7 日习近平主席在访问哈萨克斯坦时提出共建"丝绸之路经济带"倡议，随后于 10 月 3 日在印度尼西亚提出共同打造"21 世纪海上丝绸之路"，"一带一路"倡议引起了社会各界的广泛关注。2015 年 3 月 27 日在海南博鳌亚洲论坛上，中国国家发展改革委、外交部和商务部联合发布了《推动共建丝绸之路经济带和 21 世纪海上丝绸之路的愿景与行动》（以下简称《愿景与行动》）。这标志着对中国发展将产生历史性影响的"一带一路"进入全面推进建设阶段。[①] 根据《愿景与行动》所提出的框架思路：丝绸之路经济带重点畅通中国经中亚、俄罗斯至欧洲（波罗的海）；中国经中亚、西亚至波斯湾、地中海；中国至东南亚、南亚、印度洋。[②] 哈萨克斯坦作为中亚最大的国家对于"一带一路"的推进有重要影响，目前哈萨克斯坦与俄罗斯同为我国"一带一路"倡议的重要节点国家。2017 年俄罗斯总统普京在

---

① 刘卫东：《"一带一路"战略的科学内涵与科学问题》，《地理科学进展》2015 年第 5 期，第 538 页。

② 《〈推动共建丝绸之路经济带和 21 世纪海上丝绸之路的愿景与行动〉发布》，http：// www.ndrc.gov.cn/gzdt/201503/t20150330_669162.html，最后访问日期：2019 年 3 月 25 日。

"一带一路"国际合作高峰论坛上谈到应该"将北极航道同'一带一路'连接起来"。① 2017 年 6 月 20 日，由国家发展和改革委员会和国家海洋局联合发布《"一带一路"建设海上合作设想》，该设想首次将"北冰洋－欧洲"蓝色经济通道纳入"海上丝绸之路"，② 北极航道作为"冰上丝绸之路"被正式纳入"一带一路"。作为"一带一路"倡议与北极开发对接的合作设想，"冰上丝绸之路"对于推进北极地区经济社会发展、全球交通贸易格局均衡、缓解全球资源需求与供给矛盾均有重要意义。③ 此外，"冰上丝绸之路"的开发还将极大地促进我国在亚马尔半岛能源开发项目的发展，有助于中国深入参与北极开发与治理。

作为"一带一路"倡议的重要组成部分，"冰上丝绸之路"与"丝绸之路经济带"东西走向横贯亚欧大陆，组成了我国"一带一路"倡议互联互通网络的骨干。从地理上看，"21 世纪海上丝绸之路""丝绸之路经济带"和"东北航道"这三条东西走向的走廊将亚欧大陆串联起来。然而，亚欧大陆欲实现有效整合，不能忽视纵向的互联互通。④ 额尔齐斯河发源于我国新疆地区，此后流经哈萨克斯坦，在俄罗斯境内形成流域广阔的鄂毕河，最终在亚马尔半岛地区注入北冰洋。作为纵贯亚洲大陆的跨境国际河流，额尔齐斯河－鄂毕河作为天然水道所拥有的巨大潜力值得人们关注。如今，俄哈两国对鄂毕河河道已进行疏通并联合开发额尔齐斯河航运，中哈两国的产能合作也正在为"一带一路"与"亚欧经济联盟"对接提供示范。⑤ 如果额尔齐斯河－鄂毕河流域经济走廊成形，将实现"丝绸之路经济带"与"冰

① 《俄罗斯驻华大使：欢迎中方积极参与北方航道的开发和利用》，人民网，http：//world. people. com. cn/n1/2017/0705/c1002 - 29383470. html，最后访问日期：2019 年 3 月 25 日。

② 《我国发布〈"一带一路"建设海上合作设想〉（全文）》，中国网，http：//www. china. com. cn/news/2017 - 06/20/content_41063034. htm，最后访问日期：2019 年 3 月 25 日。

③ 阮建平：《国际政治经济学视角下的"冰上丝绸之路"倡议》，《海洋开发与管理》2017 年第 11 期，第 3 页。

④ 梅春才、郭培清：《额尔齐斯河——鄂毕河：亚欧整合的一种可能路径》，《世界知识》2017 年第 1 期，第 38 页。

⑤ 王志民、陈远航：《中俄打造"冰上丝绸之路"的机遇与挑战》，《东北亚论坛》2018 年第 2 期，第 33 页。

上丝绸之路"的首次交汇，实现"两路一岛"的互联互通，为"一带一路"倡议在亚洲腹地的发展提供巨大助力。

（三）中哈、中俄、俄哈建立的良好双边合作关系为构建合作机制奠定了现实基础

中国与俄罗斯、哈萨克斯坦是邻居更是朋友，在相互交往合作的历史中，三国人民积淀了深厚的友谊与感情。中国与哈萨克斯坦于 1992 年建交，双方在和平共处五项原则基础上努力推动两国双边友好合作关系的发展。在中国与哈萨克斯坦的双边合作中，共同开发管理跨界水资源一直是其中的重点领域。1993 年中哈两国就包括额尔齐斯河在内的跨界河流问题在北京展开首轮磋商。2001 年中哈两国签订《关于利用和保护跨界河流的合作协定》并成立中哈利用和保护跨界河流联合委员会，2006 年双方签订《关于开展跨界河流科研合作的协议》《关于相互交换主要跨界河流边境水文站水文水质资料的协议》《关于中哈国界管理制度的规定》等相关协议，[①] 极大地推动了中哈两国在跨界水资源上的合作。中哈两国在治理开发额尔齐斯河所取得的成功经验为构建额尔齐斯河－鄂毕河合作机制奠定了良好的基础。中国与俄罗斯互为邻居同时也是亚洲地区最重要的两个国家，两国关系对于地区乃至世界和平与稳定都有着重要影响。2019 年中俄双方更是在建交七十周年之际发表发展"新时代全面战略协作伙伴关系"的联合声明，中俄关系进入新时代，迎来更大发展的新机遇。[②] 2015 年中俄签署《关于丝绸之路经济带建设和欧亚经济联盟建设对接合作的联合声明》，从战略高度和长远角度对"一带一路"框架下的中俄双边务实合作做出了新规划。[③] 2018 年位

① 王俊峰、胡烨：《中哈跨界水资源争端：缘起、进展与中国对策》，《国际论坛》2011 年第 13（04）期，第 39～43、80、40～41 页。

② 《中华人民共和国和俄罗斯联邦关于发展新时代全面战略协作伙伴关系的联合声明》，http：//paper. people. com. cn/rmrb/html/2019 － 06/06/nw. D110000renmrb_ 20190606_ 1 － 02. htm，最后访问日期：2019 年 3 月 25 日。

③ 《中国驻俄罗斯大使李辉："一带一路"倡议开启中俄共同发展的新航程》人民网，http：//politics. people. com. cn/n1/2018/0907/c1001 － 30278434. html，最后访问日期：2019 年 3 月 25 日。

于北极圈内的中俄亚马尔液化天然气（LNG）项目完成第二条生产线液化天然气的首次装船，亚马尔项目是全球最大的北极液化天然气项目，也是"一带一路"倡议提出后在俄罗斯实施的首个特大型能源合作项目。[①] 俄罗斯与哈萨克斯坦历史上关系密切，哈萨克斯坦是原苏联的加盟共和国。目前俄罗斯是哈萨克斯坦第一大贸易伙伴国，双方在额尔齐斯河–鄂毕河合作开发上有良好的经验，如今俄哈两国对鄂毕河河道进行疏通并决定联合开发额尔齐斯河航运。[②] 中哈、中俄、俄哈在跨界河流管理、北极能源开发、额尔齐斯河治理等领域所建立的良好双边合作关系为中俄哈额尔齐斯河–鄂毕河合作机制的构建奠定了现实基础。

二 构建中俄哈额尔齐斯河–鄂毕河
合作机制面临的现实挑战

额尔齐斯河–鄂毕河流域相对落后的社会经济、较为薄弱的中俄哈三方合作平台以及域外势力的干扰和恐怖主义问题等是中国、俄罗斯、哈萨克斯坦在构建额尔齐斯河–鄂毕河合作机制时所面临的现实挑战。

（一）额尔齐斯河–鄂毕河流域整体经济发展相对落后

近年来额尔齐斯河–鄂毕河流域社会经济有较大的发展，但是相比较中国东部沿海发地区、俄罗斯中央经济区，或哈萨克斯坦阿斯塔纳地区等，该流域整体经济发展依然较为落后。2017 年中国新疆地区 GDP 总额为10920.09 亿元，折合美元约为 1617.36 亿美元，在中国 31 个省市自治区中排第 26 位，新疆整体经济发展水平依然较为落后。2018 年哈萨克斯坦 GDP总额约合 1705.4 亿美元，人均 GDP 折合 11165.5 美元。[③] 额尔齐斯河–鄂

① 《中俄亚马尔项目第二条生产线液化气首次装船》，中国一带一路网，https：//www.yidaiyilu. gov. cn/xwzx/pdjdt/62670. htm，最后访问日期：2019 年 3 月 25 日。
② 王志民、陈远航：《中俄打造"冰上丝绸之路"的机遇与挑战》，《东北亚论坛》2018 年第2 期，第 33 页。
③ Trading Economics, Kazakhstan GDP Per Capita, https：//trading economics. com/kazakhstan/gdp – per – capita，最后访问时间：2019 年 3 月 25 日。

毕河主要流经哈萨克斯坦东部的巴弗拉达尔州与东哈萨克斯坦州，这一地区虽然与哈萨克斯坦经济较为发达的阿斯塔纳地区和阿拉木图地区毗邻，但额尔齐斯河－鄂毕河流经的东部高原地区地形复杂经济发展相对滞后。额尔齐斯河－鄂毕河在进入俄罗斯后主要流经的俄罗斯西西伯利亚经济区在俄罗斯处于中等经济发展水平，2007 年西西伯利亚六个联邦主体 GDP 总额占俄罗斯全国 GDP 的 6.4%。① 较为落后的经济发展水平以及复杂的地理环境影响了额尔齐斯河－鄂毕河流域的经济合作与发展，新疆与俄罗斯有 54.57 千米的共同边界但目前尚未与俄罗斯开通直接贸易口岸。② 中俄两国在该地区的贸易往来均需周转第三国或东部贸易口岸，缺乏直接经贸联系无疑严重影响中俄哈在该地区的经济整合与沟通。

构建额尔齐斯河－鄂毕河合作机制需要确保额尔齐斯河－鄂毕河水运走廊的畅通，完善额尔齐斯河－鄂毕河流域内的基础设施建设，深入发掘跨国河流的航运潜力。2001 年法国、哈萨克斯坦和俄罗斯在巴普洛达尔市提出了《额尔齐斯河流域的跨国管理》草案，③2004 年俄罗斯开始对哈萨克斯坦边境至鄂木斯克市的河道进行疏浚和拓深，哈萨克斯坦历时 28 年修建的舒里巴水电站的船闸对于恢复额尔齐斯河中游河段的运输能力有极大帮助。④作为世界上最长的支流河，额尔齐斯河－鄂毕河全长超过 5000 千米，流域面积达 300 万平方千米，流经高原、山地、平原、荒漠等诸多地形，一旦额尔齐斯河－鄂毕河合作机制正式进入推进发展阶段，即使只维护额尔齐斯河－鄂毕河流域的主要通航水域，相应的基础设施建设也是一个巨大的工程。这一庞大的工程及其所需的大量资金对于处于转型期经济相对落后的额尔齐斯河－鄂毕河流域无疑是巨大的挑战。

① 吴森、杨兆萍、周华荣等：《中国新疆与俄罗斯西西伯利亚地区经济合作模式选择》，《干旱区地理》2008 年第 3 期，第 473 页。

② 王江、马卫刚、刘康华：《新疆喀纳斯口岸建设发展的选择与影响分析》，《对外经贸实务》2013 年第 7 期，第 34 页。

③ 杨建梅：《额尔齐斯河的改善有了资金保障》，《中亚信息》2001 年第 5 期，第 5 页。

④ 谷维：《额尔齐斯河的航运将迅速恢复》，《中亚信息》2005 年第 1 期，第 30 页。

（二）中俄哈在额尔齐斯河－鄂毕河流域的三方合作平台基础薄弱

早在 1993 年中国与哈萨克斯坦就额尔齐斯河问题展开磋商，当前中哈已签订数份双边跨国河流合作协议，并组建了中哈利用和保护跨界河流联合委员会。2001 年俄罗斯与哈萨克斯坦签署了《额尔齐斯河流域的跨国管理》草案，此外俄哈关于共同开发额尔齐斯河也达成了相关协议与草案。中哈、哈俄在额尔齐斯河－鄂毕河流域虽然有着良好的双边合作关系，但三国尚未就额尔齐斯河的开发、合作与保护等相关问题达成有关协议，中国、俄罗斯和哈萨克斯坦在尔齐斯河－鄂毕河的三方合作基础薄弱，没有三边合作平台的存在。建立跨国界次区域合作机制需要大量的制度积累。以目前相对较为成熟的中国与东南亚诸国的澜沧江－湄公河合作机制构建为例，2015 年"澜沧江－湄公河合作机制"正式成立前，澜沧江－湄公河流域已经存在多个多边次区域合作机制，如"大湄公河次区域经济合作"（GMS）、"湄公河委员会"（MRC）、"湄公河下游倡议"（LMI）合作机制等。[①] 这些合作机制所涉及的国家、关注的领域各不相同，但对于湄公河流域不同层次、不同领域的次区域合作都产生了一定的推动作用，对于日后"澜沧江－湄公河合作机制"的建立提供了经验。当前中国、俄罗斯、哈萨克斯坦所共同参与的区域合作机制包括：宣布成立的永久性政府间国际组织"上海合作组织"；亚洲开发银行牵头发起的中亚欧盟经济合作；中国、俄罗斯、哈萨克斯坦、蒙古国四国推动的阿尔泰次区域合作。这些区域合作组织显然无法满足中俄哈三国在额尔齐斯河－鄂毕河流域进行全面合作的机制需求。目前，中国、俄罗斯、哈萨克斯坦在额尔齐斯河－鄂毕河流域的合作还处于初级起步阶段，相关合作机制的缺失、中俄哈额尔齐斯河－鄂毕河三方合作经验和实践的匮乏等客观

---

① 卢光盛、别梦婕：《澜湄合作机制：一个"高阶的"次区域主义》，《亚太经济》2017 年第 2 期，第 45 页。

现实的存在无疑为未来中俄哈额尔齐斯河－鄂毕河合作机制的建立增加了诸多挑战和困难。

（三）域外势力对于中俄哈三国构建额尔齐斯河－鄂毕河合作机制的干扰和阻碍

苏联解体后中亚五国的独立使中亚地区作为冷战后国际关系中一个活跃板块出现在世界政治舞台上，并在全球化进程中以其重要战略地位吸引着国际社会关注的目光。[①] 中亚地区独特的地缘政治环境使中俄哈三国构建额尔齐斯河－鄂毕河合作机制受到多方域外势力的关注，而本地区所存在的恐怖分子问题更是影响地缘安全干扰合作机制的严重不利因素。一直以来中亚地区都是美国全球战略的重点关注区域，有观点认为，美国对中亚的真正兴趣既不是腐败，也不是人权，甚至也不是民族冲突、毒品和恐怖主义，而是与俄罗斯和中国的竞争。美国助理国务卿布莱克则直言，中亚与阿富汗、俄罗斯和中国毗邻，位于至关重要的战略十字路口。这就是美国将继续扩大在这个地区的存在和与这个关键地区合作的原因。[②] 中国、俄罗斯、哈萨克斯坦额尔齐斯河－鄂毕河合作机制的建立势必会影响美国在该地区的影响力。2017 年特朗普政府公布的《美国国家安全战略》报告中将美国所面临的威胁归为俄罗斯和中国作为"修正主义国家"正在挑战美国的全球主导地位、地区独裁者造成的区域动荡、恐怖主义和跨国犯罪带来的安全威胁。[③] 《美国国家安全战略》报告还明确指出，"历史的一条主线是对权力的竞争"，"大国竞争不再是上世纪的现象，而是已经回归"，"不同的世界观之间开展地缘政治竞争"。[④]

---

① 许涛：《中亚地缘政治变化与地区安全趋势》，《现代国际关系》2012 年第 1 期，第 27 页。

② 赵华胜：《后阿富汗战争时期的美国中亚外交展望》，《国际问题研究》2014 年第 2 期，第 144～145 页。

③ "President Donald J. Trump Announces a National Security Strategy to Advance America's Interests," https：//www. whitehouse. gov/briefings-statements/president-donald-j-trump-announces-national-security-strategy-advance-americas-interests/，最后访问时间：2019 年 3 月 25 日。

④ 沈雅梅：《特朗普"美国优先"的诉求与制约》，《国际问题研究》2018 年第 2 期，第 101 页。

《美国国家安全战略》报告处处透露出的中俄威胁论，俨然表明美国已经将中国与俄罗斯放在了美国的对立面上，美国将与中俄两国展开全球层面的竞争与对抗。在当前这一国际背景下，一个汇集了中国与俄罗斯的次区域合作机制必然会引来美国的关注与警惕。除了以美国为代表的域外势力的干扰，中亚地区的恐怖主义是影响中俄哈三国构建额尔齐斯河－鄂毕河合作机制的另一重大隐患。近年来，由于毗连中亚地区的国家阿富汗和巴基斯坦成为全球恐怖主义活动的中心地带，一些国际性恐怖组织及其制造恶性恐怖事件的手段、形式在中亚及其周边呈跨国性、关联性、模仿性和突发性发展态势，成为困扰相关地区和国家安全化的突出问题。① 恐怖主义的存在严重影响了额尔齐斯河－鄂毕河流域的社会经济稳定与安全，极大地损害了中俄哈额尔齐斯河－鄂毕河合作机制的建立和发展。

三　构建中俄哈额尔齐斯河－鄂毕河
合作机制的相关对策

构建中俄哈额尔齐斯河－鄂毕河合作机制需要加强三国之间的沟通互信，加强顶层设计。通过建立中俄哈额尔齐斯河－鄂毕河三边对话机制、推动中俄哈额尔齐斯河－鄂毕河合作机制纳入"一带一路"发展规划以及充分发挥次国家政府行为体的能动作用，实现中俄哈额尔齐斯河－鄂毕河合作机制的建立和发展。

（一）加强沟通互信：构建中俄哈额尔齐斯河－鄂毕河三边对话机制

1. 加强三方沟通和了解，切实增进中俄哈三国互信基础

建立中俄哈额尔齐斯河－鄂毕河合作机制首先需要加强三国彼此之间的

---

① 李琪：《中亚地区安全化矩阵中的极端主义与恐怖主义问题》，《新疆师范大学学报》（哲学社会科学版）2013 年第 2 期，第 49 页。

沟通和了解，努力增强中国、俄罗斯与哈萨克斯坦之间的相互信任。只有建立良好的沟通对话渠道才能增强彼此之间的信任，加深对三国之间不同的利益诉求的了解，真正将各个国家自身利益特点与他国相结合，切实提升中俄哈三国合作机制的有效性。对此，中俄哈三国都需要本着相互尊重、相互沟通、相互理解的原则，协调各方利益和诉求，努力拓宽沟通合作渠道，建立机制化沟通路径，以实现中俄哈三国利益的最大化。坚定的互信基础是中国、俄罗斯、哈萨克斯坦三国构建额尔齐斯河－鄂毕河合作机制的基石，牢固的互信基础有助于建立和完善中国、俄罗斯、哈萨克斯坦额尔齐斯河－鄂毕河三边对话机制。

2. 充分利用已有多边平台，帮助建立中哈俄额尔齐斯河－鄂毕河三边对话机制

目前，中国、俄罗斯与哈萨克斯坦尚未在额尔齐斯河－鄂毕河流域内建立三边对话平台，但在区域层面上中俄哈三国存在部分可以利用的多边对话平台，中国、俄罗斯与哈萨克斯坦需要充分利用当前已有的区域多边合作平台，依托现有沟通渠道加强三国彼此之间的联系和交流，推动中俄哈额尔齐斯河－鄂毕河三边对话机制的建立。在现有的区域多边对话机制中，由本地区国家主导的上海合作组织与阿尔泰次区域合作对于中俄哈额尔齐斯河－鄂毕河三边对话机制的建立有重要的意义。上海合作组织前身为成立于1996年的上海五国机制，2001年哈萨克斯坦、中华人民共和国、吉尔吉斯斯坦、俄罗斯联邦、塔吉克斯坦、乌兹别克斯坦在上海宣布建立永久性政府间国际组织，即上海合作组织。上海合作组织是首个在中国境内成立的政府间国际组织，其目的是加强各成员国之间的相互信任与睦邻友好；鼓励成员国在政治、经贸、科技、教育、能源、交通、旅游、环保及其他领域的有效合作；致力于推动和维护区域和平、安全与稳定；推动建立民主、公正、合理的国际政治经济新秩序。[①] 作为亚洲地区最重要的区域间政府组织，中俄哈三国需要充分利用上海合作组织这一现有合作平台，在此基础上推动中哈俄额尔

---

① 上海合作组织，http://chn.sectsco.org/about－sco/，最后访问时间：2019年3月25日。

齐斯河－鄂毕河三边对话机制的建立。除上海合作组织外，由中国、俄罗斯、哈萨克斯坦、蒙古国四国推动建立的阿尔泰次区域合作机制是推进中俄哈额尔齐斯河－鄂毕河交流对话机制构建的另一重要次区域合作平台。从2000年开始，中、俄、哈、蒙四国在阿尔泰区域逐步建立起六方地方政府磋商机制，并初步形成了包括中、俄、哈、蒙阿尔泰区域合作的框架协议、阿尔泰区域合作国际协调委员会、定期召开阿尔泰区域科技合作与经济发展国际研讨会、发展区域和经济领域合作的协议等在内的合作机制。[①] 阿尔泰区域与额尔齐斯河流域存在部分重合，阿尔泰次区域合作机制对中俄哈构建额尔齐斯河－鄂毕河三边对话机制有重要意义。

（二）加强顶层设计：努力推动中俄哈额尔齐斯河－鄂毕河合作机制纳入"一带一路"发展规划

2013年中国领导人提出了打造"丝绸之路经济带""21世纪海上丝绸之路"的倡议，2015年随着《推动共建丝绸之路经济带和21世纪海上丝绸之路的愿景与行动》的发布，中国"一带一路"建设正式开始进入全面推进阶段。经过三年多的探索与实践，"一带一路"取得的进展和成果远超预期。截至2017年年初，中国共与34个国家（含40多个国际组织）签署了"一带一路"框架内的合作备忘录，与30多个国家启动了机制化产能合作，吉布提－亚的斯亚贝巴铁路、瓜达尔港、乌兹别克斯坦卡姆奇克隧道等一系列重大工程竣工。[②] 随着"一带一路"建设的深入开展，额尔齐斯河－鄂毕河流域的战略价值日益凸显。中俄哈额尔齐斯河－鄂毕河合作机制的建立将为"一带一路"的发展建立新的支撑点。以额尔齐斯河－鄂毕河为骨架横穿亚欧大陆的"海上丝绸之路""陆上丝绸之路"以及"冰上丝绸之路"将被连接起来，鉴于额尔齐斯河－鄂毕河的特殊地理位置，其除了可以沟通中亚和北极地区，还可以通过公路、铁路甚至管道等多种方式与南亚地区相

① 《中、俄、哈、蒙阿尔泰区域合作的研究》课题组：《中、俄、哈、蒙阿尔泰区域合作的研究简要报告》，《中共乌鲁木齐市委党校学报》2005年第3期，第4页。

② 李自国：《"一带一路"：成果、问题与思路》，《欧亚经济》2017年第4期，第5页。

连，进而将北极、中亚和南亚地区连接起来，实现亚欧大陆的纵向贯通。[①]
如果中俄哈额尔齐斯河－鄂毕河合作机制顺利开展，这条北起亚马尔半岛、
南至印度洋的能源大走廊将额尔齐斯河－鄂毕河走廊贯穿连接，其对于中国
"一带一路"倡议的实施将产生巨大的影响。然而，目前额尔齐斯河－鄂毕
河流域尚未被纳入中国"一带一路"规划之内，国内对于额尔齐斯河－鄂
毕河流域的关注和研究也非常稀少。对此，相关研究人员应对额尔齐斯河－
鄂毕河流域加以深入研究，充分辨析中俄哈三国构建额尔齐斯河－鄂毕河合
作机制的可行性以及其对"一带一路"建设的价值和影响，努力推动中国
对额尔齐斯河－鄂毕河流域重要性的认知。目前，中国在额尔齐斯河－鄂毕
河流域的次区域合作中尚不具备明显优势，中国需要加强顶层设计，努力推
动中俄哈额尔齐斯河－鄂毕河合作机制纳入"一带一路"发展规划，促使
额尔齐斯河－鄂毕河合作机制成为"一带一路"的重要组成部分，以获得
相关平台和资金的支持，实现中俄哈额尔齐斯河－鄂毕河合作机制的高层
对接。

（三）推动策略实施：充分发挥次国家政府的能动作用

次区域合作的直接行为体是次国家行为体，次国家政府一词指那些只在
一国局部领土上行使管辖权的政府，即所有中央政府以下的各级政府。它包
括了单一制国家中的各级地方政府、联邦制国家中的联邦成员单位以及州省
以下的各级地方政府。次国家政府不是主权行为者，其国际行为能力来源于
中央政府的许可或默认，并受到中央政府的限制。同时，它们也不是独立的
非国家行为者，因为它们完全处在一国主权的管辖之下。[②]次国家政府作为
次区域合作的直接参与者具有自身特有的优势，充分发挥次国家政府的能动
作用是切实推动次区域合作的重要措施。新疆是中俄哈额尔齐斯河－鄂毕河
合作机制的直接参与省份，也是陆上连接哈萨克斯坦和俄罗斯的重要枢纽之

---

① 梅春才、郭培清：《额尔齐斯河－鄂毕河：亚欧整合的一种可能路径》，《世界知识》2017
年第1期，第38页。

② 陈志敏：《次国家政府与对外事务》，长征出版社，2001，第5～24页。

一。2015 年，哈萨克斯坦与中国双边货物进出口额为 105.7 亿美元，其中与新疆的贸易额达 57.5 亿美元。哈萨克斯坦已连续 20 多年成为新疆最大的外贸伙伴。[①] 作为中国西部最重要的边境省区，新疆在中国边境地区的对外开放合作中始终处于领先位置。早在 1992 年国务院通过授权、赋予新疆扩大包括地边贸易经营经营权，下放外资项目审批权，开放伊宁、博乐、塔城三市和乌鲁木齐享受沿海开放城市政策等八项优惠政策，推动新疆的进一步对外开放。[②] 作为古老丝绸之路上的明珠，今天的新疆更是"一带一路"建设中的节点省份。《推动共建丝绸之路经济带和 21 世纪海上丝绸之路的愿景与行动》中提出："发挥新疆独特的区位优势和向西开放重要窗口作用，深化与中亚、南亚、西亚等国家交流合作，形成丝绸之路经济带上重要的交通枢纽、商贸物流和文化科教中心，打造丝绸之路经济带核心区。"[③] 在中俄哈额尔齐斯河－鄂毕河合作机制构建中应充分发挥新疆独特的地缘优势、文化优势和民族优势，借助新疆在"一带一路"中的优势地位推动中俄哈三国在额尔齐斯河－鄂毕河流域的互动与合作，真正建立起连接"冰上丝绸之路""陆上丝绸之路"和亚马尔半岛的中俄哈额尔齐斯河－鄂毕河合作机制。

四 结语

中俄哈三国毗邻地区的经济要素流动需求使次区域合作日渐为人们所关注，次区域合作为构建中俄哈额尔齐斯河－鄂毕河合作机制提供了理论依据。此外，"一带一路"倡议的实施和中哈、中俄、俄哈建立的良好双边合

---

① 张腾飞：《新疆与中亚五国的经贸合作现状及前景展望》，《现代经济信息》2016 年第 13 期，第 153 页。

② 苏长和：《中国地方政府与次区域合作：动力、行为及机制》，《世界经济与政治》2010 年第 5 期，第 17 页。

③ 《授权发布：推动共建丝绸之路经济带和 21 世纪海上丝绸之路的愿景与行动》，新华网，http://www.xinhuanet.com/world/2015-03/28/c_1114793986_2.htm，最后访问时间：2019 年 3 月 25 日。

作关系则为中俄哈额尔齐斯河 – 鄂毕河合作机制提供了历史机遇和现实基础，当前推动中俄哈额尔齐斯河 – 鄂毕河次区域合作，构建中俄哈额尔齐斯河 – 鄂毕河合作机制正迎来前所未有的时代机遇。然而，当前中俄哈额尔齐斯河 – 鄂毕河合作机制依然面临着区域整体经济较为落后、中俄哈三国针对额尔齐斯河 – 鄂毕河相关合作机制缺失、域外势力对中俄哈额尔齐斯河 – 鄂毕河合作机制的干预以及中亚地区严峻的恐怖主义等问题的挑战。针对这些问题和挑战，构建中俄哈额尔齐斯河 – 鄂毕河合作机制首先需要加强中俄哈三方的沟通和了解，增进中俄哈三国互信基础，进而充分利用本地区已有的多边合作平台，助力建立中哈俄额尔齐斯河 – 鄂毕河三边对话机制。此外，针对中俄哈额尔齐斯河 – 鄂毕河合作机制还需加强顶层设计，努力推动将其纳入"一带一路"发展规划，以获得相关平台和资金的支持。最后，在推动中俄哈额尔齐斯河 – 鄂毕河合作机制构建的实施策略时要充分发挥新疆作为直接参与的次国家政府的能动作用，充分利用新疆在"一带一路"建设中的优势地位，推动中俄哈额尔齐斯河 – 鄂毕河合作机制的构建与发展。

北极治理篇

Arctic Governance

B.8
北极科学研究进展及中国参与

李浩梅*

摘　要：　北极国家普遍重视对北极科学研究的宏观规划和引导，将北极科学研究作为北极政策的重要内容。北极地区的可持续发展需要建立在对北极环境及其变化的科学认知的基础上，随着国际北极科学合作不断增强，科学研究对北极治理的支撑作用和实际影响日益凸显。具有法律拘束力的《加强北极国际科学合作协定》生效，为加强北极国家间的北极科学合作提供了制度框架。北极国家在北极科学考察和研究中处于优势地位。中国在国际法框架内依法行使开展科学考察活动的权利，完成了第九次北极科学考察并与冰岛合作建立了北极科学考察站，积极拓展北极科学合作的路径。

---

* 李浩梅，女，中国海洋大学海洋发展研究院博士后。

关键词： 北极科学研究　北极科学合作　北极科学部长会议　《加强北极国际科学合作协定》

一　北极八国的北极研究计划与科学活动

（一）美国

美国国会通过 1984 年的《北极研究和政策法》设立了美国北极研究委员会，其职责之一是制定必要的国家政策、优先事项和目标。美国北极研究委员会（USARC）向总统和国会提交了《北极研究的目的和目标报告（2017—2018）》，其中确定了六项北极研究目标：①观察、理解和预测北极环境变化；②改善北极人体健康；③转换北极能源；④提升北极"建筑环境"（built environment）；⑤探索北极文化和社区复原力；⑥加强北极的国际科学合作。[①]该报告每两年发布一次，具有时效性、前瞻性。与前几年相比，2017～2018 年的研究目标延续了此前确立的五大研究目标的基本框架，即环境变化、人类健康、自然资源、民用基础设施、原住民语言，在此框架的基础上通过实践不断推进和调整具体的科学研究目标和计划，强调国际科学研究合作的重要性，并在序言中对 2016 年 9 月在美国白宫举办的首届北极科学部长会议的活动给予高度评价，支持科学研究对促进经济增长具有重要性这一观点。

该报告不仅确定了研究目标，还总结了美国相关国家机构和科研单位为推进目标的实现而计划或正在采取的行动。例如，美国国家航空航天局（NASA）计划和倡议一项为期十年的北极—北方脆弱性实验，通过建模和分析航天资源和空间资产的数据来改善北极—北方地区陆地生态系统的脆弱性和恢复力；实施"海洋融化格陵兰计划"（Oceans Melting Greenland，

---

① USARC，"Report on the Goals and Objectives for Arctic Research，" https：//www. arctic. gov/reports_ goals. html.

OMG），研究海洋如何侵蚀格陵兰岛的冰盖，并帮助科学家预测海平面上升的速度。USARC 还创建"北极可再生能源工作组"（Arctic Renewable Energy Working Group，AREWG），以更好地满足可再生能源和能源效率方面的关键研究需求。该工作组发起了一系列关于北极偏远村庄的住宅供暖需求研究和社区一级能力建设的研讨会，会议的成果将是制定农村供暖的研究重点和实现这些研究的实施计划。美国农业部（USDA）为阿拉斯加乡村农村补助计划中的 17 个供水系统项目提供了 1600 万美元的赠款，并且与阿拉斯加西部的 4 个原住民非营利组织签订了关于住房、社区设施、废水系统和网络宽带的农村发展合作协议。从北极研究目标的确定到相关部门采取的措施可以看到，美国政府对北极科学研究的目标和方向有顶层设计和规划，以确保北极研究在特定领域得到发展，实现国家的政策目标。

美国海岸警卫队"希利号"破冰船于 2018 年 8 月 23 日起进行为期 129 天的北极科学考察活动，这次活动是美国海岸警卫队与美国科学基金会、美国海洋和大气管理局和海军研究办公室的联合极地考察。这次科学调查长达 4 个月，考察地点主要位于北极巴罗海谷，巴罗海谷是潜艇进入北极的门户，海谷是深海中的峡谷。① 这次考察主要有三项任务：第一个任务是美国海洋和大气管理局资助的项目，旨在进一步了解北极不断变化的生物图景，同时研究楚科奇海和波弗特海的物理海洋学和近海洋流，这次任务的发现将有助于科学家研究极地的生物条件；第二个任务由美国海军研究办公室的资助，是一个规模更大、历时多年的北极研究项目的一部分，这次任务的重点是研究波弗特海入流和地表力变化对海洋分层和海冰的影响；第三个任务由美国国家科学基金会赞助，目的是了解太平洋和大西洋的水流以及北极生态系统中相关边界流的影响，已持续多年，这项研究从巴罗峡谷斜坡的地下系泊处获取测量数据，并利用破冰船的机载科学设备收集数据。②

① 《美国最大破冰船希利号，在北极进行科考》，腾讯网，https：//new. qq. com/omn/20181018/20181018A0E04R. html。

② "Coast Guard Icebreaker Completes 129-day Arctic Deployment，" https：//www. marinelink. com/news/coast-guard-icebreaker-completes-day-460260.

（二）加拿大

加拿大支持将科学知识纳入北极政策决策，重视国际合作在应对北极机遇和挑战方面的重要性，尊重原住民知识，积极与北方和土著社区合作制定北极研究议程，并利用北极科学研究解决实际问题。2018 年 3 月，加拿大因纽特人国家代表组织（Inuit Tapiriit Kanatami）发布了《国家因纽特人研究战略》①，确定了因纽特人、政府和学术机构之间的伙伴关系和必要行动，以提高因纽特人努南加特研究的影响力和有效性。加拿大近期重要的北极研究计划有对能源和资源的地理绘图项目、北方污染物监测项目、旨在认识北极环境变化及其对人类健康影响的"守卫北方"项目。加拿大启动了北极预报系统，这是一个高分辨率的大气模型，通过改进对天气、冰和海洋状况的预报，为海员提供更好的服务。此外，加拿大有一个"极地大陆架计划"②，为在加拿大北方工作的研究人员提供后勤支持。

科研设备方面，加拿大目前可供北极科学研究的船舶数量不多，代表性的有加拿大海岸警卫队运营的阿蒙森号破冰船，由加拿大北极研究基金会运营的马丁伯格曼号研究船，努纳武特政府所属的多用途渔业研究船。为了更好地促进共同利益，北方研究基础设施运营者们建立了合作网络③，通过协调、拓展和联合行动为学者、政府、私人乃至国际科学研究者提供支持性服务，提供包括研究船、无人监控装置、野外工作站在内的 90 多项设施，2017 年 10 月正式启用的加拿大北极研究站（Canadian High Arctic Research Station）④ 也被纳入这一网络中，新的研究站位于努纳武特剑桥湾，为北极科学活动的开展提供了一个技术开发中心、传统知识中心和先进实验室。

---

① "National Inuit Strategy on Research," https：//www. itk. ca/national-strategy-on-research/.

② https：//www. nrcan. gc. ca/the-north/polar-continental-shelf-program/polar-shelf/10003.

③ "Canadian Network of Northern Research Operators," http：//cnnro. ca.

④ https：//www. canada. ca/en/polar-knowledge/CHARScampus. html.

（三）俄罗斯

开发利用北极地区的经济潜力是当前俄罗斯北极政策的重要内容，在一定程度上表明了俄罗斯北极科学政策的方向。俄罗斯国家研究计划的目标包括：保护北极生态系统、有效管理自然环境、可持续发展北极地区、保护北极居民的文化和历史遗产、开发新的功能材料和设备、改善北极居民的生活质量、适应自然和气候因素的变化。一方面，以科学研究保障北极和近北极地区的经济活动，另一方面，通过开发新方法和新技术将人类活动对北极独特自然环境造成的影响降至最低。

俄罗斯在科学考察基础设施方面的优势明显，拥有 40 艘破冰船，包括 5 艘核动力破冰船，每年俄罗斯在北极进行大约 50 次海洋科学探索和探险。俄罗斯还建立了一个陆上科学考察站点网络，由 52 个提供水文气象信息的极地站组成，位于沿海地区和俄罗斯北极区的北冰洋岛屿上。俄罗斯漂移站也几乎全年运作，开展融合海洋学、冰川学、气象学、地球物理学、水化学、水物理学和海洋生物学的综合研究方案。[①] 有报道称，俄罗斯计划建造用于北极科学考察的巨型潜艇，建成后将被用来研究北极的海底，寻找矿藏和石油矿床。[②]

（四）挪威

挪威的科学活动在地理上分布广泛，南森遗产项目（2018～2023 年）是正在进行的重要研究计划之一，致力于探索和全面理解不断变化的北冰洋和生态系统的大型专项研究，将会使用新的破冰船 Kronprins Haakon 进行广泛的实地调查。巴伦支海和北冰洋生态系统计划由挪威海洋研究所与俄罗斯

① Report of the 2nd Arctic Science Ministerial：Co-operation in Arctic Science-Challenges and foint Actions, p. 73.

② Kyle Mizokami, "Russia's Gigantic New Submarine Has Enormous 'Wings'," https：//www. popularmechanics. com/science/energy/a26612/russias-planned-scientific-research-submarine-is-enormous/.

PINRO 研究所合作开展，每年收集关于海洋环境、商业种群和生物多样性的长期数据，是世界上对海洋生态系统最全面的监测调查之一。此外，挪威的极地科学研究还涉及海冰、气候和生态系统，北极油气勘探开发等。2018年，挪威在科研基础设施上有新的投入，挪威北极大学（UiT）启用了新建筑，占地面积 3600 平方米，配有办公室、会议室、实验室和研究设施等，主要用于开展与北极气候变化有关的生物学研究。此外，位于特罗姆瑟的弗拉姆中心（Fram Centre）也在进行扩建，扩建后该中心面积达到 25000 平方米，海洋研究所、挪威辐射防护管理局和挪威空气研究所（Norwegian Institute for Air Research）都将拥有各自的新实验室，用于研究和监测工作。[①]

（五）瑞典

瑞典已将气候变化研究、减缓和适应作为其国家北极政策的最高优先事项。萨米文化及工业传统上与周围的自然环境有着密切的联系，气候变化使其面临危机，瑞典的北极战略旨在加强这些社区对周边环境的适应能力，帮助它们适应不断变化的气候。瑞典将其气候研究预算提高了 1300 万欧元，增加了对极地研究基础设施和破冰船"奥登号"（Oden）的资助，并计划组建一支新的船队。

为加强北极科学研究，瑞典极地研究秘书处与美国国家科学基金会于2018 年 7 月底至 9 月中旬共同开展了"北冰洋 2018"（Arctic Ocean 2018）科学考察活动。来自美国、英国、德国等国家的 40 名研究人员在瑞典破冰船"奥登号"和移动浮冰上工作，首席科学家由瑞典和美国科研人员担任。"奥登号"于 8 月初从斯瓦尔巴群岛的朗伊尔城开始，9 月 21 日返回朗伊尔城，8 月中旬至 9 月中旬的大约一个月时间里，"奥登号"锚定在浮冰上并随浮冰漂流，以便船上的科学小组能够持续地接近浮冰进行测量。研究考察的总主题是海洋和冰层的微生物生命以及北极云层的形成，总共有 14 个不同的研究项目将在船上

---

① "Tromsø Strengthens Its Lead in Arctic Science and Research," https://jonaa.org/content/2018/7/2/tromso-strengthens.

进行。① 研究人员开展大量的测量工作，从海洋、冰层和空气中收集样本和数据，这些样本将帮助我们更好地了解云层在北极气候系统中的重要作用。

（六）芬兰

芬兰的北极科学政策重视专门技术的投资、获得北方地区的知识。拉普兰大学和奥卢大学在战略上优先考虑北极研究，并承担着与萨米人研究、语言和文化保护有关的特殊任务，大多数芬兰大学和其他学术机构有以北极、北方和寒冷气候地区为重点的研究项目。位于罗瓦涅米的北极中心是一个国际信息中心，对北极地区的变化进行多学科研究。芬兰科学院执行的国家研究方案ARKTIKO旨在研究和了解影响北极区域发展的变化因素、转变过程和变化的动态。

（七）丹麦

丹麦的北极科学政策要求科研和培训支持北极地区工业和社会的发展，促进在健康和社会可持续发展方面的合作，研究面临共同挑战的最佳实践，并促进丹麦、格陵兰、法罗的学术和科学机构参与国际研究和监测活动。丹麦的四所主要大学（哥本哈根大学、奥尔胡斯大学、奥尔堡大学和丹麦技术大学）都有跨领域、跨学科的北极研究计划。例如，格陵兰生态系统监测（GEM）项目，提供关于生态系统和气候变化影响和反馈的综合监测和长期研究方案，位于哥本哈根大学的永久冻土研究中心，重在研究格陵兰永久冻土融化的生物、地理和物理影响，格陵兰气候研究中心由丹麦和格陵兰合作成立，聚焦北极海洋生态系统及其与格陵兰社会的相互作用。

（八）冰岛

冰岛的北极政策强调若干原则：在北极地区与其他国家加强合作研究、保护动植物、观测能力和污染防治，以及保护原住民独特的文化和生活方

---

① "Expedition：Arctic Ocean 2018，" https：//polarforskningsportalen. se/en/arctic/expeditions/arctic-ocean-2018.

式。冰岛的北极科学研究项目涉及冰川和气候、气候变化情况和基础设施、海洋状况、气候变化的社会影响等多个领域。此外，国际北极科学委员会的秘书处就位于冰岛第二大城市阿克雷里，由冰岛研究中心提供支持。

从上文的梳理可以看出，北极国家将北极科学研究作为北极政策的重要组成部分，北极国家普遍重视对北极科学研究的宏观引导和调控，确保实现特定领域的政策目标。虽然各国北极科学政策及具体计划各有特点和侧重，但存在一定的共性：将提升对北极地区气候变化及相应环境影响的科学认知作为北极科学研究的重要方向；强调将北极科学研究应用于政策制定与科学决策，除自然科学研究外，还重视与北极地区经济社会可持续发展相关的应用性较强的研究；普遍重视开展北极科学合作。

尽管北极国家也在增加北极科学研究的投入，推进北极研究计划和项目开展，加强国际北极科学研究合作，并推动北极科学研究在上述领域取得了一定进展，但北极环境的变化形势和北极治理的现实需求之间仍有较大的缺口。北极大学联盟（UArctic）科学与研究分析工作组联合国际数字科学研究团队评估了北极相关研究的全球资助情况，研究报告的数据包含了 2007 ~ 2016 年来自 250 多个资助方资助的 300 多万个项目，资助总额超过 1.1 万亿美元；这些项目的成果包括发表的学术论文，也包括侧重解决现实问题的灰色文献，不仅涵盖已经出版的研究资助，而且包括了已经或正在受到资助的当前和未来项目，从而能够较为客观地反映今后几年各国推进北极相关研究的意愿和程度。① 报告的调查结果显示出以下趋势：北极研究只占数据库中所有资助研究的不到 1%；地球科学特别是海洋学占北极相关研究资助的比例最大；随着时间的推移，用于北极研究的资金比例较为稳定，维持在 1% 左右；北极理事会观察员国为北极研究提供的资助占其全部科研资助的约 0.5%，相比之下，8 个北极国家的北极研究投入比例占其研究资助的 7%；非北极国家的资助有增长趋势。

---

① I. A. Osipov et al., International Arctic Research: Analyzing Global Funding Trends: A Pilot Report (2017 Update), Digital Science Reports, https://research. uarctic. org/media/1598052/digital_ science_ report_ international_ arctic_ funding2017. pdf.

二 国际北极科学合作的发展

由于南北极地区特殊的地理位置、恶劣的自然环境，开展极地科学研究面临更大的挑战，需要国际社会的通力合作。北极科学研究涉及多学科、多领域、多平台、多主体，不同平台之间存在参与主体的重合和交叉，推进北极科学研究需要解决力量碎片化的问题，加强国家之间以及国际组织之间的沟通与协调，加强北极科学研究合作是化解这一难题的重要途径。近年来，随着气候变化的形势越来越严峻，国际社会认识到加强北极科学研究合作的重要性，各国在国际、区域、多边和双边等多层次平台上开展北极科学合作。其中，国际组织在推动北极科学研究及其合作方面发挥着重要作用，北极理事会是当前应对北极事务最重要的政府间论坛，促进北极地区环境保护及可持续发展是其主要工作目标，专门的北极科学研究领域的组织也有很多，目前最重要的专门的北极科学合作组织是国际北极科学委员会（International Arctic Science Committee，IASC）。

2017～2019 年由芬兰接替美国担任北极理事会轮值主席国，其任期内的优先事项包括环境保护、连通性（connectivity）、气象合作、教育。[1] 科学合作贯穿上述优先事项。气象合作方面，2018 年 3 月 21 日至 23 日，北极气象峰会与北极理事会春季北极高官会议在芬兰列维（Levi）联合举行。北极气象峰会由芬兰气象研究所与世界气象组织共同举办，世界气象组织与北极和欧洲气象部门的负责人以及商界和社区的代表出席了这次峰会。世界气象组织正在努力建立北极区域气候中心网络，以便向利益攸关方和当地社区传播更多信息。[2] 生物多样性保护方面，北极理事会动植物保护工作组（CAFF）与芬兰环境部共同主办了第二届北极生物多样性大会，该大会于

---

① Exploring common solutions: Finland's Chairmanship Program for the Arctic Council 2017 - 2019.

② "Meeting Report: Senior Arctic Officials (SAO) of the Arctic Council and the Arctic Meteorology Summit," https://iasc.info/outreach/news-archive/431-meeting-report-senior-arctic-officials-sao-of-the-arctic-council-and-the-arctic-meteorology-summit.

2014 年首次召开，目的是讨论北极生物多样性评估报告（Arctic Biodiversity Assessment）的成果，会议分为六个主题：气候变化；基于生态系统的管理；将生物多样性纳入主流；减轻生物多样性的各种压力；确定和保护重要的生物多样性地区；提高知识和公众意识。① 2018 年 10 月 11 日至 12 日，北极环境部长会议在罗瓦涅米举行，会议围绕北极环境保护主题，讨论了关于应对气候变化、保护生物多样性和防止北极地区污染方面的合作，并提出加强北极观监测网络以及利用科学方法和原住民知识管理中央北冰洋渔业管制区的重要性。② 为期两天的会议汇集了 8 个北极理事会国家的部长和高级别代表以及代表北极原住民的 6 个常驻代表，并邀请了北极理事会的观察员国家和组织。

国际北极科学委员会是一个非政府性质的国际科学组织，致力于鼓励和促进从事北极研究的所有国家，在北极地区所有区域，针对所有方面的北极研究合作，因其成员身份只对国家级科研机构开放，因而带有一定的官方色彩。③ IASC 自 1999 年发起北极科学峰会周（Arctic Science Summit Week，ASSW）④，为参与北极研究的各科学组织加强协调与合作提供机会，该峰会周的国际协调小组成员包括极地早期职业科学家协会、北极研究运营商论坛、原住民秘书处、国际北极社会科学协会、新奥尔松科学管理委员会、北极大学等，基本上涵盖了北极科学研究的主要机构。2018 年 6 月，IASC 与国际南极研究科学委员会（Scientific Committee on Antarctic Research，SCAR）联合举办了"极地 2018"（Polar 2018）活动，SCAR 会议、ASSW

① "Arctic Biodiversity Congress Bulletin," https：//oaarchive. arctic-council. org/bitstream/handle/ 11374/2225/SAOFI203_2018_ROVANIEMI_InfoDoc03_CAFF-IISD-Arctic-Biodiversity-Congress- Summary. pdf？sequence = 1&isAllowed = y.

② "Arctic Council meeting of Environment Ministers ends with talks about future cooperation," Arctic Council，https：//www. arctic-council. org/index. php/en/our-work2/8-news-and-events/498-aemm- article-02.

③ About IASC，https：//iasc. info/iasc/about-iasc.

④ About ASSW，https：//iasc. info/assw/about-assw.

会议及开放科学会议同期在瑞士达沃斯召开。① 这是自国际极地年（2007～2008年）以来又一次北极和南极研究的专家和决策者聚集在一起，分享极地研究的成果以及面临的共同挑战，讨论加强合作与相互支持。

北极大学（UArctic）是世界上最大的大学网络，拥有200多所成员机构，是北极理事会的观察员组织。该网络致力于促进北极地区的可持续发展和知识交流，它致力于与北极人民合作，并寻求促进北方人民的高等教育。北极大学的成员范围很广，包括所有北极国家和观察员国。北极大学2018年大会在芬兰举行，来自30多个国家的600多名代表与会，讨论北极环境保护、互联互通、教育培训、可持续发展目标、气候变化等议题。

各国普遍认识到在北极科学研究方面加强合作的重要性，鼓励、支持和推进联合开展科学研究，加强北极科学研究的政策协调，除上述北极组织和论坛机制外，近年来国际社会还建立了新的北极科学合作机制，由多国政府代表参加的北极科学部长会议已连续举办了两届。北极科学部长会议的举办源于奥巴马时期，美国政府关注到阿拉斯加地区受气候变化的影响，并希望增进对北极变化及其全球后果的了解。为加强对北极科学的支持、推进国际研究工作，2016年9月，美国政府在华盛顿举办了首次北极科学部长会议，这次会议汇集了24个政府的科学部长、欧盟代表和来自北极原住民组织的代表，他们的讨论聚焦于加强北极国际科学合作的集体行动。作为第一届会议的推进与延续，第二届北极科学部长会议于2018年10月在柏林举行，由德国、芬兰和欧盟其他国家共同举办，出席的代表包括8个北极国家的部长，奥地利、比利时、中国、法国、德国、意大利、日本、韩国、荷兰、波兰、葡萄牙、新加坡、西班牙、瑞士、英国的部长和欧盟代表，以及6个北极原住民组织的代表。会议各方签署和发布了联合声明，为加强北极研究做了许多大胆而明确的承诺。第三届北极科学部长会议将在日本举行，由日本

---

① Juliana D'Andrilli, "Where the poles come together: Polar 2018 Joint Open Science Conference," *Limnology and oceanography Bulletin*, Vol. 27 Number 4, November 2018.

和冰岛共同举办。北极科学部长会议的召开体现了国际社会加强北极科学合作的共识，有利于推进各国联合开展科学研究、提升国际北极科学研究的水平。

三 北极科学研究取得的进展及其政策影响

在北极科学合作组织的推动下，国际北极科学的研究力量得到一定程度的集中和协调，国际北极科学研究取得重要进展。根据北极科学部长会议发布的最新报告，近两年北极科学研究在以下三个重要领域取得了显著进步。①

第一，加强、整合和维持北极观测，便利北极数据的获取和北极研究基础设施的共享使用。研究和观测对于预测北极变化的演变及其对区域乃至全球范围的影响至关重要，然而北极是一个复杂的系统，它地域辽阔、人口密度低和自然条件极端，实现对北极的监测仍然是一个重大挑战。国际社会为建设北极综合观测系统做了多方努力，例如，召开北极观测峰会（Arctic Observing Summit），制定北极观测评估框架，将区域性的观测计划持续推进并带来了重要发现［如分布式生物观测站以及斯瓦尔巴综合北极地球观测系统（SIOS）］，多个国家实施了北极观测和监测的重大计划，国家层面的监测和观测计划也明显增长，社区观测和培训活动也日益活跃。极地科学观测与太空机构的合作也在加强，欧洲航天局建立了极地项目利用平台，美国、德国、加拿大新近的卫星发射计划中均有涉及极地海冰、冰盖监测的内容。相关国家加强新的观测技术和方法的合作，开发新的网络基础设施，提升数据访问和分享。

第二，提高预测能力和技术，不断提升对北极变化的区域和全球机理的了解。为了提升和改善对北极变化的预测，国际科学界正在推进几个重要的

① Co-operation in Arctic Science-Challenges and Joint Actions, report of the 2nd Arctic Science Ministerial, October 2018.

国际项目。国际多学科北极气候漂移观测站（MOSAiC）是首个全年在北极中部进行的考察活动，重点探讨耦合气候系统的作用机制，并调查北冰洋的冬季环境条件，目标是改进区域和全球气候模型以及天气预报模型。欧盟、加拿大、韩国等组织和国家也实施了观测、预报和研究计划，开展对北极海冰变化、海洋和陆地生态系统、永久冻土和温室气体、冰盖和海平面变化等问题的研究，提升对北极变化的理解。近期，随着各国在北极的经济利益不断提升，北极社会经济驱动力的研究也成为北极科学研究的重要领域。例如，格陵兰建立了北极油气研究中心，以格陵兰为重点，研究北极油气活动的社会和经济影响，韩国正在规划一个关于 2020 年北极可达性和一般资源开发潜力的新项目。

第三，评估北极生态系统的脆弱性，建立北极环境和社会的复原力。北极气候变化使北极生态系统和居民的生活面临诸多风险，例如持久性有机污染物、汞、黑炭、微塑料等污染风险，由于海洋商业鱼类数量和生境变化引发的粮食安全风险，海上交通安全风险，以及北极环境下的一些特殊灾害风险。许多国家都有项目来帮助确定这些风险并制订计划来应对潜在的破坏性影响，努力将气候和全球变化的影响最小化。除此之外，因纽特、萨米等原住民群体正在积极努力制定战略和制度，以帮助当地居民适应迅速变化的北极环境，保护北极居民的健康和福祉。针对在北极许多地区存在的通信和能源可持续利用技术不足的情况，美国、挪威等国的相关机构在努力确定存在的问题和需求，研究改善北极可持续性的新技术，提升北极地区的可持续发展能力。在提升公共认知和吸纳原住民参与方面，许多组织、机构和国家开展的科学会议和交流活动都在分享有关北极地区的信息，提高国际社会对北极地区的了解，北极政策讨论日益重要和透明开放，许多国家正在制定和更新北极计划，并在科学研究开展过程中积极纳入原住民的参与，尊重原住民知识。

北极科学研究成果能够为制定北极管理政策、实现北极地区善治提供科学基础，北极气候变化及其环境影响的研究正在深刻影响着北极治理的议题设定、政策制定和实际行动。2018 年度的北极报告（Arctic Report Card 2018）在华盛顿发布，报告经同行评议，由来自 12 个国家的 81 位科学家的研究成果汇编而成，报告的结论显示北极持续变暖的影响继续加剧，北极大气和海洋的持续变暖正推动着环境系统的广泛变化。气温方面，北极地表气温继续以全球平均气温 2 倍的速度升温，过去 5 年（2014～2018 年）北极气温超过了 1900 年以来的所有记录，2018 年北极平均年气温比长期平均气温高 1.7°C，是 1900 年以来第二高气温，仅次于 2016 年的最高气温。海冰覆盖方面，卫星记录中最低的 12 个区域发生在过去 12 年。2018 年，北极海冰比过去更年轻、更薄、覆盖面积更小，老冰占海冰的不到 1%，而在1985 年，16% 的海冰仍属于多年厚冰。海冰面积的缩小又给海洋生态系统带来其他方面的影响，以白令海地区为例，2017～2018 年该海域整个冰期的海冰面积创下历史新低，受其影响，该海域 2018 年的海洋初级生产力水平有时比正常水平高出 500%。① 海域生态系统变化的研究引发了国际社会对北冰洋公海海域鱼类种群可持续发展的关注。

北冰洋沿海五国早在 2015 年 7 月就签署了共同宣言，呼吁预防在北冰洋的中央区域进行无管制的公海捕鱼活动，经过多轮磋商，2018 年 10 月，5 个北冰洋沿岸国连同 5 个大型渔业国家及合作伙伴（欧盟、冰岛、中国、日本、韩国）共同签署了《预防中北冰洋不管制公海渔业协定》。② 这一协定覆盖了 280 万平方公里海域，填补了北极渔业治理的空白。③ 当前北极环境的急剧变化具有不确定性，人类对北极海洋环境及正在发生的变化的了解和认知不足，为确保对海洋生态系统和鱼类种群的养护和可持续利用，各国在公海捕鱼问题上采取预防性做法，在商业捕鱼尚不可行的情况下就提前适用预防性养护和管理措施，并配合动态审查机制，以获得最佳科学信息。当前阶段，对北极海洋生物资源及其所处生态系统的知识是北冰洋公海区域渔业养护和管理的基础，因此为提升相关科学认识，协议要求缔约方便利科学

---

① Arctic Report Card：Update for 2018，https：//arctic. noaa. gov/Report-Card/Report-Card-2018.
② 相关国际公约文本从中华人民共和国条约数据库获取，http：//treaty. mfa. gov. cn/Treaty/ web/detail1. jsp？objid＝1545033178819。
③ 《一纸协议，280 万平米，保护北极海洋生态系统揭开新篇章》，http：//www. sohu. com/a/ 258433344_168841。

活动中的合作，在协议生效后两年内制定联合科学研究和监测的计划，这一联合计划的内容还包括通过一项数据共享协议，直接或间接地通过相关组织机构和项目分享数据，至少每两年召开一次联合科学会议。

四　《加强北极国际科学合作协定》生效

除了在既有国际组织框架内开展的国际性北极科学合作之外，近年来区域性的北极科学合作也出现重要发展，最突出的成果是《加强北极国际科学合作协定》的签署和生效，这是北极理事会框架下北极国家签署的第三个具有法律拘束力的国际协定。这一协定为北极国家间的北极科学合作建立了制度框架，提出了许多加强北极科学合作的实质性措施，是落实国际法上促进海洋科学研究国际合作的原则性规定的重要实践，对推进国际科学合作具有示范作用。此外，协议在美俄两国关系相对恶化的国际形势下成功签署，体现了北极国家在北极问题上加强合作的意愿和共识，具有重要的政治意义。

《加强北极国际科学合作协定》的签署有其制度背景。虽然北冰洋中央海域及海底仍存在一定范围的公海海域和小范围的国际海底区域，但北冰洋沿岸国在北冰洋海域普遍主张 12 海里领海、200 海里宽度的管辖海域，以及广阔的大陆架，加拿大和俄罗斯还在其北冰洋沿岸群岛和岛屿周边划定了管辖水域，对船舶通行实施内水化管理。根据 1982 年《联合国海洋法公约》的规定，外国船舶必须经沿海国的同意，才能在一国内水、领海和专属经济区内开展海洋科学研究。为便利北极科学研究活动的高效开展，提高北极科学知识生产的效率，北极国家作出方便人员、设备的流动以及基础设施、数据信息共享使用等的互惠承诺，2017 年 5 月在第十届北极理事会部长级会议上签署了《加强北极国际科学合作协定》①，2018 年 5 月 23 日该协

---

① "Agreement on Enhancing International Arctic Scientific Cooperation," https：//oaarchive. arctic-council. org/handle/11374/1916.

定正式生效。

为了实现促进科学合作的目标，缔约方在多个方面做出了安排，主要包含以下几个方面。1. 人员、装备和材料的进出：各方承诺尽最大努力方便人员、研究平台、材料、样本、数据和设备根据需要进出其领土。2. 获取研究所需的基础设施和设备：尽最大努力让参与者方便获取和使用其国家民用研究基础设施、设备，以及设备和材料运输和储存等后勤服务，以便在协定规定的地理区域内进行科学活动。3. 进入研究领域：缔约各方应根据国际法，为参与者进入所确定的地理区域内的陆地、海岸、大气和海洋地区提供方便，以进行科学活动；按照 1982 年《联合国海洋法公约》的规定，便利处理根据本协定进行海洋科学研究的申请；促进需要在确定的地理区域内以航空方式收集科学数据的联合科学活动，并须遵守缔约方或参与者之间就这些活动缔结的具体执行协定或安排。4. 数据访问：各方应便利获取与协议项下科学活动有关的科学信息；应支持对科学元数据的全面开放访问，并应鼓励以最小延迟开放访问科学数据、数据产品以及发布结果，最好是在线免费访问或不超过复制和传送成本；根据普遍接受的标准、格式、协议和报告，酌情并在切实可行的范围内，促进科学数据和元数据的分发和共享。5. 传统和当地知识：各方应鼓励参与者在规划和开展科学活动时酌情利用传统和当地知识；酌情鼓励传统知识和当地知识的持有者与科学活动参与者之间进行交流；酌情鼓励传统知识和当地知识的持有者参加本协定规定的科学活动。6. 教育、职业发展和培训机会：各方应提供机会，使各阶段学生和早期职业科学家能够参与科学活动以培养未来的研究人员，增强学习北极知识和专门知识的能力。

《加强北极国际科学合作协定》是对《联合国海洋法公约》等国际条约关于促进科学研究合作原则和规则的实践。作为全球气候系统运转的巨大冷源之一，北极地区是全球气候变化的预警系统和主要作用地区，气候变化对北极地区乃至全球都有深刻影响，北极地区是开展气候变化等重大科学研究课题的战略要地。鉴于北极科学研究的重要意义，有必要建立能够促进北极科学研究的北极科学研究与合作机制。这一努力可追溯到 2013 年的北极理

事会第 8 次部长级会议，会议授权设立一个专门的任务组，研究并改进 8 个北极国家之间的科学研究合作。经过几年的努力，2017 年 5 月 11 日在阿拉斯加菲尔班克斯举行的第 10 次部长级会议上，北极八国一致签署了《加强北极国际科学合作协定》。该协定规定了便利北极科学活动跨境开展的实质性互惠措施，将北极国家之间的北极科学研究合作提升到一个新的高度，对提升北极科学知识生产的效率、增进国际社会对北极的科学认知具有重要的促进作用。

目前该协定已正式生效，接下来的重点是实施问题。从协定条款的内容来看，合作协定更像一个框架性协议，在实施的过程中仍需要对许多问题作出进一步细化规定。协定在第 3 条中就明确规定：在适当情况下，本协定项下的合作活动应根据双方或参与者之间就其活动缔结的具体执行协定或安排进行，特别是为这些活动筹措资金，使用科学和研究成果、设施和设备，以及解决争端。此外，与科学活动相关的知识产权问题如何处理也有待具体磋商确定。合作协定第 3 条后半段对知识产权问题做了原则性安排：按照适用的法律规章和国际义务等规定，确保实施充分有效的知识产权保护以及在相关各方间公平分配知识产权。然而，知识产权问题一直都是较为敏感的议题，实现科学信息的及时、开放、免费分享必然会对现有知识产权保护制度造成冲击，如何进行制度调整与协调，开展联合科学研究也涉及知识产权的公平分配问题，这些具体问题有待相关方磋商制定专门的执行协议或安排来处理。除上述事项需要进一步磋商以外，合作协定已经列明的义务性条款也存在实施的问题，一个机制的建立与运行需要资本、技术和人力的投入，制度实施情况必然受到资源和财政预算的限制，协定中义务规则的表述多使用"尽最大努力便利""便利""支持"等词语表达，并没有对具体制度进行硬性的规定，这就给各缔约方根据各自的情况选择实施方案提供了灵活的空间，协定中也明确认可了执行视有关资源的供应情况而定。此外，协定的实施还要受到现行法律制度的制约，按照适用的国际法和有关各方适用的（包括地方性）法律、法规、程序和政策进行。目前，8 个北极国家已建立了由"国家主管部门"组成的联络网，促进执行与协调。2019 年 3 月丹麦组织了首次实施会议，在此之前还开展了公开的在线调查，以收集和了解相关机构和人员进入北极地区开展科学活动面临的困难等信息，以便更有针对性地促进协议的实施。

五　中国北极科学考察和研究实践

北极气候和环境变化的影响不限于北极地区内部，通过地球系统的相互作用也在对北极域外国家和地区产生广泛和深刻的影响。2018 年 1 月，中国国务院发布的《中国的北极政策》白皮书中就指出，"北极的自然状况及其变化对中国的气候和生态环境有直接影响，进而关系到中国在农业、林业、渔业、海洋等领域的经济利益。"认识北极是保护北极、利用北极和参与治理北极的基础，因而被置于我国北极政策目标的首位，是我国开展北极活动的优先方向和重点领域。

依据适用于北极的国际公约和一般国际法，中国享有在北极地区开展科学考察活动的合法权利。我国积极推动北极科学考察和研究，在国际法框架内开展北极科学考察，尊重北极国家对其国家管辖范围内北极科考活动的专属管辖权，并积极与北极域内外国家开展北极合作。作为《联合国海洋法公约》的缔约国，中国享有公约所赋予的科学考察权益、航道权益、资源权益和环境权益。[①] 具体到海洋科学研究，中国在不同海域内开展海洋科学研究的自由度又有所不同，中国有权在公海和国际海底区域内进行海洋科学研究，而在沿海国专属经济区和大陆架区域内开展科学研究活动，则须向沿海国提出申请，取得沿海国同意。此外，中国加入了《斯匹次卑尔根群岛条约》，条约赋予各缔约国国民自由进入斯瓦尔巴群岛及其领海水域、峡湾和港口的权利，且该条约平等地适用于各缔约国的国民。作为缔约国，中国国民有权自由进入斯瓦尔巴群岛及其周边水域，开展科学和经济活动。

---

① 中国在北极的权益空间及法律保障具体内容参见刘惠荣、董跃《海洋法视角下的北极法律问题研究》，中国政法大学出版社，2012。

由于北冰洋沿岸的大陆和岛屿均有主权归属，中国的北极科学考察主要是以船为依托开展北冰洋考察，并集中在北冰洋公海海域，对于沿海国主张管辖的海域，我国科学家多通过双边或多边合作模式开展联合科学调查。1999 年至 2018 年，中国以"雪龙"号科考船为平台已经成功完成九次北极科学考察任务。其中，第九次科学考察历时 69 天，考察队先后在白令海、楚科奇海、加拿大海盆及北冰洋中心区域开展了基础环境、海底地形、生态、渔业、海冰和航道等调查，实施了 88 个海洋综合站位和 10 个冰站的考察。① 值得一提的是，这次考察与国际北极漂流冰站计划（MOSAiC）和国际极地预报年（YOPP）等国际大型极地考察和研究计划相配合，大气探空、海冰物质平衡和上层海洋剖面等观测数据将与国际计划实现融合和共享，大气探空观测数据准实时发送至国际气象组织（WMO）的 GTS 系统，实现全球共享。② 与沿海国合作方面，2018 年，由中国国家海洋试点实验室联合俄罗斯科学院太平洋海洋研究所组织的第二次中俄北极联合科学考察活动，从俄罗斯符拉迪沃斯托克港起航，穿越日本海、鄂霍次克海、白令海，进入俄罗斯所属的楚科奇海、东西伯利亚海和拉普捷夫海，开展了海洋多学科综合科学考察。③ 开展北极科学考察，是行使我国航行权及科学考察权利的表现，中国的北极科学考察也对国际北极科学研究作出积极的贡献。

为了加强对北极地质、冰川、冻土调查以及陆基支撑的各种观测研究，依托《斯匹次卑尔根群岛条约》的授权，我国于 2004 年在斯瓦尔巴群岛的新奥尔松地区建成北极黄河综合考察站，为我国开展北极冰川观测、高空大气物理观测等多学科综合性研究提供了重要平台，也对全球北极观测和研究作出了贡献。2018 年 10 月 18 日，中国－冰岛北极科学考察站在冰岛北部正式启用，这是我国继黄河站外又一个综合研究基地，是落实 2012 年中冰

① 《中国第 9 次北极科学考察取得多项突破性成果》，中国新闻网，http：//www. chinanews. com/gn/2018/09－26/8636804. shtml。

② 《中国第 9 次北极科学考察取得多项突破性成果》，中国新闻网，http：//www. chinanews. com/gn/2018/09－26/8636804. shtml。

③ 《中俄北极联合科学考察再起航》，http：//www. oceanol. com/content/201809/26/c81342. html。

政府间北极合作框架协议的重要行动。考察站由中冰共两国同筹建，能够开展极光观测、大气监测、冰川、遥感等研究，部分建筑改造后还可扩展到海洋、地球物理、生物等学科的观测研究。① 与我国在南极建立的四个科学考察站以及位于斯瓦尔巴群岛上的北极黄河考察站不同，刚刚运行使用的中冰北极考察站是我国与冰岛联合建立使用，与此前独立建站的模式不同。这种合作模式的选择是国际法的必然要求，依据《斯匹次卑尔根群岛条约》的特别规定，我国可以在斯瓦尔巴群岛上建立科学考察站开展北极科学考察，除此之外，我国进入其他北极陆地区域、建立新的考察站须经主权所属国家的同意，在实践中通常以双边合作的方式实现。由此可见，在现有的法律框架下，北极国家具有天然的地缘优势，能够更便利地开展北极科学考察和研究，域外国家在北极地区开展北极科学考察在很大程度上需要北极国家的支持。

除地缘因素外，现有的北极治理机制及科学制度也会影响我国实际参与北极科学研究的活动空间，在北极理事会等区域治理机制的框架下，北极国家享有北极事务治理和决策上的优势地位，由于北极治理与北极科学紧密相连，这种制度性优势同样扩展到北极科学考察与合作领域。已生效的《加强国际北极科学合作协议》的互惠安排只适用于拥有北极领土的八个北极国家，协议对缔约方（八个北极国家）与非缔约方（也即非北极国家）之间的合作，并没有做硬性规定或使用"鼓励""建议"等积极表述，体现了北极国家在此问题上的态度。有学者认为该协议的签署体现了北极国家"内部开放、合作排外"的倾向，担忧这种针对域外国家的制度性歧视会使北极国家取得相对于域外国家的科学垄断权，提高非北极国家深化北极科研的制度门槛。②

面对这种形势，我国积极拓展北极科学考察的可行途径，维护和行使我国的北极科考权。2018 年 6 月 8 日，第三轮中日韩北极事务高级别对话

① 《我国第二个北极科学考察站来啦！中－冰北极科学考察站正式运行》，http：//www.sohu.com/a/270388506_726570。
② 肖洋：《北极科学合作：制度歧视与垄断生成》，《国际论坛》2019 年第 1 期，第 107～111 页。

在上海举行，并发表联合声明，指出三方将促进科学研究作为三国合作的优先领域，支持就北极考察情况加强信息交流，并鼓励数据共享和进一步实施联合考察。① 2018年4月，中国科学院遥感地球所和芬兰气象研究所签订北极空间观测联合研究合作协议，双方将在芬兰拉普兰省的索丹屈莱（Sodankyla）联合共建"北极空间观测和信息服务联合研究中心"，基于中欧卫星监测数据及中芬研发能力，为高寒区的观测和科学研究提供国际性开放合作平台，提供北极地区的信息用于气候研究、环境监测和业务活动，包括在北极海域的航行。② 通过与域外国家开展北极科学合作以及与单个北极国家开展双边合作，可以有效突破我国在多边平台参与北极科学合作的局限，提升我国参与北极科学研究的水平和深度，增强我国在北极科技领域的竞争力及相应话语权。

---

① 《第三轮中日韩北极事务高级别对话联合声明》，http：//world. people. com. cn/n1/2018/0608/c1002 - 30046998. html。

② 《中芬签订北极空间观测联合研究中心合作协议》，http：//www. radi. cas. cn/dtxw/rdxw/201804/t20180417_4997963. html。

B.9
北极海洋空间规划现状研究

唐泓淏　余　静[*]

摘　要： 海洋空间规划（Marine Spatial Planning，简称 MSP）是通过分析、规划海域内人类活动的时间和空间分布，在保护生态环境的基础上，兼顾社会目标和经济目标，并由政治程序加以确定的公众过程，现已成为实现海洋综合管理的重要工具。[①] 近年来，随着气候变化加剧和极地人类活动的增多，北极海域的生态环境保护和人类利用活动之间的矛盾逐渐显现，在北极地区制定海洋空间规划、有效管理极地人类活动成为极地环境保护与可持续开发利用的迫切需求。本文通过梳理北极地区的主要价值、区域政治环境和典型国家极地战略，全面分析北极地区海洋空间规划的背景，对北极地区现有的海洋空间规划实践案例进行分析，对与海洋空间规划相关的规划工作进行整理，最后根据极地海洋空间规划现状，展望研究制定北极海洋空间规划的设想。

关键词： 北极　海洋空间规划　海洋保护与利用

---

[*] 唐泓淏，男，中国海洋大学海洋与大气学院博士研究生；余静，女，中国海洋大学海洋与大气学院副教授。
[①] 张翼飞、马学广：《海洋空间规划的实现及其研究动态》，《浙江海洋学院学报》（人文科学版）2017 年第 3 期，第 17~26 页。

一　北极海洋空间规划背景

（一）北极地区的主要价值

1. 航运价值

北极地区是全球气候变化影响最为敏感的区域之一，近年来，北冰洋海冰季节性消融呈现范围扩大的趋势，其中厚冰和老冰的消失速度加快，这为北极航道开发提供了前所未有的机遇。目前北极航道主要包括三条：第一条为东北航道，西起北欧的冰岛、挪威等国海域，经过挪威海、巴伦支海，沿俄罗斯北部的喀拉海、拉普捷夫海、东西伯利亚海、楚科奇海，通过白令海峡与西北太平洋沿岸连接；第二条为西北航道，东起巴芬湾，向西经加拿大北极群岛海域，通过波弗特海，穿过白令海峡与太平洋相连；第三条为穿越北冰洋中央海域，连接太平洋与大西洋北部的北极穿极航道。国内学者指出，北极航道是当今经济全球化、政治多极化和气候变化大趋势下出现的重大机遇，具有较高战略价值。[1] 其价值主要在于：大大缩减了地区间的航程、降低了海运成本，为极地科学考察提供航运路线，为北极资源的开发利用提供了航运保障。

2. 资源价值

北极地区的自然资源种类众多、储量可观，其中既有不可再生的油气资源与金属矿产资源，又有可再生的生物资源和能源。据统计，人类目前尚未探明的石油和天然气资源中大约有 1/4 分布在北极地区，原油储量大概有 2500 亿桶，相当于目前被确认的世界原油储量的 1/4，天然气储量估计为 80 万亿立方米，相当于全球天然气储量的 45%，[2] 其中大部分位于离岸 300~500 海里的大陆架海域。北冰洋深海沉积物中还贮藏着丰富的天然气水合

---

①　张侠、杨惠根、王洛：《我国北极航道开拓的战略选择初探》，《极地研究》2016 年第 2 期，第 267~276 页。

②　李振福：《中国面对开辟北极航线的机遇与挑战》，《港口经济》2009 年第 4 期，第 31~34 页。

物。北极海洋生物资源中，渔业资源地位极为重要，北极的经济鱼类主要包括鳕鱼、鲱鱼、鲽鱼、北极鲑鱼等，鱼类资源丰富多样，以北极鲑鱼和鳕鱼最为丰富。[①] 目前北极和周边海域的捕捞量已超过全球海洋渔业捕捞量的10%。此外，北极海域蕴藏着丰富的海洋能资源，挪威、加拿大等国近年来也在北冰洋沿岸海域开展了海上可再生能源（主要为风能）的资源评估和商业开发活动。

3. 生物多样性与科研价值

北极地区拥有超过21000种已知的哺乳动物、鸟类、鱼类、无脊椎动物、植物、真菌，以及微生物，生物多样性价值突出。此外，北极地区还拥有多种海洋、淡水和陆域生物栖息地，全球超过50%的湿地生境分布在北极和亚北极地区。极端的气候和环境条件使人类对北极地区的影响维持在较低水平，但近年来气候变化和人类对北极资源的需求日益增长使得北极的生物多样性面临威胁。[②] 北极地区位于高纬度的严寒区域，最先受到气候变化的影响，也是受海洋酸化影响较为严重的区域之一。同时，极地的变化对于地球系统也产生了巨大影响，因而对极地的气象、海洋、生物的观测、监测和科学研究具有重要意义。此外，极地特殊的环境条件还为大气观测、空间物理研究等科学活动提供了良好的场所。

（二）北极地区政治环境

从地区管理模式来看，北极地区仍然执行着"碎片式"的管理模式，即由各个北极国家和少数的国际组织来管理北极事务，且对北极事务的管理也并不全面。在北极事务上最有国际影响力的组织是北极理事会（Arctic Council）。北极理事会于1996年在加拿大渥太华成立，其性质是促进北极国家、北极原住民社区和其他北极居民就北极共同问题进行合作、交流、协

---

① 高科：《中国需要自己的北极战略》，载中国海洋学会编《"一带一路"战略与海洋科技创新——中国海洋学会2015年学术论文集》，中国海洋学会，2015，第7页。

② https：//www. arctic-council. org/index. php/en/our-work/biodiversity，最后访问日期：2018年10月31日。

商的政府间论坛，重点关注北极地区的可持续发展和环境保护问题。环北极八国①是北极理事会的初始成员国。2013 年 5 月 15 日，中国成为北极理事会正式观察员国。② 北极理事会最初只是不具有法律约束力的北极事务国际合作的政府间论坛，但在 2011~2017 年，北极理事会连续颁布了《北极海空搜救合作协定》《北极海洋油污预防与反应合作协定》《加强北极国际科学合作协定》。这些拥有法律约束力的政策文件的出台，为北极地区的航运、治理污染和科学合作提供了法律保障，北极理事会逐渐成为北极区域合作的核心机构。③ 此外，国际海事组织和一些非政府组织也在北极区域管理和国际合作中发挥了重要作用。

目前，各国在北极地区的利益争夺加剧，在处理北极事务上各国依然各行其是，其北极管理的政策和制度往往不连贯、不协调。北极国际合作的范围仅限于海空搜救、污染治理等领域，依靠有限的国际协定来确保实施，而在北极航道治理、资源开发利用、生物多样性保护等关键领域还缺乏持续性的国际合作制度。

随着气候变化对北极地区的影响加剧，海洋酸化、海洋污染等问题不断威胁着北极海洋生物多样性安全，不断增长的北极资源开发和航道利用需求也为北极国际合作提出了新的挑战。这些问题并非某一国家或国际组织可以独自应对的，也并非可以通过单一部门的管理手段来解决，必须通过综合性的海洋空间规划来对北极区域的人类活动进行基于生态系统的管理。随着国际社会对北极区域在全球环境气候变化中的认识进一步提升，加强北极环境保护与区域合作逐渐成为日益强烈的普遍共识。随着北极区域合作逐渐取得了一些实质性进展，各国在北极地区的合作意向占据主导地位，这也为北极的国际海洋空间规划提供了有利的政治环境。

---

① 包括美国、加拿大、俄罗斯、丹麦、挪威、冰岛、芬兰、瑞典。

② 曾韬：《北极争端与中国参与北极事务途径的探究》，硕士学位论文，上海海洋大学，2015。

③ 夏立平、谢茜：《北极区域合作机制与"冰上丝绸之路"》，《同济大学学报》（社会科学版）2018 年第 4 期，第 48~59、124 页。

二 北极海洋空间规划现状

海洋空间规划是实现海洋综合管理的重要工具，北极海域拥有航运、资源、科研等多方面的重要价值，同时又是最容易受到全球气候变化影响的区域之一，因而在北极实施海洋空间规划，对北极海洋空间内的人类活动进行综合有效的管理，是北极国家乃至国际社会强化北极海洋生态环境保护、可持续利用北极海洋资源的重要途径。环北极国家大多已在其管辖海域内开启了海洋空间规划进程，以北极理事会为代表的国际组织在北极生物多样性保护、北极航道规划等方面的工作也为北极国际海洋空间规划的建立奠定了基础。

（一）北极国家海洋空间规划现状

在环北极国家中，挪威、丹麦、冰岛、俄罗斯、美国和加拿大6国在北极地区拥有领海或专属经济区海域。近年来，为实现保护海洋生态系统健康、协调用海冲突、促进海洋的可持续利用等目标，已有多个国家开启了北极海洋空间规划进程（见表1）。挪威早在2002年就开始了北极海洋空间规划的制定进程，并于2006年发布了巴伦支海－罗弗敦地区综合管理计划（Integrated Management Plan for the Barents Sea-Lofoten Area），成为最早在北极地区建立海洋空间规划的国家。随后，挪威议会在2009年通过挪威海综合管理计划（Integrated Management Plan for the Norwegian Sea），实现了海洋空间规划在挪威北极管辖海域内的全覆盖。波弗特海是加拿大五大海洋管理区（Large Ocean Management Areas）之一，面积达1750000平方公里，2009年加拿大波弗特海洋规划办公室发布波弗特海海洋综合管理计划（Integrated Ocean Management Plan for the Beaufort Sea，简称IOMP），该计划推荐在未来通过海洋空间规划来管理波弗特海。丹麦和冰岛分别通过立法和制定国家战略来为海洋空间规划提供框架和背景，俄罗斯在北极地区的海洋空间规划也

进入规划分析阶段。美国虽计划在阿拉斯加－北极管理区域内的专属经济区海域实施海洋空间规划，但其规划进程尚未开始。①

表1 环北极国家海洋空间规划现状一览

国家	海洋空间规划状况	规划名称	海洋空间规划阶段
挪威	已在巴伦支海和挪威海两大北极海区内建立起海洋空间规划	巴伦支海－罗弗敦地区综合管理计划（2006年）	规划实施和修订阶段
		挪威海综合管理计划（2009年）	规划实施阶段
加拿大	已在波弗特海大海洋管理区建立起高层次计划	波弗特海洋综合管理计划（2009年）	规划分析阶段
美国	计划在阿拉斯加－北极管理区域内专属经济区海域建立海洋空间规划	—	规划尚未开始
丹麦	丹麦议会已通过《海洋空间规划法》，为北极海域MSP制定了框架	—	规划准备阶段
俄罗斯	计划在北极地区制定海洋空间规划	—	规划分析阶段
冰岛	已制定冰岛国家规划战略（2015—2026年），为MSP提供了基础	—	规划分析阶段

1. 巴伦支海－罗弗敦地区综合管理计划

（1）第一轮海洋空间规划

2002～2006年，挪威在巴伦支海－罗弗敦地区这一较为完整的生态区域内开展了海洋环境综合管理计划的制定工作，并于2006年经挪威议会批准发布了第一份海洋空间规划白皮书——《巴伦支海和罗弗敦群岛海域海洋环境的综合管理》。② 这是挪威政府制定的首个海域管理计划，也是挪威在其海域内进行基于生态系统的管理（ecosystem-based management）实践的

---

① 唐泓淏：《北极海洋空间规划：现状和发展趋势》，《中国海洋大学学报》（社会科学版）2018年（增刊），第96～100页。

② Report No. 8 to the Storting（2005－2006），Integrated Management of the Marine Environment of the Barents Sea and the Sea Areas off the Lofoten Islands，https：//www. regjeringen. no/globalassets/upload/md/vedlegg/stm－200520060008en_pdf. pdf，最后访问日期：2018年10月31日。

里程碑。

该白皮书指出，巴伦支海－罗弗敦地区综合管理计划（以下简称计划）的范围覆盖了面积超过 140 万平方公里的领海基线 1 海里外的挪威领海和专属经济区海域，其中还包括斯瓦尔巴群岛周围的渔业保护区。在该计划中，一些特定区域内的人类活动受到了严格管理，如对海域内的航道进行重新规划，在敏感区域内限制拖网捕捞，以及在部分海域内限制石油开发活动。根据基于生态系统的管理的国际准则，该计划为管理区域内的主要人类活动（油气工业、渔业和航运）制定了总体框架，以确保巴伦支海－罗弗敦地区海洋生态系统的健康和可持续生产。该计划是基于对人类活动的当前和预测影响以及它们之间的相互作用的评估，同时考虑到生态系统现状和动态知识的不足而制定的。该计划为实现整体的基于生态系统的管理而制定的主要措施包括：

实施基于区域的管理，海域内的活动和措施都要以保护海洋生态系统和环境质量为前提；

保护最有价值和脆弱的区域免受负面影响，尤其是石油污染的威胁；

减少海域的长期污染；

加强渔业管理；

通过协调和系统性的环境监测确保海洋环境的健康发展；

加强海域调查和科学研究，为规划的知识和数据基础提供保障。[①]

对海域现状进行系统辨识和评估是海洋空间规划的重要前期工作，巴伦支海－罗弗敦地区综合管理计划首先就对海域现状进行了全面的分析，包括海域内的生态系统、特别有价值和脆弱的区域（particularly valuable and vulnerable areas）、水下文化遗迹、可创造价值的海洋资源、社会经济条件五个方面的内容。该计划基于区域的管理主要体现在创造性地提出特别有价值和脆弱的区域这一概念，并从生态学和人类学角度进行了区域识别，同时对这些区域的生态和资源现状进行了重点分析。科学评估表明，这些区域对整

---

① Integrated Management of the Marine Environment of the Barents Sea and the Sea Areas off the Lofoten Islands （management plan），http：//www. iho. int/mtg ＿ docs/rhc/NSHC/NSHC27/NSHC27＿ ENF2＿ NO. pdf，最后访问日期：2018 年 10 月 31 日。

个巴伦支海－罗弗敦地区的生物多样性和生物生产都极为重要，且受到的不利影响可能是持续且不可逆转的。根据选定的价值和脆弱性标准，计划划定了四类特别有价值和脆弱的区域的大致范围，分别为边缘冰区（marginal ice zone）、极锋区（polar front）、挪威北部近岸海区和斯瓦尔巴群岛周边海区。在计划覆盖的海域范围内，可创造价值的资源主要为海洋生物资源、石油资源、自然环境（价值创造的基础）三类。计划同时对现行管理体制的主要内容进行了梳理，包括海域内最主要的人类活动——渔业、石油开发活动、航运的管理框架，以及对海洋保护区和濒危物种、脆弱性物种的管理现状。

基于对海域现状和现行管理体制的分析，计划对巴伦支海－罗弗敦地区进行了环境压力和影响的评估，分别对渔业、油气产业、航运的环境影响和压力进行了分析。此外，计划还评估了海域的外部环境压力、总体环境压力和影响。评估中重点关注的压力受体和影响对象包括海洋初级和次级生产力、底栖生物种群、经济鱼类物种、海鸟、海洋哺乳动物和生物多样性等。对于海域内两项重要的人类活动——航运和石油开发活动，计划对其进行了必要的风险评估，作为支持风险管理决策的基础。

计划将预防和减少巴伦支海－罗弗敦地区的石油污染并保护海域内生物多样性安全作为两个重要目标，制定了八个方面的管理措施，包括：预防严重石油污染，减少长期跨界污染，基于生态系统的海洋生物资源获取，治理非法、未登记和无管制海洋渔业，减少对底栖动物的无意影响，减少海鸟的无意捕获，加强外来物种管理，保护濒危和脆弱的物种及其栖息地。其中预防严重石油污染是计划中制定管理措施最全面的一项。随着俄罗斯西北部油气海上运输量的持续增加，其对巴伦支海－罗弗敦地区石油污染的威胁日益增加，计划提出了多项具体的航运管理措施，例如：加强海运数据库建设，建立更完善的航运统计系统；加强与俄罗斯的合作，分析和确定海域内船只运输的石油类型，并评估为各个石油类型建立数据库的必要性；在斯瓦尔巴群岛海洋保护区内，对载有重油的船舶进行通航限制；加强海域内气象观测站建设。此外，挪威政府为离岸 30 海里内的国际航运制定了新的强制性路线和交通隔离计划，并将其作为优先施行的政策。除了航运带来的污染威胁之外，挪威政府还必须面对油气开发活动增加所带来的威胁，在对特别有价值和脆弱的区域进行评估和严重石油污染风险评估的基础上，政府决定在这些区域内建立一个油气开发框架。油气开发框架对特别有价值和脆弱的区域内的油气开发活动进行了分区管理，分为禁止石油活动区域、禁止新的油气活动区域、禁止油气层勘探钻探区域。

（2）第二轮海洋空间规划

2006年《巴伦支海和罗弗敦群岛海域海洋环境的综合管理》评估了定期跟进和更新海洋空间规划的必要性，并决定于2010年首次对管理计划进行更新。2011年3月11日，挪威政府发布了计划的更新版本——《巴伦支海－罗弗敦群岛地区海洋环境综合管理计划的首次更新》[①]。

管理计划更新的依据是首版计划发布以来知识基础的扩展，由此进行了新数据和新知识的补充：于2005年开始开展的挪威 SEAPOP（Seabird Populations）海鸟监测计划提供了巴伦支海－罗弗敦地区海鸟分布的详细数据；通过协调监测方案，完善了海域内有害物质输入的信息；加强了对气候变化和海洋酸化的影响、规模、速度的研究；强化了数据库中巴伦支海－罗弗敦地区在经济方面的重要性和在生态系统服务价值中的地位；补充了评估事故风险和严重污染的影响所需的知识。

第二轮规划对海域环境状况进行了更为深入和系统的调查，重点补充了海域内海鸟和底栖生物群落的数据，为2006年管理计划中提出的特别有价值和脆弱的区域提供了有力的科学依据，证明了这些区域对整个巴伦支海－罗弗敦地区的生物多样性和生物生产的重要意义，例如这些区域的海水携带较高浓度的营养物质，具有较高的浮游植物含量，并可作为鱼类产卵场或鸟

---

① Meld. St. 10（2010－2011），First update of the Integrated Management Plan for the Marine Environment of the Barents Sea-Lofoten Area—Meld. St. 10（2010－2011）Report to the Storting（white paper），https：//www.regjeringen.no/en/dokumenter/meld.－st.－10－20102011/id635591/，最后访问日期：2018年10月31日。

类栖息地等。第二轮规划还将一些海床上分布有珊瑚礁群落和海绵群落的海域归类为特别有价值和脆弱的区域，以对这些稀有的生物群落和由其构成的重要生物栖息地提供必要的保护。根据2006年以来海域环境出现的新变化，尤其是海洋酸化和气候变化造成的海冰消融加剧情况，规划对海域内生态系统的不同组成成分（浮游生物、海底和底栖动物群落、鱼类、海鸟、海洋哺乳动物和北极熊、濒危物种和外来物种）进行了压力和影响的评估，并根据累积影响对2025年的生态系统状况进行了预测。2010年9月，挪威与俄罗斯正式签署在巴伦支海和北冰洋的海域划界与合作条约，第二轮规划也将海域环境调查的范围扩展至先前存在争议的北冰洋海区，并讨论了在未来重启该区域油气勘探的可能性。

随着挪威在其北极海域内发展海洋产业，更新的管理计划不再仅仅关注渔业、航运、油气开发三个传统的海洋行业，而是对新兴产业给予更多的重视：漫长而种类多样的海岸线为挪威海洋旅游业提供了巨大潜力，2009年挪威北极地区游客消费总额达到了190亿挪威克朗；海洋生物勘探（Marine bioprospecting，是对海洋生物组分、生物活性化合物和遗传物质进行系统和有针对性的搜索）也被挪威政府视为新的可持续创造价值的手段；挪威于2010年进行了近海可再生能源开发的适宜性评估，初步选定了发展海上风电的适宜区域。此外，第二轮规划以生态系统服务来描述海洋生态系统为人类提供的利益，但并未进行全面的服务价值计算。

为了保护和可持续利用海洋生态系统，第二轮规划提出了进一步的管理措施：要求政府对挪威海域进行一般性立法，限制拖网捕捞以保护海底珊瑚和海绵生物群落；进一步加强对重要海鸟种群的监测，了解种群衰退的原因；对油气活动进行环境影响评价，并更新了2006年管理计划提出的油气管理框架。为确保管理计划的有效实施，挪威成立了由环境部领导的部门间指导委员会进行协调工作，并成立了三个咨询小组来执行巴伦支海－罗弗敦地区管理计划（见图1）。

（3）第三轮海洋空间规划

2014～2015年，挪威对巴伦支海－罗弗敦地区管理计划进行了第二次

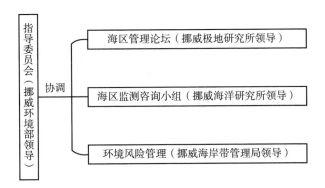

图1 巴伦支海-罗弗敦地区管理计划的行政框架

更新，并于2015年4月24日发布了新的海洋空间规划白皮书①。与第二轮规划相比，第三轮规划的更新范围更为有限，挪威政府将关注重点放到了巴伦支海-罗弗敦地区的北部（接近北极的部分，包括斯瓦尔巴群岛及其周边海域），这一区域受气候变化的影响最早，海冰面积的变化使航运、渔业和油气开发活动得以进入这一区域，这对挪威的海洋管理部门提出了新的要求。

在之前版本的管理计划中，计划使用1967~1989年的海冰卫星数据确定并描述了边缘冰区，然而近年来巴伦支海海冰面积的持续萎缩使得以往数据失去了时效性。在新版管理计划中，挪威政府根据1985~2014年的海冰数据更新了边缘冰区的范围，将其作为一个特别有价值和脆弱的区域，并对边缘冰区内的生态状况及变化趋势、海洋开发利用活动等进行了系统分析。

2. 挪威海综合管理计划

挪威政府在完成巴伦支海-罗弗敦地区管理计划之后，以其为蓝本制订了挪威海综合管理计划，于2009年5月由挪威议会批准施行，该管理计划覆盖面积接近120万平方千米，包括斯瓦尔巴群岛西侧的部分北极海域，该管理计划旨在保持该地区较高的环境价值，同时为挪威经济创造更多价值。

---

① Update of the integrated management plan for the Barents Sea-Lofoten area including an update of the delimitation of the marginal ice zone— Meld. St. 20（2014-2015）Report to the Storting（white paper），https：//www. regjeringen. no/en/dokumenter/meld. - st. - 20 - 20142015/id2408321/？q = marine%20spatial%20planning，最后访问日期：2018年10月31日。

这个管理计划的主要目的之一是促进海域内不同行业的共存。同一区域内相互竞争的海域用途，如渔业和油气工业之间，可能会产生直接的利益冲突，同时该管理计划还预测未来的发展项目，如海上风力发电，也可能带来新的利益冲突。这个管理计划进一步说明了如何施行减少利益冲突的海域发展进程。根据这个管理计划，挪威政府将以利益冲突最小化的方式来规划和开展挪威海的商业活动。为此，该管理计划为区域内的石油和天然气工业、渔业、海上交通运输业和自然环境保护制定了具体的管理行动，包括各类空间管理措施。① 与巴伦支海－罗弗敦地区综合管理计划类似，挪威海综合管理计划也划定了 11 个特别有价值和脆弱的区域，并通过保护珊瑚礁和其他海洋生境、建立海洋保护区、建立石油活动框架来实现海域的空间管理。2017 年 4 月 5 日，挪威发布挪威海综合管理计划的更新版本，重点关注了海域内的海洋垃圾和微塑料的分布、影响和信息需求，提出了新的海域管理措施②。

3. 波弗特海海洋综合管理计划

加拿大海洋行动计划（2005～2007 年）建立了五大海洋管理区（Large Ocean Management Areas），这是加拿大根据其国内的海洋法实施海洋综合管理的核心战略，其中就包括建立波弗特海大海洋管理区。

波弗特海是北冰洋边缘海，也是北冰洋西北航道必经之处，为了解波弗特大海洋管理区生态系统的现状和趋势，以确定人类活动对生态系统可能产生的影响，2008 年，加拿大发布了波弗特海的"生态系统概况和评估报告（EOAR）"，对候选区域用加拿大渔业和海洋部（Department of Fisheries and Oceans）开发的国家评估框架进行评估，在波弗特海确定了 32 个生态和生物重

---

① Integrated Management of the Marine Environment of the Norwegian Sea, http：//msp. ioc-unesco. org/world-applications/europe/norway/norwegian-sea/，最后访问日期：2018 年 10 月 31 日。

② Meld. St. 35（2016 – 2017）Update of the integrated management plan for the Norwegian Sea, https：//www. regjeringen. no/en/dokumenter/meld. – st. – 35 – 20162017/id2547988/sec1？ q = integrated% 20management – % 20plan% 20for% 20the% 20Norwegian% 20Sea，最后访问日期：2018 年 10 月 31 日。

要区域（Ecologically and Biologically Significant Areas，EBSAs）①。

2009 年，波弗特海海洋综合管理计划发布，该计划的目的是促进所有波弗特海洋资源使用者和管理者的统筹规划。虽然各地区部门仍将履行各自规定的职责，但计划规定了它们的共同责任：对波弗特海负责，并实现海域的可持续利用。当地社区的许多居民希望通过石油和天然气的开发来拉动当地经济的增长，因而在制定该计划期间，一个重要的考虑因素就是在波弗特海地区发展石油和天然气工业。此外，该计划也希望以此为机遇，采用综合管理方法来评估石油和天然气工业对区域环境、社会、文化和经济的影响。② 此外，该计划也考虑了北极原住民获取海洋野生动物的需要，确保波弗特海能够继续提供健康的鱼类、哺乳动物等，以供当前和未来的居民利用。通过实施综合管理方法，加拿大希望保持波弗特海海洋生态系统的健康、解决海洋用户间的冲突、在特定海区内限制人类活动的累积影响，以及实现海洋的最大化、多样化的可持续利用。

（二）北极国际海洋空间规划进程

1. 北极保护区战略和行动计划

1994 年，北极理事会的北极动植物保护工作组（Conservation of Arctic Flora and Fauna，CAFF）发布了北极圈保护区网络（Circumpolar Protected Areas Network，CPAN）战略和行动计划，对北极地区现存的和推荐设立的保护区进行了分类整理。

CPAN 战略和行动计划的目标是通过实施各项举措，在北极整体保护战略的背景下，建立一个管理良好的保护区网络，以永久维持北极地区的生物多样性。由此产生的保护区网络旨在尽可能充分地代表各类北极生态系统，

---

① Intergovernmental Oceanographic Commission. CANADA（BEAUFORT SEA），http：//msp. ioc-unesco. org/world-applications/americas/canada/beaufort-sea/，最后访问日期：2018 年 10 月 31 日。

② Beaufort Sea Partnership. INTEGRATED OCEANS MANAGEMENT PLAN，http：//www. beaufortseapartnership. ca/integrated-ocean-management/integrated-oceans-management-plan/，最后访问日期：2018 年 10 月 31 日。

为保护所有北极物种种群数量作出贡献。①

2. 北极保护区指标报告

2017 年，北极理事会的北极动植物保护工作组（CAFF）和北极海洋环境保护工作组（PAME）制定了《北极保护区指标报告（2017）》，分析了北极保护区的现状和趋势。

报告对 CAFF 研究范围内的陆地保护区、海洋保护区、生物多样性地点等受保护区域的现状和趋势进行了详细描述。② 可以看出，北极地区陆地保护区的覆盖率于 2005 年前就达到了《生物多样性公约》提出的 10% 的"爱知目标"，而海洋保护区的覆盖率在 2016 年仅为 4.7%，离 10% 的"爱知目标"尚存在较大差距。

3. 北极海洋战略计划

北极地区的海冰正在发生季节性的大范围消退，国际科学界已进行了北冰洋中部的多次试航。同时，海冰消退对区域生态系统和未来的渔业也产生了影响。2004 年，由 PAME 编制的《北极海洋战略计划》（The Arctic Marine Strategic Plan，AMSP）被正式批准，它提出了四个战略目标：

减少和防止北极海洋环境中的污染；

保护北极海洋多样性和生态系统功能；

促进所有北极居民的健康和社区繁荣；

推动北极海洋资源的可持续利用。③

2015 年 4 月，计划的更新版本《2015～2025 年北极海洋战略计划》在 PAME 部长级会议上被批准，计划阐述了北极理事会如何增加对人类活动、气候变化和海洋酸化影响的认识，计划的目标包括：

提升对北极海洋环境的了解，继续监测和评估目前和未来北极海洋生态

---

① CPAN Strategy and Action Plan，https：//caff. is/strategies-series/95-cpan-strategy-and-action-plan，最后访问日期：2018 年 10 月 31 日。

② Arctic Protected Areas Indicator Report 2017，https：//pame. is/images/03 _ Projects/MPA/Indicator/Indicator_Report_on_Protected_Areas_pdf，最后访问日期：2018 年 10 月 31 日。

③ 何剑锋、吴荣荣、张芳、王勇、俞勇：《北极航道相关海域科学考察研究进展》，《极地研究》2012 年第 2 期，第 187～196 页。

系统所受的影响；

保护生态系统功能和海洋生物多样性，增强其抵御能力和提供的生态系统服务；

考虑累积环境影响，促进安全和可持续利用地海洋环境；

增进包括北极原住民在内的北极居民的经济、社会和文化福祉，增强他们应对北极海洋环境变化的能力。[①]

（三）北极海洋空间规划现状总结

目前，虽然有多个国家已开启在北极的海洋空间规划实践，但在规划进程、规划范围、规划动机和规划执行力方面均呈现不同的特点。

1. 规划进程

虽然有多个国家决定在北极海域将海洋空间规划付诸实践，但实际完成规划的只有挪威一国，其余国家多处在规划准备或分析阶段，总体来说北极海洋空间规划仍处于起步阶段。挪威在其巴伦支海－罗弗敦地区和挪威海的北极海域建立了海洋空间规划，根据海洋环境、海洋开发利用方式的变化和数据库的更新，挪威对规划进行了定期更新，体现了海洋空间规划动态的、持续性的管理过程。

2. 规划范围

从规划区域来看，各国大多以其北极地区的专属经济区海域为规划区域，并且在生态系统的基础上考虑行政边界，然后进行规划范围的界定。例如挪威巴伦支海－罗弗敦地区的海洋空间规划，将鱼类产卵场罗弗敦群岛和鱼类栖息地的巴伦支海作为一个整体进行考虑，规划范围的东边界为挪威和俄罗斯的专属经济区界线。在规划范围上，挪威、加拿大在北极的海洋空间规划覆盖面积较大，规划范围都在百万平方公里以上。但是在国家管辖范围外的海域，包括北冰洋中部的公海区域，尚无国家进行海洋空间规划研究。

---

① ARCTIC MARINE STRATEGIC PLAN 2015 - 2025, https：//pame. is/index. php/projects/arctic-marine-strategic-plan-2015 - 2025，最后访问日期：2018 年 10 月 31 日。

3. 规划动机

在规划的出发点上，各国也不尽相同。加拿大波弗特海沿岸经济条件较为落后，海洋开发利用活动较少，当地社区有发展海洋经济的强烈意愿，因而其规划旨在评估石油和天然气工业对区域的影响，以促进海域的可持续利用。挪威北极海域的海洋环境质量良好，2006年以前的开发利用活动主要为渔业、航运和油气开发，因而其规划主要关注来自海上石油污染的威胁，并将减少各行业冲突、促进各海洋产业协调发展作为主要原则。2006年后，随着气候变化、海洋酸化的影响加剧，挪威在海洋空间规划的更新中主要以新的环境影响为出发点，同时考虑旅游业、海洋可再生能源开发、海洋生物勘探等新兴产业。

4. 规划执行力

在规划执行力方面，挪威的两项北极海洋空间规划均具有监管、执行的权力，对海域内的人类活动实行严格管理；加拿大和冰岛的北极海洋空间规划由于其仍处在分析阶段，只是为政府和相关机构提供咨询和参考。

在北极地区，目前尚无国家和国际机构将北极海域作为一个整体考虑，开展实质性的北极国际海洋空间规划的研究工作。但以北极理事会为代表的北极地区合作组织已经进行了北极海洋保护区建设、北极海洋生物多样性保护、北极航道开发与管理等多方面的基础性研究，积累了大量的生物、环境和人类活动数据，确立了北极海域重要的保护目标和能够创造价值的经济活动，为北极海洋空间规划的建立奠定了科学基础。

三　北极海洋空间规划设想

从极地空间规划的发展和研究现状中可以看出，保护极地生态系统和生态环境是极地空间规划的主要目标之一，而基于生态系统的海洋空间规划成为实现目标的有效途径。近年来，对大海洋生态系统（LMEs）、生态和生物重要性区域（EBSAs）的研究不断深入，基于这两类生态区域来实行海洋空间规划，可能是极地海洋空间规划的新机遇。

（一）根据大海洋生态系统实行极地空间规划

大海洋生态系统（LMEs）一般是指面积在 20 万平方公里或更大的海洋区域，包括从河口、峡湾到大陆架外缘的沿岸地区。LMEs 是由生态学标准定义的，包括地形、水文、生产力和人口。在 LMEs 概念中，生态系统管理主要关注 5 个方面：生产力、鱼类和渔业、污染和生态系统健康、社会经济、治理。

北极海洋环境保护工作组（PAME）在 2006 年制定了北极及邻近海域 17 个大海洋生态系统的工作图，并在 2012 年进行了修改，数量增加到 18 个，这些大海洋生态系统已被北极理事会承认。[①]

大海洋生态系统具有生态系统功能的相对完整性，大海洋生态系统的边界可以为海洋空间规划边界的划定提供依据，有利于打破国家之间的行政界线，进行基于生态系统的空间管理研究。

（二）实行泛北极的海洋空间规划

北极地区共同利益的集聚让北极国家将更广范围内的合作提上议程，以往这种合作更多地局限于北极八国之间并呈现日趋加深的趋势。另外，随着北极地区气候变暖，北极航道有望在未来几十年内开通，环北极国家加紧争夺北极主权与资源，非北极国家也跃跃欲试准备介入，如韩国、日本等，都表示对北极的能源勘探有浓厚的兴趣。[②] 因而，在海洋空间规划领域实行广泛的国际合作，协调各国在北极地区的利益冲突，成为新的发展趋势。

2013 年，联合国教科文组织专家 Charles N. Ehler 发表了题为《泛北极海洋空间规划：时机已到》的文章，呼吁进行泛北极海洋空间规划的工作。Ehler 指出在经济活动和气候变化的影响下，北极地区的生态系统及居民都面临着巨大的变化，包括冰川物种的灭绝、北极地区剧烈的人类活动，以及

---

① Large Marine Ecosystems（LME'S）of the Arctic，https：//pame. is/index. php/projects/ecosystem-approach/arctic-large-marine-ecosystems-lme-s，最后访问日期：2018 年 10 月 31 日。

② 刘莉：《浅析中国制定和实施北极战略的必要性》，硕士学位论文，吉林大学，2014。

给北极生态系统所提供的自然服务的损失等。① 除了商业机会之外，这些变化给北极独特的自然环境和北极居民也带来了新的风险。一旦人类在北冰洋开始新的活动，决策者和规划者就很难对其进行限制。因而需要一种对人类活动进行综合管理的新方法——海洋空间规划。海洋空间规划为生物和非生物资源的管理者提供了一个跨边界的整体管理方法，要取得规划的成功，必须在国家和区域两个层面都获得许可。北极海域使用者和利益相关者的参与，包括地区合作组织（如北极理事会）的努力都是必不可少的。真正有效的海洋空间规划需要建立在泛北极的多国基础上。②

四　结语

在北极地区，以挪威、加拿大为代表的多个国家已经开启了海洋空间规划进程，对国家管辖范围内的北极海域实施基于生态系统的综合管理，协调海洋生态环境保护和人类开发利用活动，取得了较好的成效。但是北极地区的海洋空间规划的发展并不平衡，总体还处在起步阶段，且未能打破国家管辖范围的界限，建立北极国际海洋空间规划，实现对北极海域的整体保护和规划。

《中国的北极政策》白皮书在结束语中指出，北极治理需要各利益攸关方的参与和贡献，我国作为地理上的近北极国家，应从加强生态环境和生物多样性保护、促进北极地区可持续发展的角度，尽早开展北极海洋空间规划的科学研究工作，为我国参与北极治理提供科学依据和管理基础。

---

① C. N. Ehler, "Pan-Arctic Marine Spatial Planning: An Idea Whose Time Has Come," *Arctics Marine Governance*, Springer Berlin Heidelberg, 2014.

② R. Edwards, A. Evans, "The challenges of marine spatial planning in the Arctic: Results from the ACCESS programme," *Ambio*, 2017, 46（3）：486–496.

B.10
北极邮轮旅游：环境保护与
经济利益的冲突

邢雪莲*

摘　要： 气候变暖为北极邮轮旅游业的发展带来了机会。近年来，北极水域可达性的增强、游客对北极邮轮旅游的向往，以及经营者受利益的驱使，都使北极邮轮旅游产业快速稳定增长，且从长远来看这一趋势还将继续保持。但其现阶段的发展仍受制于多方面的限制，主要是北极各地域发展差异大、日益严重的环境破坏和原住民社区的反对声音等。北极邮轮旅游业的快速发展给北极生态环境的保护与可持续发展带来了一系列的问题。为实现环境保护和经济发展的动态平衡，促进北极邮轮旅游业的可持续发展，需多方利益主体共同参与，加强合作交流，作出了切实贡献。中国也应积极采取措施，借鉴可行经验，推动我国北极邮轮旅游业的发展。

关键词： 北极　邮轮旅游　环境保护　经济发展

一　北极邮轮旅游业的发展

（一）条件和背景

1.北极地区的可达性增强

北极地区在 19 世纪以前是一片与世隔绝的神秘地带，被认为处于世界

---

* 邢雪莲，女，中国海洋大学法学院 2018 级硕士研究生。

的边缘。19世纪初第一次旅游探险活动开始后，北极地区独特的异国情调和令人叹为观止的奇特景观逐渐被展示给外界，并引发了世人的好奇与向往。① 气温变暖带来的海冰融化导致北极地区的海冰面积一直在快速减少。经科罗拉多博尔德大学国家冰雪数据中心的科研人员计算，自20世纪70年代末以来，北极地区海冰面积每年平均缩小约2.1万平方英里（5.4万平方公里），2018年北极地区夏季海冰面积的最低值被列为有记录以来的第六低。② 在人们开始关切全球变暖这一关乎人类命运共同问题的同时，利益攸关方看到的却是北极新航道开辟所带来的便利和经济机会：现代科学和技术的进步与发展使船只更加坚固、设备更加机械化，到达北极的可能性、航行的稳定性增强；地图和通信设备的完善使到达北极的安全性较之前提升；紧急事故处理和恶劣气候环境应对等方面的技术得到不断改善和加强。上述领域科技的迅猛发展为北极地区可达性的增强进一步提供了"天时地利人和"的机会。人们到达北极地区的道路增多、困难程度降低，北极地区海冰夏季融化范围和深度加大，虽不利于冬季海冰的再生长却延长了北极地区夏季旅游的时间，游客去北极地区旅游的可选时间范围在日渐延长。③

2. 经营者的增加、政策的支持和游客的向往

北极地区可达性的增强带来了巨大的商机，之前受困于北极地区难以到达、路途遥远危险的情况现在得到改善，北极圈内国家甚至是域外的旅游公司都想在北极邮轮旅游的巨大经济利益中分一杯羹；加之港口基础设施的建设和完善等都极大地刺激了北极邮轮旅游经营者的增加。新航道的开辟推动邮轮旅游业发展的同时也为商业航运提供了便利。由于逐渐发展

① Ulrika Nordblom, "Cruise tourism in the Arctic-sustainability issues and protection of the marine environment in international law," Master's Degree Thesis, Iceland: Law School of Humanities and Social Sciences University of Akureyri, 2016.

② https://climate.nasa.gov/news/2811/2018-arctic-summertime-sea-ice-minimum-extent-tied-for-sixth-lowest-on-record/.

③ Ulrika Nordblom, "Cruise tourism in the Arctic-sustainability issues and protection of the marine environment in international law," Master's Degree Thesis, Iceland: Faculty of Law School of Humanities and Social Sciences University of Akureyri, 2016.

的商业及旅游航运业为国家的经济发展提供了助益，一些利益攸关国已出台相应的政策以保护和支持这一产业的发展。北极邮轮旅游线路的开拓和发展大多建立在北极地区广泛的不可再生资源基础之上，原始的自然景观和生态环境、仅此独有的野生动物成为吸引人们前往北极旅游的主要原因。但随着北极旅游业的逐渐发展，这些不可再生资源也会以不可逆的状态削减，若不及时加以保护，北极旅游资源的枯竭和旅游产业的衰减也是可以预见的。随着各国经济的发展和居民生活条件的改善，当代游客开始追求高质量的生活和享受方式。这直接或间接地推动了北极邮轮旅游业的发展，同时也为这一仍在发展中的产业带来了相应的风险。北极旅游产业本身的可持续性需要各国政策制定者、产业链条的从业者和经营者，以及游客的共同维护。

（二）北极邮轮旅游业的发展历史与现状

1. 到访游客分布在北极地区的不同区域、差异性加大了管理难度

在过去几十年里，北极凭借其独特罕见的动植物和纯净的自然环境及珍奇景观吸引了越来越多的游客来到此地。但北极地域广阔、航道众多，到访游客在北极不同地域之间的分布非常不均匀。阿拉斯加、瑞典和芬兰每年吸引的游客超过200万人，而育空地区（加拿大的头号旅游目的地）只有20万游客，在加拿大最东部的努纳武特地区，每年只有大约1.5万名游客。①游客数量分布不均给北极国家带来了不同的旅游产业发展机会和风险。从阿拉斯加旅游业协会（Alaska Travel Industry Association，ATIA）的数据报告可以看出，阿拉斯加旅游业持续稳定发展是多方共同作用的结果。首先，阿拉斯加官方认识到旅游业是阿拉斯加地区经济增长和资源发展的重要可持续机遇，并给予了必要和充足的资金支持以确保其稳健增长。其次，ATIA与企业和社区合作，扩建基础设施并推广当地重要的文化和艺术遗产实现合作共赢。最后，官方在听取经营者、利益相关方意见后制定的科学可适用的政

---

① https：//www.highnorthnews.com/en/more-and-more-arctic-tourists-where-exactly.

策为旅游业的发展指明了方向，另外，程序简明细化也有利于更多的经营者加入。①

相比老牌运营商，1984 年开始巡航活动的加拿大努纳武特地区在政策制定与执行、国家支持与监管以及兼顾经营者利益诉求等方面都存在不足。首先，官方政府缺乏对旅游业发展的适时规划和指引，加拿大运输署在2005 年为经营商编制了监管指导文件，但此后十多年一直未更新，尽管环境和实际操作情况一直在变化。② 其次，该地区缺乏对许可证制度统一管理的中央系统，申请者查询所需要的具体许可和申报时间并不方便，可操作性较差，这对起步较晚且经验较少的加拿大邮轮旅游监管机构来说是个挑战。③ 最后，该地区未从经营者的角度和利益诉求出发制定政策文件，30 多项混乱繁杂的许可制度让初次申请者抱怨连连，长此以往，经营者更换目的地到申请手续更加简化的地区只是时间问题。上述问题都严重遏制了气候变化带来的旅游业的发展机会，相关当局亟须简化申请程序和精简申请材料，制定更加具有针对性的政策方针并施行，使邮轮旅游业带来的经济和社会效益达到最大化。

2. 环保意识增强但执行难

北极游客的持续增多对当地的自然环境和生态系统是一个严峻的挑战，可达性增强带来的自然资源的开采使不可再生资源的储量下降；急剧融化的海冰、邮轮事故带来的海洋污染和石油泄漏等问题让人们意识到环境保护与旅游开发必须同步发展，甚至前者应获得更高的优先性。2003 年成立的北极远征邮轮运营者协会（Association of Arctic Expedition Cruise Operators, AECO）的主要目标是确保在北极地区进行远征巡航和旅游时，要充分考虑到当地脆弱的自然环境、当地文化和文化遗迹，同时确保海上和陆地上的安

① https：//www. alaskatia. org/our-voice/public-policy/20181212% 20ATIA% 20Tourism% 20Policy% 20Statements. pdf.

② Jackie Dawson, Margaret Johnston, Emma Stewart, The unintended consequences of regulatory complexity：The case of cruise MARK tourism in Arctic Canada, *Marine Policy*, 2017：71 – 78.

③ Jackie Dawson, Margaret Johnston, Emma Stewart, The unintended consequences of regulatory complexity：The case of cruise MARK tourism in Arctic Canada, *Marine Policy*, 2017：71 – 78.

全旅游活动。① 该协会执行主任弗丽嘉说："我们希望提高游客和旅游经营者的意识，让他们知道如何做才能对他们去过的地方产生积极的影响。"② 该协会的环保倡议也得到了游客的积极回应，表示愿意参加由该协会发起的清洁海洋项目并会按照指南要求在社区进行适当的活动。由此可以看出，北极旅游业的从业者都已意识到环境保护的重要性，并付诸一系列行动以确保这不只是纸上谈兵；游客在保护旅游地环境、减少观光活动带来的影响方面也作出了明确表态。但该协会目前已制定实施的访客、社区指南以及清洁海洋准则和各种指引都仅是一种宽泛的、纯理论性质的文件，缺乏具体适用层面的详细规则和指导，没有法律约束力也没有相应的强制执行措施，缺乏违反规则的制裁措施和附加于游客的违法成本，目前仅靠呼吁游客提高环保意识和寄希望于游客自觉维持环境的保护策略在北极环境加速恶化的事实面前显得羸弱无力、效果不佳。

（三）经济利益驱动旅游业持续发展

从经营者角度看，北极邮轮旅游增速较快且在未来几年仍会热度不减。北极邮轮旅游业的发展与海冰的融化速度和冰层厚度有着直接的关联，这决定着经营者是否可以探索更多的航道以开发北极地区现有的旅游资源，就目前的气候条件和游客市场来看，北极邮轮旅游业的发展空间和潜力都很大。早前气候变暖、海冰融化带来的商机使许多老牌运营公司稳步发展至今，多年的运营经验已为他们攒下了良好的口碑和固定的合作方，旅游主题从游玩观赏到刺激探险不断推陈出新以适应各职业、各爱好、各年龄段的游客；与当地政府合作开发国家公园，拉动地方经济增长也扩展了旅游主题。但从游客游玩的路线看，大多数邮轮旅游活动是在船上进行沿途观光以放松享受，故而大部分花费用于船上的日常消费和花销，所以航行活动的最大受益者是组织此次邮轮活动的经营者，在游客需

---

① https://www.aeco.no/guidelines/visitor-guidelines/.

② https://www.highnorthnews.com/en/want-educate-arctic-tourists.

求只增不减的情况下经营者的收入与其是成正比的，巨大的经济利益驱动北极邮轮旅游产业持续发展。

从政府角度看，邮轮旅游业是推动当地经济发展的主要动力之一。政府更愿意游客走下邮轮进入港口国实地参观和游览，以期依靠旅游业带动经济增长，从长远看也有益于当地经济结构多样化发展。经营者掌控并决定着邮轮停泊的目的港，政府若想依托邮轮旅游业发展经济就需要与邮轮经营者合作，开发并宣传陆上游玩主题。主要是政府制定优惠政策、简化申请手续为经营者提供便利条件；建设港口和基础设施吸引经营者把该地作为目的地以期带动经济增长；鼓励当地青年从事邮轮导游和解说，为经营者提供便利的同时也带动了当地就业率的提高；建立自然保护区和国家公园从而开展以自然为基础的旅游，改变传统的经济结构，拉动内需，刺激经济活力。

从当地社区角度看，邮轮旅游业带来的影响喜忧参半。一方面，邮轮旅游纪念品经济的兴起带动了本地居民手工业的发展，改变了传统的以捕鱼、狩猎为主的经济结构，传统经济和非传统经济多元化发展；当地政府为丰富和完善基础设施而吸引投资和允许小型贷款也相应激发了本地经济的活力；以了解当地社区传统文化和遗产为目标的旅游宣传，聘请当地居民在闲暇时间担任导游，这些都促进了以资源为基础的经济多样化的发展。另一方面，部分政府为吸引游客到此旅游而将本该用于当地社区发展的资金投资于基础设施的兴建，进而使当地社区依托旅游业发展经济，但当地社区从旅游业中获得的利润若是少于政府本该为其带来的资金，便会重新审视和思考对旅游业的态度。外来游客增多在带来经济效益的同时还有环境的破坏和文化的冲突，旅游业所获收益是否可以支持修复环境破坏所花的费用是影响社区居民态度的另一要素。由于邮轮旅游业经营的季节性，手工业者和聘请的导游大多是年纪较大的居民，大部分青年会选择收入稳定且可以长时间从事的工作，旅游业带来的经济机会并不适用于当地社区的青年，社区人员流动大且外流多。如何实现当地居民和游客之间多方面的平衡发展是个现实考验。

二　北极邮轮旅游业迅猛发展所带来的环境影响

（一）对自然和生态环境的破坏

1. 空气和海洋污染

在前往北极旅游的多种交通方式中，邮轮仍然是大多数人的首选，在邮轮上观赏沿途的风光、领略不同寻常的气候，对游客来说是种放松更是种享受。邮轮旅游的大部分活动是在大海中航行的船上进行的，邮轮将游客经由事先规划好的路线从一个港口载到另一个港口，支持大型邮轮航行的发动机燃烧燃料向空气中排放废弃物是对航行过程中所经区域的环境产生影响的主要方式。排放气体中的氮氧化物有助于对流层臭氧的形成；二氧化硫形成粒子，形成酸雨；黑碳和其他小颗粒影响空气质量、能见度和气候变化过程。[1] 其中黑碳排放量的增加已被证明与加速气候变化相关。据估算，2004年，北极地区释放了1180公吨的黑碳，而这只是全球年排放量的一小部分（估计在7.1万~16万吨）。[2] 空气中的黑碳沉降下来，覆盖在冰雪上，使它们表面变暗，吸收阳光的能力增强导致冰层融化速度加快、海冰的数量和范围减少，带来的是动物栖息地减少、海岸线受侵蚀等一系列连锁问题。受影响最明显的是北极熊，先前长时间固定生活的地区因海冰融化和人类的资源勘探开发而减少或消失，迫使北极熊不得不长途跋涉到更远的地方去寻找新的适宜栖息地。这导致北极熊的活动范围加大甚至已有和人类居住地重合的趋势，提高了北极熊与人类相遇的概率，这就需要有关当局采取合理措施预防和避免冲突事件的发生，促进人类与北极熊共存。目前北极理事会已设定

---

[1] Ulrika Nordblom, "Cruise tourism in the Arctic-sustainability issues and protection of the marine environment in international law," Master's Degree Thesis, Iceland: Faculty of Law School of Humanities and Social Sciences University of Akureyri, 2016.

[2] http://www.ccacoalition.org/en/news/arctic-countries-commit-reduce-black-carbon-emissions-much-third.

目标，通过确保清洁燃料的供应、强制燃料质量标准、制定和采用一项标准的黑碳排放测试协议以确保新设备更加清洁和高效等方式，预计到2025年将黑碳（或煤烟）排放量限制在比2013年低25%~33%，以减缓北极变暖的速度。[1]

2. 污水和污泥

船舶航行过程中所携带的或处理不当的污水和污泥随船舶航行进入到相应的水域，污染水体使其质量下降。其中有机物进入水体后增加了对氧气的需求，影响生物体的生存和繁殖能力；过多的营养物质促进藻类植物的生长，富营养化使氧气供应不足导致海洋动植物窒息死亡。污水和污泥中的细菌又会随水体进入海洋生物体内，影响相关联生物链和海洋生态系统的稳定性，而且如果携带细菌的海洋生物被捕捞后上了人类的餐桌继而又会影响人类的身体健康甚至生命安全。[2]

3. 石油泄漏

北极地区可达性增强带来的巨大商机促使一批又一批的经营者来此，邮轮旅游业的发展使船舶航行的数量和次数增加，恶劣的航行环境和不可预测的天气系统也使海上交通事故发生的潜在风险加大，经营者在享受旅游业带来利润的同时也要承受一定的风险。航空辅助设备和基础应急设施尚不完善，若地处偏远，一旦发生事故就必须长时间的等待救援，即使是很小的漏油口也会因长时间得不到控制而演变成与大型漏油事故相当的污染，使情况进一步恶化。相关人员对如何应对漏油状况知识匮乏、经验不足，缺少紧急处理措施，无法在最佳时间内采取最有效的方式控制局面。对漏油技术的研究大多集中在温暖地区，极寒的北极缺少相应的理论和实践支持，一旦情况

---

① https://www.canada.ca/en/environment-climate-change/corporate/international-affairs/partnerships-organizations/arctic-reducing-black-carbon-methane.html.

② Ulrika Nordblom, "Cruise tourism in the Arctic-sustainability issues and protection of the marine environment in international law," Master's Degree Thesis, Iceland: Faculty of Law School of Humanities and Social Sciences University of Akureyri, 2016.

发生后果不堪设想。① 冰层在影响救援人员进入的同时也阻隔了漏油的扩散，这得益于北极地区独特的自然环境，但漏油聚集地的动物受漏油影响的风险却加大了。相对集中的漏油地点对临近和误入的海洋动物的影响不容忽视，其中最容易受漏油影响的是海洋哺乳动物，如海豹幼崽，它们本就没有足够的脂肪和皮毛抵御寒冷，一旦沾染上漏油便会阻碍皮毛汲取阳光的热量，最后因体温过低而死亡；另外，它们被厚厚的漏油包裹失去了游泳能力也会导致溺水而亡。漏油对海鸟的影响主要取决于它们在水中的时间点和漏油地点，习惯在岩石和陆地上休息的海鸟比习惯在水中休息的海鸟受漏油的影响小，因为它们只有在捕食时才会与水面接触，如果漏油地点发生在海鸟集中捕食的地区，那么影响是显而易见的；另外，漏油还影响海鸟的生育和繁殖能力，受影响而翅膀占有油污的鸟类很可能无法在长途迁徙中存活下来。② 可见漏油不仅影响着相关海域的环境和海洋生态系统，对附近海域的动植物繁殖和生长也有着无法逆转的影响。

2007 年，"探索者号"邮轮在 19 天的航行中被冰击中沉没，船员和乘客在救生艇上等待了大约 5 个小时后获救并全部安然无恙。③ 南极因其邮轮旅游业起步早所以有较多的海洋事故处理和救援经验，虽然北极地区并不具备上述客观条件但仍可从中学习和借鉴。首先，要加强邮轮操作人员和工作人员的相关技能和知识培训，官方政府要督促邮轮运营商提前制定相关的救援计划，保证相关人员能在事故发生后采取及时且正确的方式减轻对漏油地点的影响并尽可能控制泄露量；其次，有关科技人员要重视极寒地区漏油处理技术的研发，为漏油的处理和清洁提供技术上的支持，提高设备导航和监

---

① http：//news. nationalgeographic. com/news/energy/2014/04/140423-national-research-council-on-oil-spills-in-arctic/.

② Ulrika Nordblom，"Cruise tourism in the Arctic-sustainability issues and protection of the marine environment in international law，" Master's Degree Thesis, Iceland：Law School of Humanities and Social Sciences University of Akureyri, 2016.

③ Ulrika Nordblom，"Cruise tourism in the Arctic-sustainability issues and protection of the marine environment in international law，" Master's Degree Thesis, Iceland：Law School of Humanities and Social Sciences University of Akureyri, 2016.

测能力，从源头把控并遏制漏油事故的发生；最后要促进针对漏油事故处理和紧急救援的战略方针的制定和落实，以便事故发生时有明确的目标机构可供求助。

邮轮航行经营者提供了乘客旅行过程中所需的一切，相应的就会产生与之相当的固体废弃物，约80%的垃圾会在船上进行焚化并将灰烬分批排放到海里，剩余的可循环利用的废物无须焚化被带回到岸上处理或再次利用。① 航行过程中的不确定性和游客素质的高低都影响垃圾处理的效果，即使对垃圾做了妥善处理但这也并不能完全保证不会因意外原因而产生海洋垃圾。冰层融化为船舶航行提供了可选择的通道，同时也为海上垃圾扩散提供了便捷。漂浮在海面上的垃圾使景色变差，加之缺少风力作用会在海面停留相当长的时间，阻碍光照和氧气交换，导致海洋生物难以生存；沉入海底的垃圾还可以阻止生活在海底的物种吸收食物，或可能被鱼和虾摄入，龟和鱼也会因为被垃圾缠住而受到严重的伤害。② 近年来的媒体报告中，被塑料袋缠住的鸟类、被渔网困住的海龟、死亡动物胃中残留的塑料垃圾等事件频频出现，这已足够直观反映海上垃圾存留对海洋生物的危害和影响。而对于登岸参观游览的游客来说，徒步或驾车对草地植被的践踏毁坏是显而易见的，随行产生的固体垃圾会破坏自然景观，游客稍微不注意的行动慢慢累加都会对本就脆弱的北极生态系统产生威胁。

4. 入侵物种

当一个物种迁移到一个新的栖息地，对当地生态产生破坏性影响，从而对该地区的经济和人类健康造成压力时，就被认为是入侵物种。③ 一个能够

① Ulrika Nordblom, "Cruise tourism in the Arctic-sustainability issues and protection of the marine environment in international law," Master's Degree Thesis, Iceland: Law School of Humanities and Social Sciences University of Akureyri, 2016.

② Ulrika Nordblom, "Cruise tourism in the Arctic-sustainability issues and protection of the marine environment in international law," Master's Degree Thesis, Iceland: Law School of Humanities and Social Sciences University of Akureyri, 2016.

③ Ulrika Nordblom, "Cruise tourism in the Arctic-sustainability issues and protection of the marine environment in international law," Master's Degree Thesis, Iceland: Law School of Humanities and Social Sciences University of Akureyri, 2016.

自我维持的种群是成功入侵的标志，它表明这个物种能够在其生存环境中找到食物并进行繁殖，从而成为生态系统的永久组成部分。[①] 北极地区水域变暖使其更易遭受入侵物种的危害，一方面，变暖的水域更易使入侵物种存活从而形成新的稳定的系统；另一方面，由于航道增加、船舶航行次数增加，商业航行和邮轮旅游业都会不经意地将外来物种带到北极地区，入侵物种或附着在船壳上或藏在运输的货物中，总之，这都增加了北极地区面临入侵物种的风险。北极地区在过去处于一个相对封闭、与世隔绝的状态，各系统和环境相对稳定，人为因素影响较少，恶劣严酷的自然环境很难使新物种存活下来，所以整体稳定，变化较少。但当前所面临的气候变暖和物种入侵问题，极大地改变了北极地区较为稳定不变的整体态势，入侵物种带来的资源竞争和疾病对当地物种和生态系统都是一种致命威胁。[②] 入侵物种侵夺本地物种的生存栖息地和食物资源会导致本地物种减少甚至灭绝，进而破坏北极地区整体相关联的生态系统。在北极地区大约有400万人主要生活在沿海社区，其中约10%是原住民，对他们来说，其生活方式就是与自然环境密切接触。由于经济结构是正式经济和非正式经济的混合体，许多人的生活来源至少有一部分依靠外部环境。正是由于长时间的受环境影响并接受环境的馈赠，北极地区的改变正在强烈地被当地居民所感知并严重影响当地居民的生活。[③]

（二）经济和文化影响

就旅游业持续高速发展的前景看，其对经营者是有利的，但对目的地利

① Ulrika Nordblom，"Cruise tourism in the Arctic-sustainability issues and protection of the marine environment in international law," Master's Degree Thesis, Iceland: Law School of Humanities and Social Sciences University of Akureyri, 2016.

② Ulrika Nordblom，"Cruise tourism in the Arctic-sustainability issues and protection of the marine environment in international law," Master's Degree Thesis, Iceland: Law School of Humanities and Social Sciences University of Akureyri, 2016.

③ Joan Nymand Larsen，"Marine invasive species: Issues and challenges in resource governance and monitoring of societal impacts," in *Marine invasive species in the Arctic*, Nordic Council of Ministers, 2014, p. 23.

益攸关方的影响却是不确定的。经营者通过多年积攒的口碑和回头客、不断开发的新航道和新旅游主题来保持和增加参加北极邮轮旅游的游客数量。近几年依托发达的网络进行推广和宣传使潜在客户的范围有所扩大、数量有所增加，凭借更人性化的路线制定、更齐全的服务、更有针对性的巡航路线使邮轮业绩只增不减。经营者在邮轮旅游过程中又提供了游客日常生活所需的所有服务和设施。研究发现，老牌运营商战略性地作出产能投资决策以阻止新竞争者进入，增加市场份额和诱导新的需求，人们将其称为邮轮市场的寡头垄断结构。[1] 这种现象的出现也合乎情理，老牌运营商有足够的资金、经验和业务能力将有需求的游客揽入自己的"怀中"，面对该行业如此巨大的利润诱惑没有哪家经营者愿意大方地与他人共享；而新兴运营商缺少经验、资金、营销手段和稳定的客源，故想要在这个行业中寻求立足之地实属困难。当地政府为吸引游客来此而投入大量资金和给予优惠条件，包括但不限于兴建港口和建设基础设施、简化申请和审批手续、吸引外地企业投资建厂、与当地企业合作推广宣传。以上都是当地政府所做的努力，但未来的实际收益取决于游客上岸观光游览的数量和次数，这极具不确定性。但可以确定的是因兴建大型工程而破坏的原始景观、自然环境和栖息地等自然资源的修复是极其困难的，旅游业给目的地环境带来的破坏是不可逆的。邮轮旅游可以为港口国创造经济利益，邮轮航行过程中提供服务所需的物品供给来源于港口国，供应商与邮轮经营者达成协议或合作，长期或短期内实现双赢；邮轮经营者与当地小型旅游运营商合作，开发当地旅游景点和路线，但这种情况获益较大的多数是邮轮经营者，当地小型旅游运营商几乎没有决定权，为保证收入只能按照邮轮经营者的方案进行。[2] 总体来说，邮轮旅游业必将带动经营者收入的增多，对港口国的正面影响取决于游客数量和港口国与经营者的合作程度。

---

[1] Juan Gabriel Brida, Sandra Zapata, "Cruise tourism: economic, socio-cultural and environmental impacts," *Int. J. Leisure and Tourism Marketing*, 2010.

[2] Juan Gabriel Brida, Sandra Zapata, "Cruise tourism: economic, socio-cultural and environmental impacts," *Int. J. Leisure and Tourism Marketing*, 2010.

游客上岸参观游览的吸引力之一就是当地的传统原住民社区。在旅游业兴起之前，这里一直以狩猎和捕鱼的传统经济结构为主，也是当地居民主要的生活来源，自给自足，生活平淡。旅游业迅速发展的影响波及当地社区之后，居民的生活方式、文化传统、经济结构都发生了重大变化，对于该变化以及旅游业的影响当地居民所持态度不一且多种多样。通常情况下，邮轮停泊在海岸上，并通过小型充气艇将游客带到社区，游客通常被分为小组，一些人参观文化中心，观看居民的文化活动；其他团体参观可以购买当地雕刻和艺术品的商店；但由于参观社区的时间有限，游客的活动和游览范围都受到限制。① 游客的参观带动了当地社区传统文化表演的兴起，以传统文化的弘扬为宣传口号，通过售卖门票的方式来获取的收入较之前捕鱼和狩猎带来的收入是极其可观的，这对对社区文化满怀好奇心的游客及获得丰厚回报的社区居民来说是双赢的结果。但游客的增多使原住民原本安宁的生活节奏被打乱，游客接连上岸、未经允许不停地拍照记录、对传统狩猎和捕鱼活动的好奇和质疑等都让一些当地居民反感；为了更好地与游客交流而学习英语甚至导致当地居民逐渐遗忘了自己的母语。游客上岸观光购买纪念品，邮轮运营商雇用当地居民在旅游季节在游客上岸后担任参观引领导游，都实际改变了当地的传统经济结构，但传统手工业者和导游目前普遍老龄化现象严重。与继承传统手艺和季节性的从事工作相比，当地青少年更喜欢到大城市或经济发达的地区从事长期稳定的工作，这对传统文化的继承弘扬和社区发展都是不利的。邮轮旅游业确实促进了当地社区的经济的增长，但一些原住民持续增强的反对呼声也意味着该行业在社区的发展必须受到一定的干预管制和政策监管，以使旅游业发展和社区保护处于相对平衡状态并稳步向前。邮轮旅游开发需要以当地人民可接受的速度和方式进行，以适应北极环境。尊重当地人的态度至关重要，因为这对居民来说，社区中日益出现的北极旅游开

---

① Emma J. Stewart, Jackie Dawson, Dianne Draper, "Cruise Tourism and Residents in Arctic Canada: Development of a Resident Attitude Typology," *Journal of Hospitality and Tourism Management*, 2011, 18: 103 – 104.

北极蓝皮书

发与他们的生活紧密相连且关系密切和影响深远。① 2018 年，加拿大政府在西北地区的普罗维登斯堡建立了第一个原住民保护区，以更好地保护土地、水和野生动物，并确保当地居民的生活方式能够得以保留。②

三 北极邮轮旅游发展过程中的经济开发与环境保护间的冲突：以冰岛为例

冰岛高地地域广阔，气候恶劣但拥有巨大的地热区和熔岩场，此前很少有人进入，二战期间，美国军队驾驶卡车进入该地，为以后进入该地提供了可能。③ 20 世纪 50 年代，传统的"高地狩猎"发展起来，成为高地上第一个重要的有组织的旅游。④ 20 世纪 60 年代中期，在南部高地修建了第一座大型水电站，道路得到了改善，铺设了沥青，建造了桥梁，这为更多人进入南部高地的一些地区提供了便利条件。⑤ 近年来，技术条件的进步、独特的自然景观、可达性增强等为冰岛高地地区吸引了一批又一批的游客，冰岛高地凭借自然和荒野等得天独厚的条件使旅游人数达到了可观的数字。据统计，冰岛 73% 的电力来自水力发电，其余 27% 的电力来自地热发电。⑥ 第一座水电站建成之后南部高地便逐渐发展为能源密集型地区，旅游业和工厂

---

① Emma J. Stewart, Jackie Dawson, Dianne Draper, "Cruise Tourism and Residents in Arctic Canada: Development of a Resident Attitude Typology," *Journal of Hospitality and Tourism Management*, 2011, 18: 103 – 104.

② https://www.highnorthnews.com/en/first-indigenous-protected-area-designated-canada.

③ Anna Dóra Sæþórsdóttir, Jarkko Saarinen, "Challenges due to changing ideas of natural resources: tourism and power plant development in the Icelandic wilderness," *Polar Record*, 2016, pp. 82 – 91.

④ Huijbens, E. H, K. Benediktsson, Practising highland heterotopias: Automobility in the interior of Iceland, *Mobilities* 2 (1): 143 – 165.

⑤ Anna Dóra Sæþórsdóttir, Jarkko Saarinen, Challenges due to changing ideas of natural resources: tourism and power plant development in the Icelandic wilderness, *Polar Record*, 2016, pp. 82 – 91.

⑥ Statistics Iceland 2013a. Iðnaður og orkumál. Orkumál. Stóriðja og almenn notkun raforku 1960 – 2011 [Industry and power production. Power production. The electrical use of the power intensive industry and the general public]. Reykjavik: Statistics Iceland.

190

带来的经济成为该地区经济发展的主要力量。电力密集型工业的铝产品和其他产品在出口中的份额从1990年的10.4%上升到2013年的21.0%；同期，旅游业占出口总额的比重从11.2%上升到26.8%；与此相反，海洋食品的份额从1990年的56.3%下降到2013年的26.5%（冰岛统计局2013）。[①] 利用地热能发电始于1969年，当时该国北部建了一座发电厂，从那时起，冰岛建造了5座地热发电厂，全部位于低地。[②] 这促进了经济的转型和以自然为基础的经济多样化发展，但旅游业的高速发展和自然资源的迅速减少使人们逐渐意识到自然资源并非人们想象的那样无限和取之不尽；旅游业和发电厂对冰岛高地荒野土地的利用是存在竞争的。

冰岛高地旅游业的发展得益于当地原始的自然景观和生态环境，其为当地带去经济利益的同时，因监管不善也对环境产生了一系列影响，特别是自由旅行者徒步践踏植被、越野驾驶留下的显而易见的痕迹、随行产生的垃圾，在空旷且敏感的高地荒野是极其明显的。冰岛旅游局2018年1月31日统计的一份数据显示，冬季旅游人数增加，这与近年来旅游季节间波动较小的趋势相似。[③] 可见气候变化和冰层减少带来的不只是夏季旅游时间段的延长，冬季旅游时间段也同样延长了，旅游业的持续发展不可否认。冰岛高地地区电力密集型工厂大多为跨国公司所有，选址在冰岛的主要原因是能源价格低廉且丰富，政府的低能源价格吸引外资在此地建设工厂，提高了能源利用率并拉动了就业，工厂的运营模式为进口原材料，出口成品，冰岛高地相当于中转站。水电站和发电厂的建设使植被减少、河流枯竭、瀑布减少，缺乏植被的遮挡而使裸露在外的建筑物变得格外突兀，旅行者对水电站和发电厂也持负面评价，游客认为自己的目的是来观赏自然景观而不是观看人造建筑，大量现代建筑填充的荒野旅行名不副实。

---

① Anna Dóra Sæþórsdóttir, Jarkko Saarinen, Challenges due to changing ideas of natural resources: tourism and power plant development in the Icelandic wilderness, *Polar Record*, 2016, pp. 82 - 91.

② Arnórsson, S. 2012. Eðli og endurnýjanleiki jarðvarmakerfa〔The nature and renewability of geothermal systems〕. Náttúru- fræðingurinn 82（1 - 4）：49 - 72.

③ https://www.ferdamalastofa.is/en/moya/news/22-million-foreign-passengers-2017.

20世纪30年代以来，冰岛法律意义上的荒野面积已经缩小了30%，主要是因为发电厂的建设和旅游业的发展，这也是该地荒野所面临的主要威胁。[①] 有关电力生产和自然保护在土地利用之间的矛盾，各利益方所持观点不同，主要有两种：一种观点是主张利用能源发展生产，在开发资源的过程中也可以很好地保护环境，环境保护和自然资源的利用可以同时进行；另一种观点是保护环境资源更重要且应优先进行，主要是限制电力生产的发展，以保护有限的资源。[②] 2018年6月12日，冰岛议会在旅游业领域通过了两项新的法律，并于2019年1月1日生效，一项是冰岛旅游局颁布的第96/2018号法，另一项是有关旅行和相关旅行安排的第95/2018号法。[③] 这两项法律意在保障和改善与消费者有关的权利和安全问题，并通过事先提交确定计划的方式来规范旅游活动以期减少对自然的破坏和影响。很明显，后者观点占据主流地位，考虑到自然资源有限且不可再生的情况，大家更愿意以保护荒野环境为前提推动旅游业的发展，并对两者进行必要的限制和管控以期在相对稳定且平衡的状态下共享资源。

四 对北极邮轮旅游可持续发展的思考及对我国极地旅游业的启示

（一）北极邮轮旅游业如何实现可持续发展

气候变化和新航道开辟给北极邮轮旅游业的高速发展带来了契机。近年来，北极地区邮轮旅游热度持续走高，估计未来将长时间保持这一趋势不

---

① Anna Dóra Sæþórsdóttir, Jarkko Saarinen, "Challenges due to changing ideas of natural resources: tourism and power plant development in the Icelandic wilderness," *Polar Record*, 2016, pp. 82 - 91.

② Anna Dóra Sæþórsdóttir, Jarkko Saarinen, "Challenges due to changing ideas of natural resources: tourism and power plant development in the Icelandic wilderness," *Polar Record*, 2016, pp. 82 - 91.

③ https：//www. ferdamalastofa. is/en/moya/news/new-legislation-in-the-field-of-tourism.

变，前景可观。依托自然资源发展经济带来了环境污染和生态退化，以不可再生资源为基础的北极邮轮旅游业如何保持经济发展和环境保护的动态平衡以促进可持续发展，值得我们思考。

从游客和经营者角度看：游客参与了邮轮旅游的全过程，从游客角度进行说服教育可以起到很好的作用。针对游客的行为指南和相关准则已经出台，要重视落实和执行，否则依旧不会达到预期的效果。游客要提高自身素质，只有自身拥有保护环境的意识才会自觉注意自己的行为、避免不良行为的发生。邮轮经营者参与了邮轮旅游水上航行的全过程，要始终坚持以可持续发展为原则和宗旨并将此贯彻落实到邮轮旅游的全过程，包括前期路线制定和后期的总结报告；在航行路程中要尤其注意并严格控制废弃物排放和倾倒，通过使用清洁燃料从源头上限制、减少黑碳排放量，减缓北极地区气候变暖的速度；保证在出发前制订好意外事故发生时的紧急救援计划，加强邮轮操作人员相关知识技能的培训，以期有效控制意外事件的恶性影响。从经营者角度落实可持续发展的路程是困难的，因为一系列措施的改变意味着游客花费的成本增加和经营者获得收益的减少，这并非经营者所愿，可持续旅游发展的落实注定是一个艰难和长期的过程。

从当地社区角度看：对社区文化和遗产的保护态度决定着社区未来的存在和发展。以当地特色著称并以此为宣传的文化传统，在吸引人们好奇心的同时也面临着被破坏和被遗忘的风险。原住民社区几代依托的传统经济模式在旅游业热潮中被改变，虽说有经济增长这样的正面影响，但反对的呼声依旧很高。旅游业要保证当地社区的永续发展就必须依托政府制定、推行强制性的措施，游客指南和行为准则要落实到底并追责到底，限制访问游客的数量以保证社区不被过多打扰，建立原住民保护区不失为一种可行的方式。政府可设立专家小组对社区的文化和遗址进行研究并致力于继承和保护，加大或保持对社区应有的资金投入以保持建设并减少人才外流。

从政府角度看：要改变单纯追求经济增长的目标，坚持环境保护为主、旅游业稳步发展的策略。政府过于看重旅游业带来的经济效益就会放松对该行业的管控和限制，前期兴建的大量基础设施已对不可再生资源造成了不可

弥补的损害，后期的监管不及时导致的人为破坏更是难以修复，政府只有客观对待旅游业带来的经济效益才会从可持续发展的角度出发制定策略。要从源头上限制每日到访的邮轮和游客数量，稳定脆弱生态系统的承载能力；监督经营者制订旅游计划和应急措施方案，杜绝只说不做的形式主义监管；听取当地居民、企业和相关者的意见和建议，改进现行措施以维护其权益。

北极邮轮旅游业的可持续发展需要多方利益主体的共同参与。因各自利益角度不同带来的协商困难应让步于现阶段紧迫的环境污染和生态危机，尽快以环境保护和可持续发展为前提和出发点制定适用于多方主体并得到多方主体认同的策略和计划是当前的首要任务，环境保护阻碍重重，可持续发展任重道远。

（二）对我国极地旅游业的启示

我国极地旅游业起步晚、发展快。但由于缺乏经验，我国极地旅游业的运行和发展还存在一系列问题，但其他国家的成功经验和经营模式为我国极地旅游业的发展提供了可资借鉴的模本，我国应在目前极地旅游业热潮的大背景下抓住机会、迎接挑战，以促进我国极地旅游业的健康发展。

从国家角度：国家应抓紧出台相关领域的立法和制度规范，规制极地旅游业的发展并提供导向性的指引；中华文化博大精深，应以推进极地旅游业发展为出发点，借鉴可行经验，在促进文化交流和互鉴的同时宣传中华文明悠久的传统文化。

从经营者角度：1991 年成立的国际南极旅游组织协会（International Association of Antarctica Tour Operators，IAATO），已经在多年的实践发展中建立起适用于南极旅游业的行业标准和行为指南，并获得国际社会的广泛认可。虽说南极极地旅游业与北极极地旅游业存在较多不同，但 IAATO 的发展模式仍有值得学习和借鉴的地方。经营者应以积极申请加入 IAATO 为发展目标之一，以期能够吸收引用优秀的发展经验，并多方面与国际极地旅游业发展接轨，最后推动自身的发展。[①] 企业内部要加强建设与管理，形成一

---

① 陈丹红：《南极旅游业的发展与中国应采取的对策的思考》，《极地研究》2012 年第 1 期。

整套切实可行的运作模式为自身发展提供支持；注重人员在突发事件处理和环境保护方面的培训和考核，以应对不时之需；企业可考虑通过多种方式进行宣传和推广，利用现在网络时代的优点为自身服务。鉴于目前极地旅游业多为外国企业垄断的现状，伴随着极地旅游业稳步增长的契机，我国企业应考虑逐步扭转这一态势，通过培养人才、研发适航的邮轮、加强与北极地区当地政府合作、探索新目的地和路线等将主动权把握在自己手中。

五　总结

北极邮轮旅游业仰赖气候变化带来的发展机会，依托近代科技进步和政策支持，使其自身发展达到一个新高度。北极邮轮旅游业的发展必将带动域内国家和经营者经济的增加，但也应看到其所带来的负面影响。邮轮经营者将大部分收入揽入自己的腰包，原本想依托旅游业转变经济结构的原住民社区却没有得到预期的结果，而游客上岸观光游览带来的本地语言的退化和生态系统的破坏成为目前原住民社区真正的威胁和挑战。另外，邮轮旅游业发展过程中环境保护和经济利益的冲突仍未得到及时有效的解决，究其原因是政策缺失和监管不严。基于以上种种现实紧迫问题，各利益攸关方应加强责任意识，促进合作与联系，以实现北极邮轮旅游业的可持续发展。

B.11
英国的北极政策演变与中国因应

陈奕彤　高　晓*

摘　要：　自 15 世纪至今，英国的北极参与活动涉及军事、科学、商业、国际合作等领域。为了更好地指导国家的北极事务，2013 年 10 月，英国发布了第一份北极政策框架，2018 年 4 月，英国又对该政策框架进行了更新。英国的北极政策在演变过程中体现出一定的保守性，在维持着科学与合作处于优先地位的同时，日益重视国防安全利益。不断变化的北极生态环境和地缘政治、英国脱欧事件的影响、北极事务全球化趋势的增强直接推动了英国北极政策的演变，而坚定地寻求和维护国家利益则是英国制定和落实北极政策的根本目标。中国与英国同为北极理事会中的"非北极国家"，英国北极政策的演变值得中国持续关注和思考。维护中国的北极利益需要充分发挥主观能动性，持续从各领域深入参与北极事务，努力提高中国在北极的实质性存在。

关键词：　英国　北极政策　中国参与北极事务

尽管从地理位置上看，英国属于"非北极国家"（Non-Arctic State），但其"北极近邻"的自身定位及其早期的北极参与活动成为当代英国追求北

---

* 陈奕彤，女，中国海洋大学法学院讲师；高晓，女，中国海洋大学法学院 2018 级硕士研究生。

极利益的基础。自冷战结束后，一方面，北极八国对北极地区的排他性治理使得英国的北极参与日趋"边缘化"；另一方面，北极"全球化"趋势加强，尤其近年来域外国家对北极治理的参与越发深入。在这样的背景下，英国为了实现和维护其北极利益，制定系统的北极政策的重要性日渐凸显。2013年10月，英国发布了《适应变化：英国的北极政策》（*Adapting to Change：UK Policy towards the Arctic*）白皮书，从而成为第一个制定和颁布综合性北极政策的非北极国家。2018年4月，英国又出台了《超越寒冰：英国的北极政策》（*Beyond the Ice：UK policy towards the Arctic*），对2013年的北极政策框架和内容进行了修改和更新。除了上述两个正式的北极政策文件之外，英国上议院在2015年作了一次报告，针对英国的北极工作提出了一系列建议和措施，英国政府随后进行了回应。2018年7月，英国国防委员会的北极防务报告也评估了英国北极安全事项并提出了建议。2013～2018年短短5年期间，英国相继出台上述4项涉北极政策官方文件和报告，即使与北极八国相比，也可谓动作频繁、力度极大；反映了英国在近年来对北极事务的调整和重视，值得我国持续关注和研究。在这5年中，英国的北极政策一直处于动态变化之中，在不同时期的北极政策有所区别，反映了英国北极政策演变过程的背后有不同的推动因素。

一 英国参与北极事务的基本情况

英国对北极事务的参与活动可谓历史悠久。早在400多年前，由于地处北冰洋的便利地理位置和殖民开拓的驱使，英国就开始了对北极的探索和研究。17世纪～20世纪初，英国与北极之间的联系最为密切：在这一时期，英国探险者开始在北极进行探索活动；商人、渔民和捕鲸者则从北极带回了大量物质资源并推动了英国许多城市的经济发展；英国科学家也持续关注和研究北极地区。20世纪～21世纪初，英国北极活动的程度与过去200多年相比有所下降，加之受到两次世界大战和冷战的影响，从整体上看，在这一时期，虽然英国在北极地区的军事活动有所增加，但其他类型的活动则相对

减少。冷战结束后,英国对北极地区的关注度进一步下降,直到 2005 年前后才有了再一次转折。英国对气候变化、能源安全,以及俄罗斯北极军事活动的担忧和警惕促使其重新关注北极地区和相关事务。① 自此之后,北极事务的重要性在英国有所提升,英国在北极地区各领域的参与活动也在逐步复苏和增加,并在最近 5 年日益频繁。

总体上,自 15 世纪至今,英国对北极事务的参与活动主要表现在以下几个领域。

(一)军事方面

早在拿破仑战争时期,英国军队就在挪威和俄罗斯沿岸附近的海域开始了军事活动。19 世纪 50 年代,在克里米亚战争期间,英国皇家海军轰炸了俄罗斯在北极的军事基地。1949 年,北大西洋公约组织(以下简称北约)成立,在随后的冷战中,英国作为北约成员国实施了对抗苏联的军事活动。为了应对来自驻扎在北极的苏联潜艇部队的威胁,英国与美国在北大西洋安装监听阵列,并着手进行"冰下"潜艇行动;与此同时,英国的陆地部队冬天驻扎在挪威,以应对苏联陆军部队。

冷战结束后,北约与苏联之间的北极前线瓦解,俄罗斯随后裁减了其在北极海岸线的军事力量,英国的北极行动也有所减少。冷战结束使北极地区的战略地位在英国国内有所下降,此后在相当长的一段时间内,英国在北极地区保持低度军事存在。直到近几年,北极地缘政治发生了变化,英国才逐渐恢复和加强其在北极的军事力量。这主要表现在两个方面:第一,英国作为北约成员国参与北极军事活动。例如,自 2006 年起,挪威在其北部举行过多次名为"寒冷反应"的联合军事训练,英国作为北约成员国参与。② 自

---

① Ducan Depledge, *Britain and the Arctic*, Palgrave Macmillan, 2018, p. 63.

② "寒冷反应"(Cold Response),是挪威在其国家北部举行的联合军事演习。第一次演习是在 2006 年,所有 NATO 成员国都受邀参加。第二次演习于 2007 年 3 月举行。第三次演习于 2009 年 3 月举行。第四次演习于 2010 年 2 月至 3 月举行。第五次演习于 2012 年 3 月 12 ~ 23 日举行。第六次演习于 2014 年 3 月举行。第七次演习于 2016 年 2 月 15 ~ 18 日举行。

2013 年开始，英国作为北约成员国参与了每两年举行一次的名为"北极挑战"的联合军演。① 2018 年 10～11 月在挪威举行的北约"三叉戟"联合军演中，也有英国军队的参与。② 第二，英国与其他北极国家进行合作，在北极地区开展军事演习等活动。其中，英国与挪威的合作尤其频繁。由于北大西洋地区对于英国与挪威具有重要战略意义，二者一直保持长期的双边防务合作关系。2012 年 3 月，英国与挪威签署了一份《关于加强双边防务合作的谅解备忘录》；③ 在此基础上，二者于 2013 年 9 月发布了《关于 F－35 战斗机合作的联合声明》，显示出两国对于北极高地的持续战略关注。④ 2016 年 7 月 8 日，英国与挪威在北约峰会上签署了《英国－挪威关于北大西洋安全与双边合作的联合声明》。⑤ 目前，英国皇家海军陆战队每年在挪威进行寒冷天气培训，2019 年将开展大约 800 人次的培训。⑥ 除了挪威之外，英国还与美国存在北极防务合作关系。2017 年 1 月，英国与美国签署了海上巡逻飞机宣言，旨在加强两国在北大西洋地区的合作。⑦ 2018 年 3 月，英国国防部部长马克·兰卡斯特访问了美国华盛顿特区，英美两国的军事关系得到加强。⑧ 2018 年 3 月 15 日，英美两国海军在北极地区开展了 10 年来的首次

---

① 2013 年，北约进行第一次"北极挑战"联合军演。2015 年 5 月 25 日～6 月 5 日，北约第二次"北极挑战"联合军演在瑞典、芬兰和挪威的北部地区举行。参与国家中有美国、德国、英国、法国、荷兰和挪威等北约成员国，也有瑞典、芬兰和瑞士等非北约成员国。2017 年 5 月 22 日～6 月 2 日，在芬兰的罗瓦涅米空军基地举行了第三次"北极挑战"，多国空军参与了联合演习。有芬兰、挪威、瑞典、英国、美国、比利时、法国、德国、荷兰、加拿大和瑞士 11 个国家参加。

② https://www.nato.int/cps/en/natohq/news_158620.htm.

③ https://www.regjeringen.no/no/aktuelt/skrev-under-samarbeidsavtale-med-storbri/id674220/.

④ https://www.regjeringen.no/en/topics/defence/innsikt/kampfly-til-forsvaret/joint-statement-norwegianuk-f-35-collab/id735194/.

⑤ https://www.regjeringen.no/en/aktuelt/a-joint-uk-norwegian-declaration-on-security-in-the-north-atlantic-and-bilateral-co-operation/id2507676/.

⑥ https://www.gov.uk/government/news/defence-secretary-announces-new-defence-arctic-strategy.

⑦ https://www.gov.uk/government/news/uk-and-us-strengthen-maritime-aviation-cooperation.

⑧ https://www.gov.uk/government/news/uk-us-military-links-strengthened-after-ministerial-visit-to-washington-dc.

极地水下军演。① 此外，英国、美国、挪威三方也进行过防务合作。2017 年 3 月，英国与美国一起接受了挪威的邀请，首次参加挪威"联合维京"军事演习。② 2017 年 6 月 29 日，英国、挪威、美国就三方海上安全合作签署了一份意向声明，以应对北大西洋不断变化的安全环境。③

（二）科学研究方面

几个世纪以来，英国科学家对于促进世界对北极的了解作出了重要贡献。直到 20 世纪初，北极国家才开始大量投资国家科学项目以加强对北极的领土主权主张；与此同时，在 1920 年签署《斯匹次卑尔根群岛条约》以后，英国对北极不再有任何领土主张，历届政府也不再以主权声索为目的资助北极科学项目。尽管如此，在过去 100 年中，英国科学家保持了对北极科学的持续关注和研究。

1920 年成立于英国剑桥大学的斯科特极地研究所（Scott Polar Research Institute），是世界上最重要的极地研究和教育中心之一。一直到 20 世纪 70 年代末，英国的北极科学活动大多由牛津大学和剑桥大学领导，并得到了学术团体、财政捐赠资金和私人资金的支持。尽管自 20 世纪 80 年代起英国政府开始加大对民间领导的北极科学研究的资金支持，但从总体上看，支持力度仍然偏低。

冷战结束后，北极在英国的战略安全规划中的重要性明显下降，但英国在北极地区的科学考察活动仍然比较活跃。在北极问题上，英国独立、高质量的科学研究使其享有很高的国际声誉，这得益于英国庞大、活跃且日益壮大的科学团体。据统计，英国至少有 77 家科研机构开展了北极研究工作，其中包括 46 所高校和 20 多家研究院。④ 除波兰 1957 年就在斯瓦尔巴群岛建

① https：//www. royalnavy. mod. uk/news-and-latest-activity/news/2018/march/15/180315-iceex-2018.

② https：//www. highnorthnews. com/en/joint-viking-exercise-starts-today.

③ https：//www. regjeringen. no/en/aktuelt/usa-uk-and-norway-trilateral-maritime-security-cooperation/ id2563713/.

④ https：//assets. publishing. service. gov. uk/government/uploads/system/uploads/attachment _ data/ file/251216/Adapting_ To_ Change_ UK_ policy_ towards_ the_ Arctic. pdf, p. 11.

立了北极科考站以外，英国是较早在该地区建立科考站的非北极国家之一。
早在 1972 年，英国就在挪威斯瓦尔巴群岛的新奥尔松建立了一座夏季科考
站。1991 年，隶属于英国南极调查局的英国自然环境研究委员会在新奥尔
松新建了一座科考站，按照该机构计划，这座科考站将至少运行到 2028 年。
该科考站为夏季科考提供研究设施，一直是该地区最活跃的科考站之一，仅
在 2003~2013 年这个科考站就有 95 个北极研究项目得到了支持。[1] 目前，
英国自然环境研究委员会拥有两艘具备破冰能力的极地科考船，其新一代科
考船正在建造中。[2] 最近，这座科考站正在进行一项名为"变化中的北冰
洋"的研究项目，主要研究北极变化对海洋生物和生物地球化学产生的影
响，项目资金达 1600 万英镑。[3]

（三）商业开发和经济活动方面

至少从 15 世纪开始，商业利益就驱使着英国人对北极进行探索。历
史上，英国在北极的商业利益包括捕鲸、原油及煤炭开采、渔业、北极商
业航道开发等。英国的北极捕鲸活动可以追溯到 16 世纪末，在接下来的
几个世纪中，捕鲸业成为英国几个城市经济的重要组成部分，但到了 19
世纪末，煤油取代了鲸油作为燃料的地位，捕鲸业日趋衰落。1904 年，
英国在斯瓦尔巴群岛成立了一家煤炭贸易公司。1920 年《斯匹次卑尔根
群岛条约》签订后，英国作为缔约国，承认了挪威对斯瓦尔巴群岛的领土
主权，但依照条约可以继续开采煤炭。然而好景不长，20 世纪 20 年代后
期，国际煤炭价格下跌，英国在该地的煤矿也被关闭或者出售了。英国的
远洋渔船长期在冰岛和格陵兰岛周围活动，并深入巴伦支海，但于 20 世

---

① https：//assets. publishing. service. gov. uk/government/uploads/system/uploads/attachment _ data/
file/251216/Adapting_ To_ Change_ UK_ policy_ towards_ the_ Arctic. pdf，p. 10.

② 目前，英国拥有两艘具有破冰能力的极地船舶："James Clark Ross"号和"Ernest
Shackleton"号。2016 年 10 月，英国宣布其新一代破冰船"David Attenborough"号正式开
工建造，该船舶投资 2 亿英镑，将使研究人员能够更深入南极和北极两地进行科考。详见
https：//nerc. ukri. org/press/releases/2016/18-ship/。

③ https：//nerc. ukri. org/latest/news/nerc/arctic-ocean/.

纪70年代逐渐沉寂下来。20世纪20~30年代，英国开始探索建立英国与北美之间的北极航道。此外，在1977年之前由英国政府持有多数股权的英国石油公司，是最早在北极勘探石油的公司之一，于1968年就在普拉德霍湾开始生产活动。[1]

近年来，全球对北极地区的商业兴趣日益增长，英国也不例外。促使英国在北极地区商业活动增加的因素主要有两个："英国繁荣战略"[2]的提出，以及英国对于能源安全、粮食安全的担忧。[3]首先，英国与北欧国家在商业领域频繁合作，这是"英国繁荣战略"在北极领域的体现。例如，2011年1月，英国与挪威签署双边和全球伙伴关系，重申两国双边贸易的重要性。[4]2011年，英国时任首相戴维·卡梅伦在伦敦主持了首届英国－北欧－波罗的海峰会，呼吁有关国家"结成共同利益联盟"，成为欧洲经济增长的"先锋"。[5]2012年，英国还就地热开采问题与冰岛签署了一项谅解备忘录。[6]其次，对国内能源安全的担忧使英国对北极地区丰富的石油、天然气资源产生兴趣，而与北极国家尤其是挪威进行合作是英国保障国内能源安全的重要手段。英国在2013年的北极政策框架中表示，挪威在进一步开发其北极天然气储量方面的成功实践，对英国的能源安全具有重要意义。[7]最后，英国在北极的商业利益涉及粮食安全，尤其是渔业。由于国内鱼量不足，英国对来自北极的进口鱼类依赖性较强，为此，英国主张用科学的方法管理北极渔业，还强调了与欧盟其他国家合作以鼓励北极渔业可持续管理的重要性。[8]

---

① Ducan Depledge, *Britain and the Arctic*, Palgrave Macmillan, 2018, p. 83.

② https：//www. li. com/programmes/prosperity-uk.

③ Ducan Depledge, *Britain and the Arctic*, Palgrave Macmillan, 2018, pp. 85 – 91.

④ https：//www. gov. uk/government/news/norway-and-the-united-kingdom-a-bilateral-and-global-partnership.

⑤ https：//www. gov. uk/government/speeches/prime-ministers-speech-at-the-nordic-baltic-summit.

⑥ https：//www. gov. uk/government/news/uk-and-iceland-sign-energy-agreement.

⑦ https：//assets. publishing. service. gov. uk/government/uploads/system/uploads/attachment _ data/file/251216/Adapting_To_Change_UK_policy_towards_the_Arctic. pdf, p. 24.

⑧ https：//assets. publishing. service. gov. uk/government/uploads/system/uploads/attachment _ data/file/251216/Adapting_To_Change_UK_policy_towards_the_Arctic. pdf, p. 27.

（四）国际合作方面

与其他国家、国际组织进行北极国际合作是英国的重点关注领域。

从合作主体上看，英国既与其他国家存在双边、多边合作关系，也积极参与北极理事会、国际北极科学委员会等北极事务的国际合作机制。首先，近年来，英国政府积极与北极国家进行双边合作。2017年，英国与挪威对2011年签订的北极科研和自然遗产合作谅解备忘录进行了修订，双方表示将继续深化在北极科学研究领域的合作。[1] 2017年9月，英国与加拿大签订了科研、技术和创新等领域的十年合作谅解备忘录，双方将在应对北极气候变化等领域加强合作。[2] 其次，英国积极参与北极多边合作。2016年，英国、挪威、加拿大联合举办了"威尔顿庄园圆桌会议"，探索未来30年北极地区环境、政治、经济和社会领域的发展和变化。[3] 最后，作为北极理事会永久观察员国，英国派遣科研人员参与海洋环境和黑炭等领域的工作组，在北极理事会的工作中发挥了积极作用。1991年1月，英国成为国际北极科学委员会的正式成员国，在该委员会协调下参与北极考察活动并在该委员会组织的北极重大科学问题国际合作计划中发挥带头作用。[4] 在联合国政府间气候变化专门委员会组织编写的气候变化科学评估报告中，英国专家也起到了重要作用。[5]

从内容上看，英国参与国际合作的领域主要集中于科学研究和军事活动。在北极科学研究方面，英国庞大的科学家队伍以及深入的跨国合作研究使得英国在北极问题上的影响力持续提升。据统计，英国科研人员发表的北

---

[1] https：//www. gov. uk/government/publications/uk-norway-memorandum-of-understanding-on-polar-research-and-cultural-heritage.

[2] https：//www. gov. uk/government/news/uk-and-canada-pledge-to-work-together-to-develop-emerging-technologies.

[3] https：//www. wiltonpark. org. uk/event/wp1453/.

[4] https：//worldpolicy. org/2016/10/05/britains-arctic-struggle/.

[5] 2018年4月，国际北极科学委员会第六次评估报告主席团综合考虑专家学术水平以及区域、性别平衡和新老作者比例等因素，遴选确定了721名工作组作者，其中英国作者45位，仅次于美国（74位）。

极科研论文中约 2/3 是与其他国家研究人员共同署名，并且在论文发表数量上仅次于美国、俄罗斯和加拿大。① 近期，英国还与德国、美国和俄罗斯共同开展了名为"北极气候研究——多学科漂流气象台"的项目，主要研究北极气候变化和海冰融化对北极地区和全球的影响。② 在北极军事活动领域，如上文所述，除了参与北约在北极的相关军事活动外，英国还与挪威等北极国家通过签署声明、备忘录，开展联合军事演习等方式进行国际合作。

二　对英国北极政策演变的分析与评价

良好有序地参与北极活动有赖于国家政策的指导。为了有效参与北极治理，实现和维护国家北极利益，制定系统的北极政策的重要性日渐凸显。2013 年 10 月，英国发布了《适应变化：英国的北极政策》（*Adapting To Change：UK Policy towards the Arctic*）白皮书，从而成为第一个制定和颁布综合性北极政策的非北极国家。2018 年 4 月，英国又出台了《超越寒冰：英国的北极政策》（*Beyond the Ice：UK Policy towards the Arctic*），对 2013 年的北极政策框架和内容进行了修改和更新。除了上述两个正式的北极政策文件，英国上议院在 2015 年作了一次报告，针对英国的北极工作提出了一系列建议和措施，英国政府随后进行了回应。2018 年 7 月，英国国防委员会的北极防务报告也评估了英国北极安全事项并提出了建议。上述与北极地区相关的官方文件和活动，可以使我们更加清晰和全面地把握英国对北极地区的立场与态度，为我们分析英国的北极政策及其演变趋势提供参考。英国政府分别于 2013 年和 2018 年发布的两份北极政策白皮书是英国关于北极地区的正式文件，也是本文的重点分析对象。与 2013 年的英国北极政策白皮书相比，2018 年最新发布的白皮书在框架结构和内容上有何变化？最近 5 年

---

① https：//assets. publishing. service. gov. uk/government/uploads/system/uploads/attachment ＿ data/ file/697251/beyond-the-ice-uk-policy-towards-the-arctic. pdf, p. 11.

② https：//assets. publishing. service. gov. uk/government/uploads/system/uploads/attachment ＿ data/ file/697251/beyond-the-ice-uk-policy-towards-the-arctic. pdf, p. 14.

来英国的北极政策演变过程呈现了怎样的特点？其背后的动因如何？本文将在全面分析上述文件内容的基础之上，对以上问题作进一步分析。

（一）英国北极政策演变的特点

1. 一以贯之的保守与谨慎

总体来看，从 2013 年的北极政策白皮书到 2015 年英国上议院的报告及政府回应，再到 2018 年的新北极政策白皮书，英国的北极政策体现出保守和谨慎的特点，但随着时间的推移，在近年来其保守性有所下降。

英国在 2013 年发布的北极政策白皮书比较保守和谨慎。首先，从白皮书体现出的核心思想和原则来看，"尊重、领导、合作"三项原则贯穿全文，而其中最核心、处于首要地位的是"尊重"原则。白皮书中提到的具体措施都是在"尊重北极国家的领土主权"基础上，为"促进北极地区的和平与稳定"而制定的，尽管该文件中有"英国将会在具有全球重要性的北极问题上发挥领导作用"的表述，但该"领导作用"仅限于"适当情况"，且仍以"尊重八个北极国家及其国民的北极管理的领导权"为前提。[①]其次，从整体上看，白皮书对于北极政策实施的具体措施并没有规定得非常细致和明确，只是多次强调责任和担当，以削弱英国介入北极事务的阻力。例如，为了应对气候变化，英国提出节能减排目标；[②]为了防止北极生态环境继续恶化，英国以绿色开发和可持续利用原则约束相关企业的北极商业活动，要求他们做到"合法且负责任"。[③]

相较于 2013 年的北极政策白皮书，2015 年英国上议院报告之后的政府回应在基调上并没有太大变化，仍体现出较强的保守性。上议院认为政府在

---

① https：//assets. publishing. service. gov. uk/government/uploads/system/uploads/attachment _ data/file/251216/Adapting_To_Change_UK_policy_towards_the_Arctic. pdf, pp. 7 – 8.

② https：//assets. publishing. service. gov. uk/government/uploads/system/uploads/attachment _ data/file/251216/Adapting_To_Change_UK_policy_towards_the_Arctic. pdf, p. 17.

③ https：//assets. publishing. service. gov. uk/government/uploads/system/uploads/attachment _ data/file/251216/Adapting_To_Change_UK_policy_towards_the_Arctic. pdf, p. 21.

国家北极政策的立场上太过谨慎，并建议政府采取一系列措施加强北极工作。① 英国政府选择性地接受了一部分作为对上议院的回应，但坚持认为2013 年北极政策白皮书中提出的基本原则在总体上仍然正确，并可以继续适用。② 英国政府在回应中概述的一系列措施，大部分是对 2013 年北极政策白皮书中提出原则的强化或者细化。

2018 年，英国对 2013 年北极政策白皮书进行了更新。与之前相比，新版白皮书仍体现出保守性的特点，但程度有所下降。从总体上看，新白皮书是"一份支持现状的保守文件"③，这份文件重申了"尊重、领导、合作"这三项英国参与北极事务的基本原则，仍试图将自身定位成一个尊重北极国家及北极原住民权益、在北极科学领域发挥领导作用、与其他北极利益攸关方进行合作的"北极邻国"。④ 但同时，2018 年新版北极政策白皮书在具体措施的内容上更加明确和具体。2013 年的北极政策白皮书措辞简明扼要，虽然比较全面地阐释了英国参与北极事务的立场和举措，但在具体措施方面则笼统不详，尤其是在涉及具体利益等问题上，用语模糊，并力求将政策实施的重心置于北极政策白皮书所确立的英国参与北极事务的核心原则——"尊重"之上。而新版北极政策白皮书不仅在框架体系上更加明晰，而且其对于英国北极利益的阐述也更加明确。

2. 对科学与合作的重视和强调

重视北极事务中的科学与合作是英国北极政策演变过程中一以贯之的特点。

科学对于国家及其政策制定者理解北极的变化、设计切实可行的政策方案有着直接的贡献。英国在北极科学研究领域具有传统优势，深入而持久的

---

① https：//publications. parliament. uk/pa/ld201415/ldselect/ldarctic/118/118. pdf.

② https：//assets. publishing. service. gov. uk/government/uploads/system/uploads/attachment_data/file/445947/Government_Response_to_the_House_of_Lords_Select_Committee_Report_HL_118_of_Session_2014 – 15_Responding_to_a_changing_Arctic. pdf.

③ http：//www. highnorthnews. com/the-uks-new-arctic-policy-more-explicit-but-still-conservative/.

④ https：//assets. publishing. service. gov. uk/government/uploads/system/uploads/attachment_data/file/697251/beyond-the-ice-uk-policy-towards-the-arctic. pdf, p. 3.

科研活动是其参与北极事务的重要基础。2013 年的北极政策白皮书就将科学定位成"支撑三项基本原则的基础"。[①] 2015 年的政府回应中也进一步强调要继续发展北极科学；2018 年的新北极政策白皮书更是将科学置于相当重要的地位，指出"英国在北极科学技术研发和创新领域中拥有领先地位，这将有助于国际社会提升对北极地区气候和环境变化的理解和认识，并找到应对挑战的有效方法"。[②]

近年来，北极气候变化加剧导致海冰大量融化，加之经济全球化、区域一体化深入发展，这使得北极的战略、经济、科研、环保、航道、资源等价值不断上升，北极问题已不单单是北极国家间或区域问题，而且是一个具有全球意义和国际影响的问题。[③] 当前，北极事务存在治理机制相对滞后、资源开发利用与环境保护之间的矛盾，以及北极国家利益与人类共同利益之间的关系问题，这都需要相关国家通力合作以实现对北极地区的有效治理。[④] 英国在 2013 年北极政策白皮书中就将"合作"列为参与北极事务的基本原则之一；2018 年新版北极政策白皮书出台后，以三个章节的内容阐述了英国在北极地区进行国际合作的举措，包括北极国际事务的合作机制以及对北极事务的双边和多边合作。[⑤] 可以看出，新版北极政策白皮书虽然在内容上有所更新，但"合作"原则仍居于重要地位。

从 2013 年的北极政策白皮书到 2018 年的新版北极政策白皮书可以看出：第一，英国政府对自身在北极事务中的定位越来越明确。英国在科学研究与技术创新方面的世界领先地位可以在北极事务中发挥领导作用，英国有意利用并希望继续扩大这项优势。第二，自 2016 年 6 月英国公投决定退出

---

① https：//assets. publishing. service. gov. uk/government/uploads/system/uploads/attachment _ data/file/251216/Adapting_ To_ Change_ UK_ policy_ towards_ the_ Arctic. pdf，p. 9.

② https：//assets. publishing. service. gov. uk/government/uploads/system/uploads/attachment _ data/file/697251/beyond-the-ice-uk-policy-towards-the-arctic. pdf，p. 4.

③ https：//www. mfa. gov. cn/chn//pds/ziliao/tytj/zcwj/t1529258. htm.

④ 杨剑：《〈中国的北极政策〉解读》，《太平洋学报》2018 年第 3 期，第 1 ~ 11 页。

⑤ https：//assets. publishing. service. gov. uk/government/uploads/system/uploads/attachment _ data/file/697251/beyond-the-ice-uk-policy-towards-the-arctic. pdf，pp. 7 – 8.

欧盟以来，英国推出"全球英国"的外交政策，希望借此开拓和发展更广泛的合作伙伴关系。① 在这样特殊的背景下发布的 2018 年北极政策白皮书更加重视国际合作问题。基于以上两点，英国以科学研究与技术创新为基础、以国际合作为手段，致力于持续提升英国在北极地区的全球影响力。强大的北极科研能力极大强化了英国在北极事务中的话语权和存在感，有助于保持和提升英国作为非北极国家在北极事务中的领先地位；而多领域、多角度的国际合作则作为有利推手，密切加强了英国与其他北极利益攸关方的深入联系。这正符合其"全球英国"外交政策的愿景。

3. 对国防安全利益的考量持续增强

2013 年 10 月，英国发布北极政策白皮书，提出要"加强与北极国家的安全防务合作，增强英国在北极地区的军事能力"②，但没有对北极安全防务工作作出更加具体的规定。2016 年，英国下议院国防委员会发布过一份关于俄罗斯及其对英国防务与安全影响的报告，报告将北极和北极高地列为令人担忧的地区。③ 2018 年 4 月，英国的新北极政策白皮书出台，与 2013 年白皮书相比，新版北极政策白皮书增加了国防方面的具体内容，用一个章节的内容阐释了英国在北极的国防利益。新版北极政策白皮书首先表明了英国的立场——英国尊重北极国家捍卫自身权益和领土主权的权利，接着指出近年来一些北极国家加强北极军事存在的行为不利于保持北极地区的稳定，对此，英国将继续通过北约加强与北极国家的防务合作以维护北极地区的稳定和安全。④ 2018 年 8 月，在新版北极政策白皮书发布后几个月，英国国防委员会发布了名为《如履薄冰：英国在北极的防御》（*On Thin Ice：UK Defence in the Arctic*）的报告。该北极防务报告指出了北极地区近年来在安全

---

① 张飚：《"全球英国"：脱欧后英国的外交选择》，《现代国际关系》2018 年第 3 期，第 18 ~ 25、63 ~ 64 页。

② https：//assets. publishing. service. gov. uk/government/uploads/system/uploads/attachment _ data/file/251216/Adapting_To_Change_UK_policy_towards_the_ Arctic. pdf，p. 13.

③ https：//publications. parliament. uk/pa/cm201617/cmselect/cmdfence/107/10702. htm.

④ https：//assets. publishing. service. gov. uk/government/uploads/system/uploads/attachment _ data/file/697251/beyond-the-ice-uk-policy-towards-the-arctic. pdf，p. 21.

和稳定问题上面临的严峻形势，并表示"为了国家的安全利益，应恢复英国之前在保卫该地区方面表现出的领导地位"①。本次报告的重点和背景是该地区军事活动的增加，特别是俄罗斯的军事活动。委员会对"俄罗斯的力量从北极高地投射到北大西洋"这一前景感到担忧，认为有必要制定一项"全面战略"来应对这一威胁。② 在报告的最后，英国国防委员会认为，英国政府应该在北极地区投入更多的时间和资源。但目前看来，英国武装部队几乎没有专门的北极行动能力，对此，英国政府应该作出努力，提高在寒冷气候条件下作战的专业技术和能力。与此同时，报告对北约重新将北大西洋纳入关注范围的做法表示认同和欢迎。③

从近5年英国发布的北极政策白皮书及相关文件中，可以很明显地看到英国在北极的国防安全利益考量持续增强。在政策文件的指导下，近几年英国积极参与北约的北极军事活动，并经常与其他北极国家进行联合军事演习。

（二）对英国北极政策演变过程及其动因的评析

近5年来，英国的北极政策一直处于动态变化之中，并不断进行更新。2013年，英国政府公布了其北极政策白皮书，并承诺定期更新。2018年，英国政府对2013年白皮书进行了更新，并在新版白皮书中表示：鉴于北极地区正在发生迅速的环境变化，政府打算定期更新该白皮书。此外，该地区的一些重大地缘政治变化也推动了英国白皮书的更新。④ 可以看出，英国政府认为想要一劳永逸地制定一份长期而固守不变的北极政策是不现实的。不论是迅速变化的北极生态环境，还是复杂多变的北极地缘政治，都推动着英国北极政策的更迭。

---

① https：//publications. parliament. uk/pa/cm201719/cmselect/cmdfence/388/38803. htm.
② https：//publications. parliament. uk/pa/cm201719/cmselect/cmdfence/388/38803. htm.
③ https：//publications. parliament. uk/pa/cm201719/cmselect/cmdfence/388/38803. htm.
④ https：//assets. publishing. service. gov. uk/government/uploads/system/uploads/attachment _ data/file/697251/beyond-the-ice-uk-policy-towards-the-arctic. pdf, p. 3.

下文将对英国北极政策演变过程及其动因进行深入剖析。

1. "一个变化中的北极"——北极面临生态环境和地缘政治变化

（1）生态环境变化

北极地区正在发生迅速的气候变化。据调查，北极地区变暖的速度是地球上其他地区的 2 倍，北冰洋正在从永久性冰雪覆盖过渡到季节性无冰，如果不采取行动减少来自人类活动的温室气体排放，那么在 2050 年前北冰洋的夏季可能是无冰的，甚至在未来的 10～20 年内可能也是如此。[①] 北极地区生态环境脆弱，气候要素的改变会引起整个北极环境的变化。英国在地理上与北极接近，这使它对北极的环境变化很敏感，其国内环境、国防安全、商业活动等可能会因为北极环境的变化而受到不同程度的影响。根据最新研究的发现，英国冬季的严重降雪天气以及夏季的极端降雨天气可能是受到北极变暖趋势的影响。[②] 此外，海冰融化引起的海平面上升也可能会威胁到英国的国家安全与防务。为了了解北极环境变化的原因并做出应对措施，英国一直在发展北极科学并寻求国际合作，这从英国不断变化的北极政策中也能窥见。

虽然北极环境变化可能给英国带来一系列负面影响，但"一个变化中的北极"也给英国带来了机会。

首先，科学对于理解"一个变化中的北极"异常重要。当前，北极地区正在发生快速的环境变化，并对全球多个领域产生不同程度的影响，了解该变化的原因以及提出应对措施是科学界在一直关注的事项。英国一贯主张以科学了解北极，用科学促进北极治理，多年来也为此作出了贡献：自1996 年北极理事会成立以来，英国作为该理事会的观察员，向理事会的许多工作组提供了北极专门科学知识，此外，英国还与北极国家、北极理事会等进行科学合作，并强调科学对于北极环境保护的重要性，鼓励科学组织之间的国际协调与合作。在当前的北极治理模式之下，北极国家将意图参与北

① https：//arcticwwf. org/work/climate/.

② University of Lincoln. "Is Arctic warming influencing the UK's extreme weather?" http：//www. sciencedaily. com/releases/2018/01/180104120311. htm.

极治理的其他北极利益攸关方拒之门外，而科学则是英国参与北极事务的入场券，依靠科学掌握更多的北极相关信息并加以利用，这对英国来说是很好的参与北极事务的机会。因此，尽管英国北极政策的内容一直在更新，科学始终居于重要地位。

其次，北极气候变暖导致海冰大量融化，这使得国际社会对北极地区丰富的矿产资源、渔业资源，以及北极新航道的开发和利用成为可能。对此，英国通过制定并不断调整北极政策以指导其北极经济和商业开发活动。英国在2013年的北极政策白皮书中表示"支持相关企业在北极开展合法且负责任的商业活动"①，并具体阐述了英国在北极地区的能源安全、航运、旅游业、渔业等利益。在2018年的新版北极政策白皮书中，英国表示将继续"鼓励英国企业在北极地区投资，并为其创造相应的机会和建立合作渠道"②，并从北极新航道开发、油气开发、渔业等方面阐述了英国的立场和举措。

（2）地缘政治变化：俄罗斯北极军事活动对英国国防安全利益产生影响

英国下议院国防委员会在2018年8月发布的北极防务报告中指出：近年来，北极地区军事活动有所增加，而处于这一活动前沿的是俄罗斯。③ 报告还列举了俄罗斯近期的北极军事活动：2014年，俄罗斯重组了区域军事指挥机构，为北极地区建立了一个专门的联合战略司令部；俄罗斯在北极地区的海、陆、空军事存在均大大增强，演习和训练也很频繁。④ 北极和北极高地是英国维护国家安全的核心，对英国具有重要的战略意义。在冷战期间，英国通过北约与苏联进行军事对抗，而与北冰洋接壤的北大西洋在冷战中处于重要战略地位。因此，俄罗斯在北极部署军事力量并可能延伸到在北大西洋这一行为使英国高度敏感，也导致了国防安全利益在英国北极政策中

---

① https：//assets. publishing. service. gov. uk/government/uploads/system/uploads/attachment_ data/
file/251216/Adapting_ To_ Change_ UK_ policy_ towards_ the_ Arctic. pdf, p. 23.

② https：//assets. publishing. service. gov. uk/government/uploads/system/uploads/attachment_ data/
file/697251/beyond-the-ice-uk-policy-towards-the-arctic. pdf, p. 4.

③ https：//publications. parliament. uk/pa/cm201719/cmselect/cmdfence/388/38802. htm.

④ https：//publications. parliament. uk/pa/cm201719/cmselect/cmdfence/388/38802. htm.

的重要性显著提高。国防委员会的北极防务报告发布后，英国国内对于能否恢复英国在北极和北极高地的作战能力产生怀疑，而委员会认为"能否做到这一点，归根到底是资源和雄心的问题"①。2018 年 9 月 30 日，英国国防部长加文·威廉森宣布了一项新的北极防务战略，该战略指出，英国目前的北极军事行动、在该地区的承诺以及未来的部署计划都体现出国防部对于北极的重视。② 战略重点关注北约、北极安全部队圆桌论坛的作用以及英国与盟国和伙伴的安全合作以保持北极地区的安全与稳定，此外，加强英国与挪威的军事合作。③ 可见，在涉及国家安全利益时，英国具备"雄心"，能否投入充足的资金，是否能恢复英国军队的北极作战能力，仍有待观察。

2. 英国脱欧事件与"全球英国"政策的推进

自英国公投决定退出欧盟以来，英国逐渐发展出"全球英国"外交政策以处理脱欧后与非欧盟国家的关系。④ 2017 年 1 月 17 日，时任英国首相特蕾莎·梅在兰开斯特宫首次发表重要的外交政策演讲，她宣称："对这个国家来说，最大的收获就是利用这个机会建立一个真正全球化的英国。"⑤ 在这样的背景之下，2018 年英国新版北极政策白皮书出台了。该白皮书在前言中指出，英国致力于建立一个"全球英国"，它不仅能为北极提供世界领先的科学和商业投资，还包括其对环境保护、国际合作和基于规则制度的承诺。⑥ 新版白皮书反映了北极问题与"全球英国"外交政策的碰撞与融合——"白皮书更明确地将英国的北极利益与英国更广泛的外交政策利益联系在一起，并将其在北极的优势描述为'全球英国'的典范。"⑦

---

① https：//publications. parliament. uk/pa/cm201719/cmselect/cmdfence/388/38802. htm.

② https：//www. gov. uk/government/news/defence-secretary-announces-new-defence-arctic-strategy.

③ https：//www. gov. uk/government/news/defence-secretary-announces-new-defence-arctic-strategy.

④ 张飚：《"全球英国"：脱欧后英国的外交选择》，《现代国际关系》2018 年第 3 期，第 18 ~ 25、63 ~ 64 页。

⑤ https：//www. gov. uk/government/speeches/the-governments-negotiating-objectives-for-exiting-the-eu-pm-speech.

⑥ https：//assets. publishing. service. gov. uk/government/uploads/system/uploads/attachment_ data/file/697251/beyond-the-ice-uk-policy-towards-the-arctic. pdf, p. 2.

⑦ http：//www. highnorthnews. com/the-uks-new-arctic-policy-more-explicit-but-still-conservative/.

将"全球英国"理念融合到英国的北极政策中，在一定程度上促使英国在阐释其在北极事务中扮演的角色和利益追求时不再那么保守，同时，将二者融合也是英国追求北极利益的有效手段。正如英国威斯敏斯特极地地区秘书处全党议会小组主任、英国下议院国防委员会特别顾问邓肯·德维森对北极地区与"全球英国"关系的描述与分析：将北极地区与"全球英国"联系在一起，可以借助英国在北极地区的优势为英国带来更广泛的外交政策利益，以此提高北极地区在整个英国政府中的形象；而具有海外利益和责任的各政府部门在实施与"全球英国"相配套的全球外交政策时可能会发现，他们经常遇到与北极相关的问题，特别是在气候变化、科学研究、技术创新等领域。这反过来可能促使政府为了实现"全球英国"的目标而增加北极政策倡议的资源。[1] 可以预见，随着"全球英国"的继续推进，北极事务在英国的地位可能仍会上升。

3. 北极事务全球参与的趋势增强

近年来，北极气候正在发生快速的变化，一方面，这可能给世界各国带来不同程度的负面影响；另一方面，这也使北极新航道利用、资源开发等成为可能。应对北极气候变化是关乎全人类共同利益的重要问题，此外，为了寻求商业利益，非北极国家参与北极事务的意愿也在增强。具体来说，近期意图参与北极事务的力量主要集中在亚洲。2013年，中国、日本、新加坡、印度、韩国被正式接纳为北极理事会观察员国。其中韩国、日本、中国在近几年先后发布了北极政策或战略文件，阐述了各自国家的北极利益。[2] 此外，2017年，瑞士以及多个政府间、议会间、非政府间国际组织成为北极理事会观察员。[3]

---

① Ducan Depledge, *Britain and the Arctic*, Palgrave Macmillan, 2018, p. 129.

② 2013年7月25日，韩国推出"北极综合政策推进计划"。2015年10月16日，日本政府召开综合海洋政策本部的会议，会议通过了日本首个北极相关的政策——《北极政策》。2018年1月26日，中国国务院新闻办公室发布《中国的北极政策》白皮书。

③ 2017年5月，在美国阿拉斯加费尔班克斯举行的北极理事会第十次部长会议上，瑞士、国际海洋勘探理事会（ICES）、OSPAR委员会、世界气象组织（WMO）、西北欧理事会（WNC）、国家地理协会（NGS）、Oceana成为北极理事会观察员。

全球参与北极事务的趋势在一定程度上削减了英国参与北极事务的阻力，这也是英国2018年新北极政策白皮书保守性降低的另一个原因。但这同时给英国带来了资源竞争的压力。为了更好地参与北极事务以追求自身利益，英国也在不断调整其北极政策。

4.利益驱动是英国北极政策演变的根本原因

几个世纪之前，英国通过北极探索、科学研究、商业活动、军事活动等与北极建立了实质上的联系，这给当时的英国带来了经济、商业、安全等利益。19世纪后半叶到20世纪初，英国逐渐退出北极，这种实质性的联系减弱，但英国在北极的科学、商业活动一直没有中断。在整个20世纪，英国继续发现和建立了与北极之间新的科学、商业、军事联系。冷战结束后，北极地区形成了新的政治秩序，环北极国家凭借"环极性"这一地理因素对北极主张权利，而英国为表示对北极国家主权的尊重，在寻求北极利益上显得很谨慎。于是，冷战结束近20年来，历届英国政府对英国的北极活动并没有一以贯之的明晰思路，直到2005年之后，才加大了对北极事务的投入与重视。目前，英国在北极地区的活动情况涉及包括环境、科学、国防、能源、渔业和交通等在内的多个领域。从2013年至今，北极地区的环境正在发生快速的变化，英国自身也面临脱欧以及之后可能产生的一系列连锁事件的影响，这些重大的变化使英国追求自身利益的立足点和角度发生变化，于是英国的北极政策也在不断调整。总之，不论是从英国北极政策演变过程还是从该过程表现出的特点来看，英国政府对其北极利益的追求一直处于核心位置。

从历史发展的角度来看，英国的北极利益可以分为历史性利益和当代利益。二者以2005年前后作为分界线。历史性利益主要来源于英国早期的北极参与活动；当代利益则基于"一个变化中的北极"，来源于新时期英国与北极之间建立的各种联系，这些联系既包括英国与北极相关的国防、科学、商业等实质性参与活动，还包括调整以上活动的北极政策及相关文件。从地理位置上看，英国是除八个北极国家之外最靠近北极圈的北半球国家，这种地理上的邻近性，加之英国在北极地区悠久的探险、科学研究、商业活动等历史，使英国与北极地区之间形成了一种"亲密性"。然而，仅依靠简单的地理位置以及过去的北极参与活动所能主张的利益对当代英国来说是远远不够的，毕竟，"地理和历史因素是英国发展和维护北极利益的不稳定因素"①。历史性利益已经成为过去，其贡献只是为寻求当代利益留下了遗产。例如，虽然英国具有优良的北极科研传统，但了解和利用北极需要最新的科学和技术，如果英国不继续发展北极科学研究并持续保持投入和产出，该联系就会中断和消亡。英国"北极近邻"的角色定位将是一块踏板，如同英国的历史性利益，都有助于增强当代英国与北极地区之间的联系。但是，最重要的还是创造英国与北极地区的现实联系和当代利益。随着北极地区和全球化进程的联系越来越紧密，英国在解决北极地区面临的许多紧迫问题上可发挥积极作用，通过全方位、多领域的北极参与活动来加强其在北极地区的实质性存在。换言之，英国当代北极利益来源于其与北极地区之间的联系，而这种联系是需要积极主动去创建的。

三　英国的北极政策与中国因应

（一）深入参与北极事务、加强实质存在是英国北极政策的目标

英国北极政策的演变过程是英国内忧外患、机遇与挑战并存环境下的产物。从 2013 年英国发布首个北极政策白皮书至今，北极气候变化加剧、俄罗斯加强在北极地区的军事存在，可谓之外患；英国脱欧以及由此可能产生的一系列负面影响、对国内能源安全的担忧等，可谓之内忧。但是，以上挑战同时给英国带来了机遇。首先，对北极进行合理利用的前提是理解北极如何发生变化。即在北极问题上，掌握最新的、全面的信息异常重要，这些信息不仅有助于理解北极是如何变化的，还可以运用到商业贸易、保护国家安全等领域。而英国在此方面具有优势，其高质量的北极科研队伍和强大的科

---

① Ducan Depledge, *Britain and the Arctic*, Palgrave Macmillan, 2018, p. 63.

研能力为英国有效获取北极相关信息搭建了平台，其获取的信息也在国防安全、国际合作、北极环境保护、商业活动等众多利益领域起到了重要作用。从这个角度看，理解"一个变化中的北极"是英国寻求北极利益的基础。其次，"全球英国"外交政策的推行与英国脱欧密切相关。该政策为英国提供了一个与全世界建立更广阔联系的机会，包括北极地区。于是，在这样复杂的背景之下，英国的北极政策顺势演变，体现出英国在机遇与挑战并存的环境下进行的利益选择。

通过对英国北极政策的演变过程进行梳理与分析，可以做出如下总结。

第一，从英国这个实例可以看出，面对"一个变化中的北极"，在地理位置上"接近"北极可能没有那么重要。① 在当代，一个国家在北极事务上的影响力在更大程度上取决于其创造与北极地区之间的联系的能力，这种联系植根于环境保护、科学研究、国家安全、商业活动、国际合作等诸多北极问题相关的领域。过去的北极参与活动已经成为历史，北极问题的复杂性和不稳定性决定了其面向未来的倾向。主动加强、创造与北极的联系从而加强国家在北极地区的实质性存在，是一个国家追求当代北极利益的基础。

第二，国际合作是一个国家在当代参与北极事务的重要手段。早期，国家间对于北极地区的"争夺战"以主权声索和军事对峙为主，近期则在资源争夺、商业竞争、航运开发等方面开辟了新的角逐场域。而在这些场域当中，机遇与挑战并存。非北极国家和其他行为体在尊重北极国家的主权和主权权利及相应管辖权的前提下，同样面临诸多获取利益的机会，而国际合作恰恰是实现其北极利益的主要方式。北极八国和其他利益攸关方在诸多领域加强国际合作存在必要性和合理性。在现有国际法框架下通过全球、区域、多边和双边机制协调和参与北极事务，北极国家和各利益攸关方之间互相"取长补短""互惠互利"，是实现合作共赢的必经之路。英国北极政策的演变过程反映了国际合作的重要性和宝贵价值：英国不仅与北极八国和其他利益攸关方多年来在科技、军事、环保、商业等领域保持着密切的合作，而且

---

① Ducan Depledge, *Britain and the Arctic*, Palgrave Macmillan, 2018, pp. 92 – 93.

随着"全球英国"外交政策与英国北极政策的融合，这种国际合作正在朝着更高程度和更广泛的领域持续发展。

第三，一个国家的自身实力在根本上决定了其参与北极事务的深入程度和质量的高低。虽然一个国家既往在北极地区活动的历史可能会对其当前的北极存在感产生影响，例如英国的北极科研历史已经为其当代与北极地区之间的联系打下了坚实的基础，但国家是否足够重视北极事务以及是否具备足够的意愿和雄厚的实力投入充分而持久的资源支持并维持其在北极地区的实质性存在和贡献程度才是决定其北极话语权的关键。无论是地理上的邻近还是历史中创造的联系与过往，若不在当代继续加以维持和投入，终究会在新一轮的竞争中丧失优先主导地位。

（二）中国对英国北极政策的因应

中国和英国同为北极理事会中的"观察员国"，在认识北极、保护北极、利用北极和参与北极治理等方面存在共同或相似利益。中英两国在应对北极气候变化、维持北极地缘政治稳定、北极环境保护、新航道的开发利用、资源勘探与开发、北极科学研究等领域具有相似性。[①] 中国在 2018 年 1 月正式发布北极政策白皮书，将自身定位于地缘上的"近北极国家"。而英国早在 2013 年就在其北极政策白皮书中将自身定位为"近北极国家"。[②] 此外，中国与英国的北极政策也存在相似之处。首先，二者都强调"尊重"原则，对北极国家的主权、主权权利以及北极原住民给予高度尊重，并致力于维护北极地区的和平与稳定；其次，二者都将合作置于重要地位，支持多领域、多层次的国际合作；最后，二者在北极政策中都强化责任担当，注重北极地区的生态和环境保护问题。

作为"北极近邻"的英国在几个世纪之前就开始参与北极活动，虽然

[①] Ducan Depledge, *Britain and the Arctic*, Palgrave Macmillan, 2018. p. 129.

[②] Secretary of State for Foreign and Commonwealth Affairs, Government Response to the House of Lords Select Committee Report HL 118 of Session 2014－15: Responding to a Changing Arctic, Jul. 2015.

其参与行为不具备连续性，但与 20 世纪 90 年代起才实质性参与北极事务的中国相比，英国在处理北极问题上拥有较为丰富的经验，其追求北极利益时的一些国家行为对中国有示范作用和借鉴意义。

1. 国际合作方面

当代英国以多种途径和形式参与多领域的北极国际合作。英国的北极国际合作开展较早，在北极理事会、国际北极科学委员会、联合国政府间气候变化专门委员会等组织机构中都能看到英国的身影，此外，英国还与众多北极国家、非北极国家在国防、商业、科学研究等领域保持着独立的合作关系。相比之下，中国的北极国际合作起步较晚，但发展较快。除了通过北极理事会等平台深入参与北极事务之外，中国还与北极国家以及众多非北极国家在北极问题上进行合作。迄今为止，中国与所有北极国家以及多数北极活动大国都举行过北极事务的双边对话或磋商。① 此外，中国寻求北极事务合作的主动性有所增强，积极举办涉北极事务双边、多边会议，以及设立北极事务合作机制。

中国与英国在北极事务上存在合作空间。自 2013 年英国意图脱欧以来，"全球英国"外交政策的推行进一步加强了英国在北极的国际合作。而且，英国意图通过"全球英国"政策加强与中国的合作。2018 年 4 月，英国兰开斯特公爵郡大臣在第三次正式访华期间的讲话中表示，"中国将一直是英国越来越重要的合作伙伴"。② 在非北极国家中，英国的北极事务参与基础较为牢固，再加之中英两国目前良好的合作态势，在北极问题上中英两国还存在很大的合作空间。例如，中英两国伙伴关系正在加强，在北极地区的密切合作有助于建立北极科技、商业合资企业，这可以将英国的专业知识、创新能力与中国的资金、建设能力相结合，实现两国的共同利益。③

2. 北极科学研究方面

总体来说，英国的北极科学发展水平在非北极国家中名列前茅，无论是

---

① http：//www. gov. cn/xinwen/2018 - 01/26/content_5261152. htm.

② https：//www. gov. uk/government/speeches/building-a-global-britain. zh.

③ Ducan Depledge, *Britain and the Arctic*, Palgrave Macmillan, 2018, p. 129.

北极科学研究、北极科学考察还是北极科学合作，英国都比较出众。相比之下，中国的北极科学活动开始较晚。1996 年，中国成为国际北极科学委员会成员国，在这之后，中国的北极科研活动日趋活跃。以"雪龙"号科考船和"黄河"科考站为平台，中国成功进行了多次北极科学考察。2018 年10 月 18 日，由中国和冰岛共同筹建的中－冰北极科学考察站正式运行，这是中国在北极地区除"黄河"站之外又一个综合研究基地。① 除了北极科考活动，中国还注重北极科学合作。首先，中国致力于与北极国家以及非北极国家进行北极科学合作。例如，2019 年 4 月 12 日，中俄两国签署了建立北极科研中心的协议，两国科学家将在该中心的基础上在北极开展联合研究；② 2012 年中冰两国签署《中冰海洋和极地科技合作谅解备忘录》；③2017 年中芬两国联合发表了《中华人民共和国和芬兰共和国关于建立和推进面向未来的新型合作伙伴关系的联合声明》，内容涉及极地科学研究。④其次，中国参与国际北极机制，例如北极理事会、国际北极科学委员会、联合国政府间气候变化专门委员会，向这些组织输送了大量科学家。最后，中国还自主建设北极科学合作机制，例如年度中俄北极论坛、中加北极论坛、中美北极社科论坛、中国北欧北极研究中心等。

　　尽管如此，与英国相比，中国的北极科学发展历史较短，对此，英国可以为我们提供借鉴经验。首先，中国要重视培养北极科学家及科学团队。英国重视发展北极科学家与科学团队，这给英国积累了大量的北极专业知识，从而为利用、转化这些知识，巩固、加强英国在北极事务中的地位创造了条件。近年来，中国北极科考频繁，经过众多北极科学工作者的努力，中国的

---

① http：//www. xinhuanet. com/tech/2018 – 10/18/c_1123579959. htm.

② http：//www. cankaoxiaoxi. com/china/20190412/2377057. shtml？ ulu-rcmd = 0＿26ap＿rfill＿0＿e3c35add64ca4c40804a32341735a1ee.

③ https：//www. fmprc. gov. cn/web/gjhdq＿676201/gj＿676203/oz＿678770/1206＿678964/sbgx＿678968/.

④ http：//www. xinhuanet. com/2017 –04/05/c_1120756512. htm.

北极科学取得了长足进步，但与英国这样的北极科研强国相比仍存在差距。① 因此，对中国来说，培养一批活跃在国际舞台上的北极科学家有其必要性，这能为中国提供大量最新的北极专业知识，强化中国对北极的认知，这不仅是中国制定北极政策、战略的重要依据，也为中国参与北极事务奠定了基础。其次，中国要鼓励国际北极科学合作。当前，国际科学合作的重要性日益凸显，而中国在北极科研方面有短板，缺乏完整性、系统性和连续性，还缺乏高水平的研究成果。中国应鼓励北极科学家、团体、企业等积极参与国际交流与合作，拓宽信息来源渠道并不断提高自身的科研能力。最后，中国要发展科技外交，拓宽中国参与北极治理的路径。科学技术在北极治理中扮演着重要角色，除了为北极治理提供科学依据和知识积累外，还能促进相关国家之间的外交关系。北极国家以及北极事务重要参与国大多拥有发达的技术和重要的战略地位，中国与这些国家在北极科学问题上进行合作与交流，有助于促进彼此间的良性互动。②

3. 国防安全方面

国防安全利益显著增长是英国北极政策的特点之一。近几年来，英国表现出对北极军事活动的热衷和对国防安全利益的维护。笔者认为，这一特点归因于英国的北极事务有其自身特性，中国不具备可比性。

英国热衷国防军事活动是基于历史因素及其地理位置的敏感性。在冷战期间，英国通过北约与苏联进行军事对抗，而北极和北大西洋在冷战中对英国具有重要的战略意义。因此，如今俄罗斯在北极进行可能延伸到北大西洋的军事活动引起了英国的高度重视。为了维护自身的安全利益，英国近年来频繁参与北约军事防务演习、活动，并积极与挪威、美国等北极国家进行军事合作。与英国相比，中国不具备这样的历史背景和战略考虑。2015 年 7 月出台的《中华人民共和国国家安全法》明确了极地是中国安全利益的重

---

① 赵宁宁：《中国北极治理话语权：现实挑战与提升路径》，《社会主义研究》2018 年第 2 期，第 133～140 页。

② 杨剑：《中国发展极地事业的战略思考》，《人民论坛·学术前沿》2017 年第 11 期，第 6～15 页。

要组成部分。具体来说,中国在北极的安全利益具有综合性,包括军事安全、经济安全、资源安全、环境安全、科技优势、影响力等。[1] 从中国的北极政策白皮书内容以及北极参与活动来看,中国致力于维护和促进北极地区的和平与稳定,军事安全不具备优先地位。因此,中国暂时无须将国防安全利益纳入视野范围。

---

① 杨剑:《中国发展极地事业的战略思考》,《人民论坛·学术前沿》2017 年第 11 期,第 6 ~ 15 页。

B.12
从地中海向北冰洋：意大利北极战略评析

王晨光*

摘　要： 意大利虽然地处欧洲南部地中海沿岸，但作为一个传统西方大国，它是较早进行北极探索的国家。2015年底，为继承北极考察的历史传统和应对北极形势的发展变化，意大利政府出台了《意大利北极战略：国家指南》，标志着北极问题正式成为其国家战略。意大利在北极地区的利益关切，体现在彰显和提升国际影响力、认识和应对气候环境问题、维持北极科研优势和抓住北极经济开发机遇，并从重视北极理事会的作用、在欧盟框架内开展行动、加强国内力量整合以及倡导可持续发展等方面推进北极战略的落实。但受执政党更替、经济危机、地中海局势和北极军事化等因素的影响，意大利北极战略的实施面临着不少障碍，需予以进一步关注。

关键词： 意大利　北极战略　利益关切　推进措施

近年来，受全球气候变化和经济全球化的影响，北极地区的战略价值日益提升，已成为全球治理的新议题和大国博弈的新疆域。意大利虽然地处欧洲南部地中海沿岸，但作为传统西方大国，意大利在北极考察方面有着深厚的历史积淀，并对北极局势发展变化保持密切关注。2015年12月，意大利政府出台了第一部全面、系统的北极政策文件——《意大利北极战略：国

---

* 王晨光，男，中共中央对外联络部当代世界研究中心助理研究员。

家指南》(Towards an Italian strategy for the Arctic-National Guidelines)，标志着北极问题正式上升为其国家战略。该战略由意大利外交与国际合作部（MFAIC，以下简称外交部）牵头，联合环境部、经济发展部、科学界和私营部门共同起草，涉及意大利参与北极的历史渊源、政策目标、实施计划等内容。[①] 意大利在北极地区具有哪些利益关切？采取了哪些推进措施？战略实施前景如何？本文试对这些问题进行探析，以期为认识意大利参与北极事务以及深化中意两国北极合作提供启发。

一 意大利北极战略的出台背景

从地理上看，意大利国土主要位于欧洲南部的亚平宁半岛，濒临地中海，与北极相距较远。但作为欧洲文明的发源地和文艺复兴的摇篮，意大利在历史上曾发挥过重要影响，在当今国际舞台上也依然占有一席之地。因此，意大利政府出台北极战略并非心血来潮，而是具有一定的历史传承和现实考量。

（一）意大利对北极地区的探索历程

近代以来，意大利涌现出了一批航海家、探险家，如亚美利哥·维斯普奇（Amerigo Vespucci）、克里斯托弗·哥伦布（Christopher Columbus）、约翰·卡博特（John Cabot）父子等，为人类地理大发现作出了巨大贡献。[②] 基于航海探险的传统和优势，意大利人早在 1899 年就开始了北极探索。当时，阿布鲁奇公爵（Duke of the Abruzzi）路易吉·萨伏依（Luigi Amedeo di Savoia）计划从俄罗斯法兰式约瑟夫群岛（Franz Joseph Land）出发，乘坐

---

① Farneisina (Ministero degli Affari Esteri e della Cooperazione Internazionale)，"Arctic-First Italian strategy at 'System Italy' level"，2015，https：//www. esteri. it/MAE/en/sala _ stampa/archivionotizie/approfondimenti/artico-prima-strategia-italiana. html，最后访问日期：2019 年 3 月 10 日。

② 谭树林：《论意大利人对地理大发现的贡献》，《贵州社会科学》2015 年第 3 期，第 48 ~ 53 页。

狗拉雪橇前往北极点。这次远征最终因迷失方向而告失败，但探险队到达了之前从未到达的高纬度地区。1926 年，意大利陆军上校、航空工程师翁贝托·诺比莱（Umberto Nobile）设计并驾驶飞艇从挪威出发经北冰洋前往阿拉斯加，成为首批到达北极点的人。① 两年后，诺比莱以挪威斯瓦尔巴群岛的新奥尔松（Ny-Ålesund）为基地，驾驶新设计的飞艇四次飞越北极，对未知地区进行科学探索。不幸的是，在一次考察返回途中，飞艇因恶劣天气而在斯瓦尔巴群岛北部坠毁，近一半考察队员丧生。诺比莱的远征被视为意大利的第一次北极科学考察，为意大利北极海洋学、气象学、地理学、地球物理学等学科的发展奠定了基础。②

二战结束后，南北极成为世界科学研究的圣地，意大利的北极活动也变得广泛而多样。这一时期，意大利在北极问题上最具代表性的人物当属人类学家西尔维奥·扎瓦蒂（Silvio Zavatti）。他致力于北欧人尤其是因纽特人的研究，建立了以自己名字命名的极地研究所（Istituto Polare Zavatti），研究所拥有意大利唯一的北极主题博物馆并主办了"IL POLO"（The Pole）期刊。③ 1961～1969 年，他先后在加拿大、芬兰、格陵兰等地组织了 5 次北极考察，搜集了丰富的一手资料。另一位代表人物是米兰商人吉多·蒙吉诺（Guido Monzino）。20 世纪 60 年代，他从格陵兰出发进行了几次北极探险。1971 年，他经过 6 个月的跋涉，在当地夏尔巴人的帮助下到达了北极点。除个人行为外，意大利政府的北极活动也不断增加：1989 年，意国家海洋和实验地球物理研究所（OGS）装备了"探险"号（OGS Explora）极地考察船，之后多次在北极海域执行任务；1997 年，意大利国家研究委员会

---

① 与诺比莱一起完成这一壮举的还有挪威极地探险家罗尔德·阿蒙森（Roald Amundsen）和美国商人林肯·埃尔斯沃思（Lincoln Ellsworth）。当他们飞临北极点时，扔下了各自国家的国旗。

② Farneisina（Ministero degli Affari Esteri e della Cooperazione Internazionale），"Italy in the Arctic: a centenary history," https://www.esteri.it/mae/en/politica_estera/aree_geografiche/europa/artico/artico-e-italia-una-storia-centenaria.html，最后访问日期：2019 年 3 月 10 日。

③ 参见 Istituto Polare Zavatti 网站，http://www.istitutopolarezavatti.it/，最后访问日期：2019 年 3 月 10 日。

（CNR）在斯瓦尔巴群岛的新奥尔松建立"意大利飞艇"（Dirigibile Italia）综合科考站，并在 2001～2005 年担任新奥尔松科学管理委员会（NySMAC）主席。另外，埃尼集团（Eni）、芬梅卡尼卡集团（Finmeccanica）等也开始进军北极，使意大利成为最活跃的域外国家之一。[1]

（二）意大利出台北极战略的现实环境

除北极考察历史积淀外，意大利北极战略的出台还受到了国际局势变化的影响。2007 年 8 月，俄罗斯国家科考队在进行北极科学考察时，将一面钛合金国旗插在了北极点附近 4200 多米深的北冰洋海底。俄罗斯此举表面看是科学考察活动，背后却有着在划界争议地区宣示主权的意味，因而立即遭到美国、加拿大等国的强烈反对并引发国际社会的持续关注。[2] "插旗事件"是在全球气候变暖加剧、国际油价持续升高的背景下发生的，是北极地区战略价值快速提升的真实写照。其一方面促使北极国家纷纷从地缘政治、国家安全出发制定或更新北极战略，以求在即将到来的北极"开发时代"更好地维护和实现本国利益；[3] 另一方面则激发了域外国家参与北极科学考察、资源开发、航道利用以及加入北极理事会（Arctic Council）等事务的兴趣，[4] 一些国际组织、跨国公司等非国家行为体也开始发挥一定作用。这些变化的叠加与共振，影响了北极局势的发展走向并冲击了原有的治理结构，使这一地区成为地缘政治理论与全球治理理论的双重"试验田"。对此，作为传统西方大国之一，意大利致力于发挥积极作用，以应对北极地区

---

[1] Farneisina（Ministero degli Affari Esteri e della Cooperazione Internazionale），"Italy in the Arctic: a centenary history," https://www.esteri.it/mae/en/politica_estera/aree_geografiche/europa/artico/artico-e-italia-una-storia-centenaria.html，最后访问日期：2019 年 3 月 10 日。

[2] 王郦久：《北冰洋主权之争的趋势》，《现代国际关系》2007 年第 10 期，第 17～21 页。

[3] 如俄罗斯在 2008 年 9 月批准《2020 年前俄罗斯联邦北极地区国家政策原则及远景规划》，美国小布什总统于 2009 年 1 月签署题为《北极地区政策》的"第 66 号国家安全总统令/第 25 号国土安全总统令"，挪威在 2009 年 3 月出台《北方新基石：挪威北极战略的下一步》，加拿大于 2009 年 7 月发布《我们的北极，我们的遗产，我们的未来》等。

[4] 王晨光、孙凯：《域外国家参与北极事务及其对中国的启示》，《国际论坛》2015 年第 1 期，第 30～36 页。

出现的全球性挑战并抓住可持续发展的新机遇。[1]

2013 年 5 月，在瑞典基律纳（Kiruna）召开的北极理事会第八次部长会议上，意大利与中国、日本、韩国、新加坡和印度一起被接纳为北极理事会正式观察员。北极理事会是北极 8 国[2]于 1996 年成立的政府间高层论坛，现已成为北极治理中最重要的区域性制度安排。意大利能够被接纳，说明其对北极事务的参与以及作出的贡献得到了北极 8 国的一致认可。意大利政府对这一结果表示"十分满意和感谢"，并称"理事会的决定将鼓励意大利进一步在北极问题上作出承诺，采取具体措施加强对北极原住民的帮助"。[3]可见，这极大地提高了意大利政府参与北极事务的积极性。随后一段时期，其他域外国家纷纷出台北极政策文件，如 2013 年 6 月印度外交部发布题为《印度与北极》（India and the Arctic）的文件，7 月韩国出台《北极政策框架计划》（Arctic Policy Framework Plan），之前已成为北极理事会正式观察员的英国和德国也在 10 月相继公布《适应变化：英国的北极政策》（Adapting to Change：UK Policy towards the Arctic）和《德国北极政策指南：承担责任，抓住机遇》（Germanys Arctic Policy Guidelines：Assume Responsibility, Seize Opportunities）。这在一定程度上增加了意大利政府出台北极战略的紧迫感。

二 意大利在北极地区的利益关切

为了继承和发扬百年北极考察的历史传统，更好地应对北极局势的快速

---

[1] Farneisina（Ministero degli Affari Esteri e della Cooperazione Internazionale），"ITALY IN THE ARCTIC"，https：//www. esteri. it/mae/resource/doc/2016/06/italy_ in _ the _ arctic. pdf，最后访问日期：2019 年 3 月 10 日。

[2] 北极 8 国，即在北极圈以北拥有领土的俄罗斯、加拿大、美国、丹麦、挪威、冰岛、瑞典和芬兰。它们也是北极理事会的成员，理事会接纳观察员需要得到 8 国的一致同意。

[3] Farneisina（Ministero degli Affari Esteri e della Cooperazione Internazionale），"Italy admitted as Observer to Arctic Council"，May 15，2013，https：//www. esteri. it/mae/en/sala _ stampa/archivionotizie/comunicati/2013/05/20130515_ consiglio_ artico. html，最后访问日期：2019 年 3 月 10 日。

变化，意大利政府在 2015 年 12 月出台了《意大利北极战略：国家指南》。该战略包括历史、政治、环境与人、科学、经济五个维度和结论共六个部分，从中可窥见意大利在北极地区的利益关切。

（一）彰显和提升国际影响力

21 世纪以来，特别是 2008 年经济危机之后，意大利虽然仍是 7 国集团（G7）、20 国集团（G20）等世界重要协调机制的成员，但其国家实力和国际地位都有所衰减。[①] 作为一个二流国家，意大利无力像法国、德国那样追求在欧洲的领导地位，不过意大利也试图在地区和国际事务上有所作为。因此，面对北极这一"战略新疆域"，意大利将参与相关事务视为彰显负责任国家形象、增强国际话语权的重要契机。具体来看，意大利认为，无论是北极生态环境恶化造成的挑战，还是北极航道开通带来的机遇，都是在气候变暖的背景下发生的。气候变暖是一个全球性问题，需要在全球范围内寻求解决办法，因而不仅是北极国家，整个国际社会都应担负起新的责任。[②] 意大利是《联合国海洋法公约》的缔约国，《联合国生物多样性公约》《远程越境空气污染公约》《防止船舶污染国际公约》等的签署国以及《斯匹次卑尔根群岛条约》的最初签署国，在北极相关事务上享有合法的参与权利。同时，意大利与北极国家双边关系良好，充分尊重它们在北极地区的主权权利以及北极原住民的利益，力求通过整合国内资源、加强国际合作来增强意大利的北极话语权，进而在全球范围发挥积极影响。

（二）认识和应对气候环境问题

气候环境问题是当前北极治理的首要议题，也是意大利北极政策的优先

---

① Ludovica Marchi Balossi-Restelli, "Italian foreign and security policy in a state of reliability crisis?" *Modern Italy*, Vol. 18, No. 3, 2013, pp. 255－267.

② Farneisina (Ministero degli Affari Esteri e della Cooperazione Internazionale), "Towards an Italian strategy for the Arctic-National Guidelines", Dec 1, 2015, https://www.esteri.it/mae/resource/doc/2016/06/strategy_for_the_arctic_may_2016.pdf, 最后访问日期：2019 年 3 月 10 日。

方向。其中，意大利认为重要的问题包括保护生物多样性，预防空气污染，应对气候变化，海洋保护和沿海地区综合管理，自然资源管理以及因海运、旅游、采矿和港口业务引起的环境风险防治等。① 值得一提的是，除了从人类共同利益出发认识这一问题外，意大利还特别强调自身所处生态环境与北极地区的相似之处，从而使其对北极气候环境的关切显得更有说服力。比如，阿尔卑斯地区的生态环境与北极地区一样脆弱，不仅容易受到气候变化的影响，而且容易遭到捕鱼、狩猎、污染、旅游等人为因素的破坏。再如，亚得里亚海甚至整个地中海与波罗的海一样，都具有半封闭海的特征，对海洋污染缺乏足够的适应能力并更容易受到海平面上升的威胁。另外，意大利政府还关注气候环境变化对其社会造成的影响，并将与北极国家的交流合作视为重要的发展机会。如意大利环境部将城市可持续发展列为重点议题，而瑞典等北极国家基于特殊的自然环境，已在这一领域开创先河并引领"智慧城市"建设。再如，生活在阿尔卑斯地区的民众与北极原住民类似，正受到自然环境和社会环境双重变化的影响，北极国家的相关经验可为意大利政府按照《阿尔卑斯公约》开展工作提供借鉴。②

（三）维持北极科研领域的优势

作为人类认识北极、保护北极进而开发利用北极的前提，北极科研特别是北极考察是当前大部分国家参与北极事务的主要方式，也是一国经济、科技等实力的综合体现。北极科研的意义对域外国家来说尤甚，因为域外国家在北极事务上的发言权和影响力，在很大程度上取决于该国以科研为主的北极知识的获取和转化能力。③ 就意大利而言，其之所以能在北极事务中拥有

---

① Farneisina (Ministero degli Affari Esteri e della Cooperazione Internazionale)，"Towards an Italian strategy for the Arctic-National Guidelines"，Dec 1，2015，https：//www. esteri. it/mae/resource/doc/2016/06/strategy_for_the_arctic_may_2016. pdf，最后访问日期：2019 年 3 月 10 日。

② Farneisina (Ministero degli Affari Esteri e della Cooperazione Internazionale)，"Towards an Italian strategy for the Arctic-National Guidelines"，Dec 1，2015，https：//www. esteri. it/mae/resource/doc/2016/06/strategy_for_the_arctic_may_2016. pdf，最后访问日期：2019 年 3 月 10 日。

③ 程保志：《中国参与北极治理的思路与路径》，《中国海洋报》2012 年 10 月 12 日，第 4 版。

一席之地，得益于早在 18 世纪末便开始的北极探索，并在此后保持了一定形式的存在，在相关问题上积累了丰富的知识和经验。如今，随着越来越多的国家特别是新兴国家开始进行北极研究和考察活动，意大利要想巩固或者说守住这一先发优势，必须在北极科研领域作出新的更多的贡献。意大利政府对此有着清醒的认识。在北极政策中，意大利强调在全球气候变化加剧的背景下，科研团体迫切需要从物理、化学、地理、生物等学科领域出发，加强对北极地区的考察、观测、实验等，从而提升对北极自然系统及全球自然系统的理解水平。同时，意大利呼吁北极科研要在观测能力、数据资料、分析方法等方面进行广泛而紧密的国际合作，并将科研合作视为实现本国北极政治、经济利益的主要途径。[1]

（四）抓住北极经济开发的机遇

据美国地质调查局（USGS）2008 年公布的数据显示，北极地区蕴藏着全球未探明石油储量的 13%（约 900 亿桶）、未开采天然气储量的 30%（逾 47 万亿立方米）和全球煤炭储量的 25%（约 1 万亿吨低硫优质煤）。[2]且随着全球气候变暖、冰盖消融加速以及科技水平的不断进步，北极能源开发利用正逐渐从理论变为现实。这对能源匮乏的意大利而言可谓一大利好消息。意大利境内的煤炭、石油、天然气等储量极少，核能在 1987 年与 2011年的两次全民公投中又都遭到摒弃，因而其能源自给率一直非常低，80% 以上的初级能源需求都依赖进口，其中天然气进口率更是高达 90%。[3] 与此同时，意大利在海上油气开采方面拥有先进的技术和丰富的经验，早在 1959年便搭建了欧洲第一座海上石油开采平台，并在全球范围内保持了最高水平

---

① Farneisina（Ministero degli Affari Esteri e della Cooperazione Internazionale），"Towards an Italian strategy for the Arctic-National Guidelines"，Dec 1，2015，https：//www. esteri. it/mae/resource/doc/2016/06/strategy_for_the_arctic_may_2016. pdf，最后访问日期：2019 年 3 月 10 日。

② USGS，"Circum-Arctic Resource Appraisal：Estimates of Undiscovered Oil and Gas North of the Arctic Circle"，http：//pubs. usgs. gov/fs/2008/3049/fs2008 – 3049. pdf，最后访问日期：2019 年 3 月 10 日。

③ 孙彦红：《值得关注的意大利国家能源新战略》，《光明日报》2015 年 11 月 9 日，第 12 版。

的环保安全性能。在此背景下，意大利高度关注北极能源开发对国际能源需求的影响，直言这个问题不只涉及某一国家，而且关乎全球所有国家的利益。① 另外，意大利国土深入地中海腹地，是地中海航线的重要节点，也是世界航运大国之一。北极航道具备商业通航条件后，将对世界航运和贸易格局产生深远影响，意大利对此也不得不察。

三 意大利北极战略的推进措施

综上可见，意大利之所以关注和参与北极事务，主要是出于彰显和提升国际影响力、认识和应对气候环境问题、维持北极科研优势地位，以及抓住北极经济开发机遇的考量。为此，意大利在北极战略中作出了相应的规划安排，并采取了一系列推进措施。

（一）重视北极理事会的作用

自 1987 年 10 月苏联领导人戈尔巴乔夫发表"摩尔曼斯克讲话"，呼吁将北极地区打造成为"和平之地"并提出六点倡议以来，北极地区已由冷战时期的对抗前沿变成了合作之地。② 北极合作的成果首推北极 8 国于 1991 年签订的《北极环境保护战略》（Arctic Environment Protection Strategy，AEPS）以及在此基础上成立的北极理事会，而"北极理事会"也是意大利北极战略中出现最多的词之一。意大利认为，北极理事会包含议题多样、成员构成广泛，是北极地区最重要的制度安排。2013 年被接纳为正式观察员后，意大利政府向北极理事会任命了一名专职外交代表以更好地参加北极高官会议（Senior Arctic Officers，SAO），并多次委派科研人员参与北极理事会

---

① Farneisina（Ministero degli Affari Esteri e della Cooperazione Internazionale），"Towards an Italian strategy for the Arctic-National Guidelines"，Dec 1，2015，https://www. esteri. it/mae/resource/doc/2016/06/strategy_for_the_arctic_may_2016. pdf，最后访问日期：2019 年 3 月 10 日。

② Oran R. Young，"Governing the Arctic：From Cold War Theater to Mosaic of Cooperation，" *Global Governance*，Vol. 11，No. 1，2005，pp. 9 – 15.

各工作组、任务组的工作。2016 年 10 月，为纪念北极理事会成立 20 周年，意大利外交部牵头组织了"北极理事会与意大利观点"（The Arctic Council and the Italy Perspective）专题研讨会，汇聚政、商、学等各界代表共商北极事务。① 同时，意大利还积极通过北极理事会，加强或改善与北极 8 国及其他正式观察员国的友好关系，已在北极科学研究、经济开发等领域建立了一些双边工作机制。

（二）在欧盟框架内开展行动

除北极理事会外，"欧盟"是意大利北极战略中的另一关键词。欧盟是当前最重要的国际关系行为体之一，自 2008 年首次发布《欧盟与北极地区》（The European Union and the Arctic Region）以来，已针对北极问题出台了一系列政策文件②。作为欧共体（欧盟前身）的创始国③，意大利一直高度重视欧盟的建设和发展，在北极事务上也注意在欧盟框架内开展行动，以更好地彰显其影响力。如在政治方面，意大利支持欧盟成为北极理事会正式观察员，推动 2012 年、2016 年欧盟委员会和欧盟外交与安全政策高级代表联合北极政策文件的出台，在欧盟框架内加强与波罗的海地区的互动与对话等。在科研方面，意大利根据"欧盟极地网络"（EU-PolarNet）计划确定自己的北极科研中长期规划和优先议程，参与欧盟委员会推动的"欧洲北极基础设施强化行动"（European Arctic infrastructural strengthening action）等。

---

① Farneisina（Ministero degli Affari Esteri e della Cooperazione Internazionale），"Italy and the Arctic on the 20th anniversary of the Ottawa Declaration"，Oct 10，2016，https：// www. esteri. it/mae/en/sala _ stampa/archivionotizie/approfondimenti/2016/10/l-italia-e-l-artico-nel-ventennale. html，最后访问日期：2019 年 3 月 10 日。

② 如 2009 年欧盟理事会通过的关于北极事务的决议和 2011 年欧洲议会通过的《可持续的欧盟北方政策》，均对《欧盟与北极地区》进行了解释和发展。2012 年 7 月，欧盟委员会与欧盟外交与安全政策高级代表共同发表了《发展中的欧盟北极地区政策：2008 年以来的进展和未来举措》，将新阶段的北极政策概括为"知识、责任与参与"。2016 年 4 月，二者又共同发布了欧盟北极政策建议，用于指导欧盟在北极地区的行动等。相关文件可参见欧盟委员会（European Commission）网站，"MARITIME AFFAITS"，https：// ec. europa. eu/ maritimeaffairs/policy/sea_ basins/arctic_ ocean_ en，最后访问日期：2019 年 3 月 10 日。

③ 欧共体的创始国为法国、联邦德国、意大利、荷兰、比利时和卢森堡。

在环境保护和经济开发方面，意大利表示要在完全符合欧盟环境政策的原则、目标和所有义务的前提下开展行动，并发挥自身的经验和技术优势，积极参与"欧盟海上油气操作安全指令"（Directive 2013/30/EU）等政策的制定工作。①

（三）加强对国内力量的整合

在与北极理事会、欧盟等加强北极国际合作的同时，意大利还注意整合国内各方面力量，以增强北极活动的规模和能力。这首先体现为意大利政府对北极科研科考活动的大力支持。意大利从 2009 年开始，陆续在"意大利飞艇"北极考察站增加了三个综合观测平台，2016 年又对"探险"号科考船进行了一系列改造升级，以提升北极考察能力并将之作为国家科技优势的典范。此外，意大利还引导国内科研机构在北极问题上扩大影响力，如 2014 年意大利外交部支持地缘政治和辅助科学高级研究所（ISAG）举办了一场关于北极海冰与资源的国际会议、支持威尼斯国际大学（Venice International University）举办了一场关于北极气候变化的国际会议等。其次，意大利政府鼓励社会力量积极关注和参与北极问题。如意大利国际组织协会（SIOI）与外交部、环境部合作，开设了意大利国内首个专门研究北极问题的硕士课程，旨在培养学生在绿色经济、能源地缘政治和负责任开发自然资源方面的认识和能力；意大利外交部支持启动了一个名为"Tavolo Artico"（Arctic Table）的非正式、开放式的咨询小组，以促进国内 20 多个北极参与主体的信息交流与行动协调等。

（四）倡导可持续发展理念

作为世界上绿色发展的先锋，意大利在北极战略中特别强调可持续发

---

① Farneisina（Ministero degli Affari Esteri e della Cooperazione Internazionale），"Towards an Italian strategy for the Arctic-National Guidelines"，Dec 1，2015，https：//www. esteri. it/mae/resource/doc/2016/06/strategy_for_the_arctic_may_2016. pdf，最后访问日期：2019 年 3 月 10 日。

展，即经济增长、环境保护与北极原住民特殊需求之间的兼容性和协同性。① 在这一问题上，意大利能源巨头埃尼集团做出了表率。具体来看，埃尼集团承认气候变化与人类活动紧密相关，多年来一直致力于降低自身生产过程和产品对环境的影响。为此，埃尼集团实施了一个包含三项内容的气候战略：一是不断提高能源利用效率，减少因生产活动产生的排放；二是推动天然气成为向低碳经济转型的燃料；三是投资可再生能源和开发"绿色"产品。同时，埃尼集团参与了分别由联合国环境规划署（UNEP）和世界银行（WB）组织的两项旨在减少甲烷排放和燃烧的公私合作项目，并呼吁各国和联合国采用二氧化碳排放定价体系。在北极开发方面，埃尼集团坚持只在近海无冰区域活动，钻探活动必须辅以卫星和远程监测；只在一年中对海洋环境（尤其是哺乳动物）影响最小的时间进行作业，同时保证特定的生物多样性保护技术；采用最佳的钻井技术，使井的直径保持最小；当地原住民必须参与和了解情况，保护他们的活动，采用他们的技术经验，特别是在应急管理领域；根据目前的生产经验教训，评估所用技术标准对环境和社会的影响等。②

四　意大利北极战略的实施困境

《意大利北极战略：国家指南》的出台，为意大利参与北极事务提供了"指北针"，有利于其在北极问题上发挥更大的作用。不过需要注意的是，由于受到若干国内和国际因素的制约，所以这份北极战略的贯彻落实并非一帆风顺。

---

① Farneisina（Ministero degli Affari Esteri e della Cooperazione Internazionale），"Towards an Italian strategy for the Arctic-National Guidelines"，Dec 1，2015，https：//www. esteri. it/mae/resource/doc/2016/06/strategy_for_the_arctic_may_2016. pdf，最后访问日期：2019 年 3 月 10 日。

② Farneisina（Ministero degli Affari Esteri e della Cooperazione Internazionale），"Towards an Italian strategy for the Arctic-National Guidelines"，Dec 1，2015，https：//www. esteri. it/mae/resource/doc/2016/06/strategy_for_the_arctic_may_2016. pdf，最后访问日期：2019 年 3 月 10 日。

（一）政党轮替变幻莫测

意大利实行议会共和制，内阁是其国家权力的核心。20世纪90年代，意大利政坛爆发"净手运动"①，持续的丑闻报道使天主教民主党、社会党等重要政党纷纷解体，并于1994年通过了新选举法。之后，各个政党经过分化组合，主要形成了中左政党联盟（以如今的民主党为代表）和中右政党联盟（以贝卢斯科尼领导的力量党为代表）两大阵营并轮流上台执政。两派的外交政策存在明显差别：中左派具有国际主义和多边主义倾向，希望意大利在联合国、欧盟和北约中发挥更大的作用；中右派则更具地缘政治思想，对欧盟不太热心甚至表现出疑欧主义，但看重与美国的同盟关系。这使意大利很难制定并实施连贯、稳定的外交政策，无法在国际舞台上发挥更大的作用。② 就拿这份北极战略来说，它是在民主党人马泰奥·伦齐（Matteo Renzi）担任总理时制定的，因而带有多边主义和亲欧的色彩。虽然在保罗·真蒂洛尼（Paolo Gentiloni）过渡政府③时期该战略得以延续，但随着2018年3月右翼力量（包括中右联盟和极右的五星运动党）在大选中获胜以及6月五星运动党核心成员朱塞佩·孔特（Giuseppe Conte）就任总理，其对北极问题的态度必将有所调整。

（二）经济发展长期低迷

作为传统西方大国，意大利的国内生产总值（GDP）长期位于世界前列，20世纪90年代甚至一度高居世界第五。但21世纪以来，意大利GDP年均增长率仅为0.2%，2008年金融危机之后更是经历了二战结束以来持续

① "净手运动"是意大利历史上一次影响深远的肃贪反腐行动。1992年2月，检察人员从米兰一家养老院院长受贿案查起，顺藤摸瓜查出了1200多起贪污腐败案件，共涉及8位前总理、5000多名经济和政治界人士，有300多名议员接受了调查。

② 钟准：《意大利外交政策及其在欧盟中的新角色——政党政治的分析视角》，《欧洲研究》2016年第4期，第117~130页。

③ 2016年12月4日，由于修宪公投未获多数选民支持，伦齐宣布辞去总理职务。12月11日，意大利总统马塔雷拉（Sergio Mattarella）授权时任外交部部长的真蒂洛尼为总理并组建过渡政府。

时间最长的经济衰退，沦为"欧猪国家"（PIIGS）① 之一。2008～2014 年，意大利 GDP 萎缩超过 9%，失业率由 6.9% 升至 13.4%，青年失业率一度超过 40%。② 2015 年，意大利经济虽然开始复苏，但增长率仍低于欧元区平均水平，且从 2018 年下半年开始再次出现负增长。据欧盟最新发布的 2019 年经济预测报告称，由于意大利国内需求和投资不旺，特别是孔特政府的政策飘忽不定，欧盟已将其经济预期从 1.2% 下调到 0.2%，在欧元区国家中排名垫底，比倒数第二的德国（1.1%）低了近 1 个百分点。③ 鉴于北极特殊的自然环境，各国参与北极事务都需要不菲的资金和物质投入，意大利北极战略也正是在 2015 年经济出现好转的背景下出台的。但迫于当前严峻的经济形势，意大利政府势必会把更多的注意力置于国内层面特别是经济增长、社会保障等领域，很可能削减在北极问题上的投入力度。

（三）地中海局势动荡不安

由于意大利身处地中海，其一直将地中海地区视为传统势力范围和对外交往的根据地，并在欧盟的地中海战略中发挥着积极作用。但不幸的是，地中海沿岸的巴尔干地区、中东地区和北非地区长期动荡不安，近年来更是愈演愈烈，这使意大利首当其冲地面临着地区冲突、恐怖主义和难民问题等的冲击。2015 年 4 月，伦齐政府发布了 1985 年以来的第一份国防白皮书，强调欧洲和地中海地区是意大利的战略重心，要求军方做好在中东和北非地区实施甚至领导危机干预的准备，消除任何对国家安全和利益的可

---

① "欧猪国家"，是 2008 年全球金融危机后，国际经济媒体对经济长期不景气、出现严重主权债务危机的 5 个欧洲国家，即葡萄牙（Portugal）、意大利（Italy）、爱尔兰（Ireland）、希腊（Greece）和西班牙（Spain）的贬称，因其英文国名首字母组合"PIIGS"类似英文单词"pigs"（猪）而得名。

② 孙彦红：《意大利大选后政局走向及对欧盟的影响》，《当代世界》2018 年第 4 期，第 42～45 页。

③ 冯迪凡：《20 年近乎"零增长"，10 年内 3 次衰退，意大利经济怎么了?》，第一财经网，https://www.yicai.com/news/100113162.html，最后访问日期：2019 年 3 月 10 日。

能威胁。[①] 其中，意大利尤其关注曾经的殖民地、与之隔海相望的利比亚的局势，一度计划通过联合国维和部队进行军事介入。计划搁置后又积极在利比亚民族团结政府（得到联合国的支持）和另立的国民代表大会之间进行调停，并于 2018 年 11 月邀请两派主要领导人及国际社会代表在意大利南部城市巴勒莫召开了关于解决利比亚危机的会议。[②] 相较于北极问题，地中海局势对意大利的影响更为直接且十分棘手，因而在其国内更受关注，并会更多地占用本就孱弱的北极外交资源。

（四）北极军事化态势加剧

冷战结束后，北极地区虽然不再剑拔弩张，但其"得三洲两洋通衢地利之便，瞰制北半球主要国家"的战略价值并未改变。21 世纪以来，随着北极经济开发潜力显现，以 2007 年"插旗事件"为标志，北极国家纷纷加强了对这一地区的主权诉求和控制力度。乌克兰危机之后，面对北约和欧盟东扩的压力，俄罗斯更是成立了北极战略司令部，定期组织威慑性军事演习，从北极方向进行反制。对此，美国军方表示高度警惕，强烈呼吁增强北极作战能力，并联合其北约盟友对俄罗斯展开了针锋相对的部署。[③] 目前，北极地区已再次成为俄罗斯与美欧战略博弈的前沿，如果双方继续强化在北极的军事存在，该地区出现军事对峙乃至"擦枪走火"的可能性只会越来越大。[④] 意大利在北极问题上强调多边合作和可持续发展，北极军事化将对其战略目标、执行手段等产生影响。进一步来看，二战后意大利外交的核心内容是在美国与欧洲之间寻求平衡，前者主要提供安全上的保护，后者则是

① Ministero Della Difesa, "Libro Bianco per La Sicurezza Internazionale e La Difesa," http：//www. difesa. it/Primo_Piano/Documents/2015/04_Aprile/LB_2015. pdf，最后访问日期：2019年 3 月 10 日。

② 叶心可：《利比亚问题会议在意大利召开》，新华网，http：//www. xinhuanet. com/world/2018 - 11/13/c_1123705420. htm，最后访问日期：2019 年 3 月 10 日。

③ 张佳佳、王晨光：《地缘政治视角下的美俄北极关系研究》，《和平与发展》2016 年第 2 期，第 102 ~ 114 页。

④ 倪海宁、李明：《北极军事化趋势堪忧》，《解放军报》2016 年 2 月 12 日，第 3 版。

经济发展的依托。① 因此，尽管意大利与俄罗斯双边关系良好，但其作为北约和欧盟的重要成员，可能会成为北极军事化的参与力量。

五　结语

与意大利一样，中国也积极关注和参与北极事务，并于 2018 年 1 月首次公布了《中国的北极政策》白皮书。中意两国皆为世界有影响力的国家和北极域外国家，两国在北极科研科考、环境保护、经济开发等问题上立场一致或接近，这为双方政策对接提供了可能。同时，中意两国北极合作前景广阔、互补性强，如意大利拥有丰富的经验和先进的技术，中国拥有广阔的市场和充足的资金等。自 1970 年建交以来，中意两国关系发展顺利，于 2004 年建立了全面战略伙伴关系。2019 年 3 月，习近平主席对意大利进行国事访问，双方签署了关于共建"一带一路"的谅解备忘录，有力推动了中意关系的发展。2019 年 4 月，作为首个参与"一带一路"的西方大国，意大利总理孔特出席了第二届"一带一路"国际合作高峰论坛，进一步巩固了中意双边关系的成果。② 当前，中意两国关系处在历史最好时期，双方可考虑将北极问题纳入全面战略伙伴关系之中，增强战略互信，扩大利益共识，共同推动北极地区的和平、稳定与可持续发展。

---

① Elisabetta Brighi, "Europe, the USA and the 'Policy of the Pendulum': the Importance of Foreign Policy Paradigms in the Foreign Policy of Italy (1989 – 2005)," *Journal of Southern Europe & the Balkans*, Vol. 9, No. 2, 2007, pp. 99 – 115.

② 赵成：《习近平会见意大利总理孔特》，《人民日报》2019 年 4 月 28 日，第 2 版。

B.13
特朗普政府的北极政策：
举措、特点与启示[*]

杨松霖[**]

摘　要： 特朗普上任后，其实现美国北极利益的方式和手段有所调整。特朗普政府减少了应对北极气候变化的战略投入，积极推动北极地区的资源开发，注重北极安全事务的国际合作以维护国家安全利益。作为北极事务的重要参与方，特朗普政府北极政策的调整在能源合作、资源开发等方面为中国参与北极事务带来发展机遇，也在战略认知、军事安全等方面为中国参与北极事务造成严峻挑战。鉴于此，中国在参与北极事务的过程中应当把握机遇，克服不利因素，积极展示"冰上丝绸之路"建设的积极意义，将资源开发和基础设施建设作为合作重点，不断提升中国在北极地区的行动能力，增强应对北极地缘风险的实力和能力，推动中国参与北极事务的可持续发展。

关键词： 特朗普政府　北极政策　"冰上丝绸之路"　对策思考

* 本文是南北极环境综合考察与评估国家重大专项课题"极地国家政策研究"（项目编号：CHINARE2016 - 04 - 05 - 05）、教育部哲学社会科学研究重大课题攻关项目"中国参与极地治理战略研究"（项目编号：14JZD032）的阶段性成果，同时受到海国图智研究院2018招标课题"美国对'冰上丝绸之路'倡议的认知与中国的应对"的资助。
** 杨松霖，武汉大学中国边界与海洋研究院暨国家领土主权与海洋权益协同创新中心博士研究生、武汉大学国家治理与公共政策研究中心研究人员。

冷战结束以后，随着北极地区由环境恶化、资源过度开发和物种锐减等所引发的非传统安全问题日渐严重，北极治理逐渐成为一项引发国际社会普遍关注的全球性议题。[①] 随着北极地缘战略地位的不断提升，北极事务在美国外交议程中的地位也得以提升。奥巴马政府积极推动北极治理进程，提升美国参与北极事务的行动能力，积极塑造美国在北极治理进程中的领导地位和主导权，为特朗普政府留下了丰厚的政治遗产。特朗普上任后，面临日益复杂的国际环境和北极地缘态势，特朗普政府调整了北极事务的优先议程和维护北极利益的方式，以更好地实现美国在北极地区的战略目标。作为北极治理的重要推动者，特朗普政府北极政策的调整将对北极治理进程产生影响，也为中国参与北极事务带来了新的机遇和挑战。本文将在梳理特朗普政府北极政策实践的基础上，总结特朗普政府北极政策调整的特点，继而分析美国北极政策的调整为中国参与北极事务带来的机遇与挑战，并对中国的应对策略进行前瞻性思考。

一 特朗普政府的北极政策实践

特朗普上任后，美国的北极政策正在发生一系列的调整和变化，表现出诸多的新特点。特朗普积极推进北极地区资源开发与能源合作，减少对北极气候问题的关注，[②] 对北极安全问题也日益关注，注重通过北极安全事务的跨国、跨军种合作来维护美国的战略利益。具体而言：

第一，解除油气钻探开采禁令，扩大北极资源开发力度。推动北极地区的资源、能源开发，加快阿拉斯加州社会经济的发展是特朗普政府北极政策的重要内容之一。不过，如何平衡资源开发与环境保护之间的关系历来是美国北极开发过程中需要克服的难题。奥巴马政府要求对北极事务进行负责任地开发管理，严格控制北极资源开发。2016 年 12 月，奥巴马颁布了无限期

---

① 张胜军、郑晓雯：《从国家主义到全球主义：北极治理的理论焦点与实践路径探析》，《国际论坛》2019 年第 3 期。

② 杨松霖：《特朗普政府的北极政策：内外环境与发展走向》，《亚太安全与海洋研究》2018 年第 1 期，第 90 页。

限制在北极和大西洋地区进行油气钻探开发的禁令,① 将楚克奇海、阿拉斯加州的西北部以及波弗特海大部分地区排除在未来可进行石油钻井活动的区域之外。特朗普上任后,为改善国内经济情况和提升居民就业率,积极推动化石能源开发,对奥巴马时期的北极政策进行了相当幅度的调整,以清除北极资源开发的政策障碍,扩大资源开采范围。2017 年 4 月,特朗普政府发布"优先海上能源战略",扩大在北极和大西洋的石油钻探。2017 年 11 月,美国参议院通过了一项预算决议,将开放 150 万英亩的北极国家野生动物保护区用于未来的能源发展。拟任美国能源和自然资源委员会主席的参议员莉萨·穆尔科斯基(Lisa Murkowski)强调:"我们需要在联邦地区进一步扩大能源开发。"阿拉斯加州参议员丹·莎利文(Dan Sullivan)进一步指出,能源开发会带来更多的就业机会,并刺激阿拉斯加州经济增长。② 2017 年 12 月,共和党的最终税收计划经美国国会两院通过并写入宪法,允许在阿拉斯加北极国家野生动物保护区进行油气勘探。与此同时,美国安全和环境执法局批准了意大利埃尼集团在波弗特海的石油钻探申请。局长司各特·安热勒(Scott Angelle)认为,批准钻探利于实现特朗普设定的以能源开发为主导的目标。③ 尽管面临来自环保组织、原住民群体的激烈反对,资源开发议题仍然得到了特朗普政府的重视和推动,进入特朗普时期美国北极政策的议程之中。

第二,对北极气候变化的重视程度降低。降低对北极气候问题的关注度,减少应对气候变化的战略投入是特朗普政府北极政策调整的另一重要特点。北极地区是全球气候变化的敏感地带,北极气候治理是全球治理的重要组成部分。2015 年 12 月,《巴黎协定》顺利通过,成为人类历史上应对气

① "Obama's Arctic Decision Trashes Years of Work," https://www. adn. com/opinions/2016/12/23/obamas-arctic-decision-trashes-years-of-work/.
② "The Senate's Sly Plan to Begin Drilling in Arctic Refuge," https://www. mensjournal. com/adventure/the-senates-sly-plan-to-begin-drilling-in-arctic-refuge-w510202.
③ "Trump Administration Approves Oil Project In Arctic Waters," http://www. globaltrademag. com/global-logistics/trump-administration-approves-oil-project-arctic-waters? gtd = 3850&scn = trump-administration-approves-oil-project-arctic-waters.

候变化里程碑式的国际法律文本。① 《巴黎协定》的签署推动了北极气候治理的演进，2017 年 5 月，北极八国和北极理事会六个永久参与方签署了《北极国际科研合作协议》，推动北极气候、水文、地理等问题的科学研究和国际合作。② 同时，芬兰宣布将应对气候变化作为其担任北极理事会主席国期间的四个重点优先事项之一，继续加强北极气候事务的国际合作。不顾国际社会的一致反对，特朗普宣布美国退出《巴黎协定》，终止执行协定的所有条款。不仅如此，美国国内有关气候变化的研究经费大幅缩水，相关气候项目受到影响。在白宫公布的 2018 财年蓝图中，特朗普已经将美国环保署的预算削减了 31%，环保署许多环保项目和气候变化研究项目都将受到影响。美国多个政府机构的气候研究经费都将面临削减，其中能源部、内政部、国务院、国家海洋和大气管理局、国家科学基金会等机构均涉及北极事务，难逃研究经费减少的影响。在气候变化问题上，特朗普政府不仅未采取措施应对北极气候变化，还削减气候变化研究经费。由此可见，气候议题在特朗普政府北极事务议程中的排序明显下降。

第三，界定北极安全利益和威胁，提升北极行动能力。北极地区自然环境和地缘态势的不断变迁对美国国家利益带来的挑战引起了特朗普政府的高度重视。特朗普政府重新界定了美国在北极地区的国家安全利益，《2019 国防部北极战略报告》③（Department of Defense Arctic Strategy 2019）指出，北极作为美国的国土，即美国是一个在北极地区拥有领土主权和海洋主权的北极国家；北极作为一个共享区域，即北极是一个存在共同利益的区域，其安全和稳定依赖于北极国家建设性地应对共同的挑战；北极地区作为战略竞争的潜在走廊，即北极地区是扩大大国竞争和侵略的潜在途径。在此基础上，

---

① 吕江：《巴黎协定：新的制度安排、不确定性及中国选择》，《国际观察》2016 年第 3 期，第 92 页。
② Arctic Council Ministers Meet, Sign Binding Agreement on Science Cooperation, Pass Chairmanship from U. S. to Finland, available at: http://www.arctic-council.org/index.php/en/our-work2/8-news-and-events/451-fairbanks-04.
③ "Department of Defense Arctic Strategy 2019," https://media.defense.gov/2019/Jun/06/2002141657/-1/-1/1/2019-DOD-ARCTIC-STRATEGY.PDF.

从两个方面认知美国面临的来自北极地区的战略风险。一方面，北极地区的自然环境变化给经济活动、社会活动带来不可预测的风险，并衍生出一系列安全问题，包括边境安全、经济安全、环境安全、粮食安全、航行自由、地缘政治稳定、人类安全、国防、自然资源保护以及主权等。另一方面，地缘战略竞争使得越来越多的参与者在北极地区寻求经济利益和地缘政治利益，使得北极地区成为具有战略竞争力的地域。① 随着"冰上丝绸之路"建设的推进，特朗普政府对中国、俄罗斯的北极事务参与尤为警惕。美国海岸警卫队最新版的《北极战略展望》（Arctic Strategic Outlook 2019）报告指出，俄罗斯和中国不断挑战以规则为基础的国际秩序将引发关于北极地区继续保持和平稳定的担忧。美国《2019 国防部北极战略报告》进一步指出，俄罗斯通过建立新的北极部队、翻新旧机场和北极基础设施，以及在北极海岸线建立新的军事基地等方式，逐步加强在北极地区的军事存在。同时，中国在北极地区不断增多的活动对美国的国家安全利益形成了威胁。

为应对上述挑战，特朗普政府主张采取措施提升美国在北极地区的行动能力：（1）提高在动态变化的北极地区的有效行动能力。填补海岸警卫队北极行动能力建设的缺口、建立对北极地区区域态势的持续感知和理解、填补通信能力缺口。（2）完善基于规则的秩序。加强伙伴关系并主导有关的国际论坛、应对海事领域国际秩序面临的挑战。（3）通过创新和适应以促进北极地区弹性和繁荣。促进地区弹性并领导北极地区的危机响应工作、解决海事执法任务中的新兴需求、推动北极地区海上交通系统现代化。（4）建立北极感知。启用领域感知、改善通信和情报、监视及侦查（Intelligence, Surveillance and Reconnaissance，ISR）、增加现场观测和加强环境模拟、支持海岸警卫队的国土安全任务。（5）加强北极行动。定期在北极进行演习和部署、寒区训练、改善北极状态、支持弹性基础架构、与其他联邦部门和机构就民事应急响应进行合作等。

---

① "Arctic Strategic Outlook 2019," https：//www.uscg.mil/Portals/0/Images/arctic/Arctic_Strategic_Outlook_APR_2019.pdf.

第四，加强北极安全事务的跨国、跨地区和跨军种合作。在相互依赖日益加深的全球化时代，北极安全威胁的种类和数量呈现复杂化、多元化的发展趋势，为应对北极地区的多领域安全威胁，特朗普政府注重加强北极安全事务的跨国、跨地区和跨军种合作。首先，跨国安全合作。《2019 国防部北极战略报告》指出，美国与六个北极国家保持着强大的国防关系。其中，加拿大、丹麦王国（包括格陵兰）、冰岛和挪威为北约盟国，芬兰和瑞典是北约重要的合作伙伴。这些盟友和合作伙伴在高纬度行动环境中拥有丰富的经验。美国将与北极国家、与北极利益有关的伙伴、盟友进行合作，提高应对北极地区突发事件的集体威慑力和能力。其次，跨军种安全合作。为加强北极安全行动军种之间的协同配合，美军将加强跨军种的协同作战。美国海岸警卫队将加强与国防部的协同配合，并补充其他军事服务能力，推进美国在北极的战略目标和优先事项，以支持国家安全战略和国家军事战略。最后，加强与安全组织的国际合作。美国还注重发挥相关国家组织在北极安全事务中的重要作用，通过开展安全合作来阻止对美国国家利益的威胁。这些国际组织包括北极理事会、北极海岸警卫队论坛（ACGF）和国际海事组织（IMO）等。此外，北约也是美国北极安全行动的重要合作伙伴。美国与北约的合作为北极安全作出了独特贡献，并将有效地阻止战略竞争对手利用北极作为战略竞争的走廊。

纵观特朗普政府的北极政策实践，其政策变化和调整主要体现在三个方面。

第一，优先议程的调整。奥巴马政府时期，在其颁布的《北极地区国家战略》中将美国的北极事务优先议程设定为：维护国土安全利益、负责任的北极管理、加强北极事务的国际合作。[①] 特朗普上任后，将资源开发与能源合作置于北极政策的优先地位，强调北极安全特别是军事安全的重要性，气候变化议题则未受到重视。第二，政策目标的调整，奥巴马政府将应

———————

① "National Strategy for the Arctic Region," http：//www.whitehouse. gov/ sites/default/files/docs/nat_ arctic_ strat egy. pdf.

对气候变化作为其任期的重要任务，通过推动应对气候变化的国际合作来提升美国在北极事务中的领导力。特朗普上任后，将中国和俄罗斯视为美国在北极地区的重要竞争对手，积极应对来自中俄两国的北极地缘威胁成为其北极政策的重要目标。第三，实现北极利益的方式有所调整。国际合作作为奥巴马政府北极政策实践的重要方式，得到了奥巴马的重视，成为其实现美国北极利益的重要手段。特朗普政府注重"美国优先"，主张通过单边手段实现北极治理目标，在个别问题上甚至不惜牺牲其盟友利益。实现北极利益的方式会因总统的换届而发生变化，但并不代表美国北极政策的根本性调整，其最终目标仍然是维护美国的国家利益。

二 对中国的影响：挑战和机遇并存

2018 年 1 月，国务院新闻办公室发布《中国的北极政策》白皮书，"中国愿依托北极航道的开发利用，与各方共建'冰上丝绸之路'。"[①]"冰上丝绸之路"倡议正式成为中国向国际社会提供的深化北极各领域务实合作、推进北极治理机制优化、实现普惠共赢的中国方案。美国是北极事务的重要参与方、北极治理的主要塑造者和"冰上丝绸之路"建设的重要利益攸关方，对"冰上丝绸之路"建设的顺利实施有着重要影响。对于中国而言，尽早明确特朗普政府北极政策调整对中国参与北极事务的挑战与机遇，有助于及时调整中国参与北极事务的方式，推动"冰上丝绸之路"建设的顺利实施。

（一）对中国的挑战

第一，在认知方面，美国将中国定位为"竞争对手"。"冰上丝绸之路"倡议提出以来，美国智库予以高度关注并进行了前瞻性研究，为官方政策的

---

① 《中国的北极政策（全文）》，http：//www.scio.gov.cn/zfbps/32832/Document/1618203/1618203.htm。

出台奠定知识基础。伍德罗·威尔逊国际学者中心、美国战略与国际研究中心、兰德公司、卡内基国际和平基金会、胡佛研究所、史汀生中心等多家主流智库从不同角度对"冰上丝绸之路"倡议进行解读和分析。部分学者客观地肯定了"冰上丝绸之路"建设可能为北极地区的可持续发展带来的积极意义，呼吁美国扩大中美北极合作；多数学者则担心中国推动的"冰上丝绸之路"建设会挑战美国在北极事务中的领导权，特别是在对外投资、地缘政治以及北极秩序构建等领域威胁美国利益。① 总体而言，美国智库学者对"冰上丝绸之路"倡议的认知持负面倾向，认为中国意图借助经济开发扩大在北极事务中的地缘竞争。作为影响美国内外政策走向的一支重要力量，美国智库对"冰上丝绸之路"倡议的定位和解读以及对中美北极关系的总体看法，集中代表了美国政治精英阶层的基本认知。

美国智库对中国推动"冰上丝绸之路"倡议的认知得到了官方的肯定和回应。美国国务卿蓬佩奥在 2019 年 5 月 6 日的讲话中对中国参与北极事务予以指责，认为中国和俄罗斯企图将北极地区作为"战略保护区"，并强调北极已经成为全球权力竞争的舞台，呼吁北极 8 国必须适应这种新的未来。② 不仅如此，美国还在海岸警卫队和国防部公布的北极文件中，将中国视为当前北极秩序的破坏者和北极地缘政治的竞争对手，对华北极认知呈现更多的"博弈""施压"色彩，在军事、安全领域体现尤为明显。显而易见，美国智库和官方均将中国参与北极事务以及"冰上丝绸之路"倡议视为一项重要威胁，甚至将中国视为美国在北极事务中的重要竞争对手。值得警惕的是，作为北极国家和北极理事会的重要成员国，美国在北极治理中具备强大的舆论引导能力，能够影响北极国家对"冰上丝绸之路"倡议的理解。对于中国而言，要及时采取措施引导美国及相关国家全面、客观地认知中国参与北极事务。

第二，在安全方面，美国对中国的北极活动高度戒备。认知是决策的前

---

① 杨松霖：《美国智库对"冰上丝绸之路"倡议的认知及启示》，《情报杂志》2019 年第 7 期。

② "Pompeo aims to counter China's ambitions in the Arctic," https：//www. politico. com/story/2019/05/06/pompeo-arctic-china-russia-1302649.

提和基础，美国对华认知决定美国决策层的对华战略。[①] 特朗普上任之初，在其首份《国家安全战略报告》[②] 中将中国和俄罗斯一并称为"修正主义国家"，这是对华战略认知的重要转变。随着中国参与北极事务进程的加快，美国对中国在北极地区的可能军事行动高度警觉，对中国可能带来的战略威胁保持戒备。在美国国防部发布的 2019 年度《中国军事与安全发展报告》[③]（Military and Security Developments Involving the People's Republic of China）中，增加了"中国在北极"的专题，共提及"北极"21 次（2018 年仅提到 1 次），大力渲染中国北极活动的威胁。"自 2013 年获得北极理事会观察员地位以来，中国加强了在北极地区的活动。2018 年 1 月，中国发布了推动'冰上丝绸之路'倡议的北极政策文件并自称为'近北极'国家。该战略将中国在北极地区的国家利益定义为获取自然资源、获得北极航道，并在北极事务中提升'负责任的大国'形象。"报告认为，中国在冰岛和挪威都设有研究站，并运营一艘由乌克兰制造的"雪龙号"破冰船，但民用研究有利于增强中国在北冰洋的军事存在，其中可能包括将潜艇部署到北极地区。

不仅如此，美国《2019 国防部北极战略报告》指出，中国在北极地区威胁美国国土安全利益的活动和能力不断增强，并以可能破坏国际法规的方式试图在北极地区发挥作用，其全球性的掠夺性经济行为可能会在北极重演。不仅如此，受到其他地区局势紧张、竞争或冲突加剧的"战略溢出"的影响，中国在北极地区的战略投入可牵制美国在印太和欧洲地区与中俄的战略竞争。总之，美国认为中国在多个方面对美国北极地区的国家安全利益造成威胁，美国要对中国的北极活动保持戒备和防范。

第三，在投资方面，美国对中国的北极投资活动保持警觉。中国推动

---

① 张文宗：《美国对华全面竞争战略及中美关系新变局》，《和平与发展》2019 年第 2 期，第 6 页。

② "National Security Strategy of the United States," https：//www. whitehouse. gov/wp-content/ uploads/2017/12/NSS-Final－12－18－2017－0905. pdf.

③ "Annual Report to Congress：Military and Security Developments Involving the People's Republic of China," https：//media. defense. gov/2019/May/02/2002127082/－1/－1/1/2019_ CHINA_ MILITAR Y_POWER_REPORT. pdf.

"冰上丝绸之路"建设，以"尊重、合作、共赢和可持续"为核心原则，其关键在于加强区域间多层次合作与共赢，最终实现北极地区可持续发展的目标。然而，在特朗普政府对华"火力全开"的时期，中国的北极政策成为美国攻击的"靶子"。[①] 在美国看来，中国试图通过经济杠杆改变北极治理现状。一方面，美国对中国在北极地区持续增多的投资忧心忡忡。伍德罗·威尔逊国际学者中心极地研究所高级研究员谢里·古德曼（Sherri Goodman）等指出，北极地区需要用于可持续发展和基础设施建设的投资，因而中国是一个有价值的经济伙伴。但是，接受中国投资的同时，必须考虑到这些投资可能带来的地缘政治影响。实践证明，战略投资是中国施行的一种经济强制形式，它利用影响力来确保其利益。[②] 美国海军分析中心曾发表了一份名为《无约束的外国直接投资：对北极安全的新挑战》的报告，报告强调，2012年～2017年7月，中国在格陵兰的投资总额已经达到格陵兰GDP的11.6%，（见表1）这将会对格陵兰的社会经济产生重大影响。[③]

表1　中国在北冰洋沿岸国家和地区的投资情况（2012年～2017年7月）

国家	交易量（次）	平均交易额（百万美元）	总价值（亿美元）	占GDP百分比（%）
加拿大	107	442.1	47.3	2.4
格陵兰	6	33.4	2.0	11.6
冰　岛	5	30.8	1.2	5.7
挪　威	17	147.9	2.5	0.9
俄罗斯	281	691.7	194.4	2.8
美　国	557	340.6	189.7	1.2
总　计	884	508.66	449.66	

资料来源：*Unconstrained Foreign Direct Investment：An Emerging Challenge to Arctic Security*，https：//www.cna.org/cna_files/pdf/COP-2017-U-015944-1Rev.pdf。

---

① 胡欣：《美国又在散布北极"中国威胁论"》，《世界知识》2019年第11期，第74页。

② "China's Growing Arctic Presence，" https：//www.wilsoncenter.org/article/chinas-growing-arctic-presence.

③ "Unconstrained Foreign Direct Investment：An Emerging Challenge to Arctic Security，" https：//www.cna.org/cna_files/pdf/COP-2017-U-015944-1Rev.pdf.

另外，美国认为中国在北极地区的投资活动存在潜在的军事用途，或者会对北极地区的生态环境造成破坏。中国在北极地区的民用投资，也被看作在适当时机可以转为军事用途，对美国国家利益带来威胁。正如美国《2019 国防部北极战略报告》中所阐述的那样，作为"一带一路"倡议的一部分，中国已将它在北极地区的经济活动同更广泛的战略目标联系起来，[①] 这将导致中国北极投资活动的不确定性。对中国而言，投资对象国的政治社会因素构成中国对北极投资的突出制约，这些因素的敏感性和变化性，使其在特定条件下或对投资成败起到关键性作用。[②] 美国在该问题上的认知和政策动向将可能会对中国在北极地区的投资活动带来不利影响。

（二）中国的机遇

特朗普上任后，推动资源开发成为其北极政策的主要着力点，出台了一系列加快资源开发的政策文件。美国政府对北极地区资源开发活动的推动得到了阿拉斯州的支持。众所周知，采矿业是阿拉斯加州经济发展的支柱部门之一，能源资源的开发是阿拉斯加州未来经济发展的重要动力。阿拉斯加州政府主张以对环境和社会负责任的方式开发自然资源，确保北极地区居民和社区受益于资源开发活动。

在基础设施建设方面，由于缺乏足够资金，阿拉斯加州政府积极呼吁特朗普政府对阿拉斯加州基础设施建设给予财政支持。[③] 众议院北极政策、经济发展和旅游专门委员会将阿拉斯加州基础设施问题列入《第 33 号众议院联合决议》中，予以重点考虑，并于 2018 年 2 月 27 日举行了首次听证会。与此同时，特朗普政府发布了美国未来 10 年的基础设施建设方案。将地面运输、机场、客运铁路、海港和内陆水道港口等列入拟建的"核心基础设

---

① "Department of Defense Arctic Strategy 2019," https：//media. defense. gov/2019/Jun/06/2002141657/－1/－1/1/2019-DOD-ARCTIC-STRATEGY. PDF.

② 徐庆超：《中国对北极投资的制约因素与推进路径》，《新视野》2019 年第 1 期，第 70 页。

③ 2018 年春天，阿拉斯加州州长沃克给特朗普写了一封信，要求美国政府对阿拉斯加州基础设施建设项目给予支持。

施"中。由于美国政府缺乏足够资金支持该基建方案，于是将部分决策权赋予州和各级地方政府，它们可自行决定通过何种方式为基建项目筹资。

在能源开发方面，阿拉斯加州坚决支持和拥护特朗普政府加快北极资源开发的决定。特朗普重新开放楚科奇海和波佛特海的油气资源开发，引发了环保组织的强烈反对。阿拉斯加北方环境中心、抵制原生环境破坏组织和生物多样性中心等环保组织认为美国政府要开放的北极水域是《美国濒危物种保护法》所保护物种的栖息地，遂将特朗普、美国内政部部长瑞安·津凯（Ryan Zinke）和美国商务部部长威尔伯·罗斯（Wilbur Ross）告上美国联邦法院。为此，阿拉斯加州政府向美国联邦法院提交了一份动议，旨在与特朗普总统一起对抗环保组织。阿拉斯加州州长比尔·沃克（Bill Walker）在一份声明中称，"我们提交这份动议，目的是确保阿拉斯加州未来在北极（联邦水域）拥有发展机会，这将促进阿拉斯加州经济发展。"

阿拉斯加州在资源开发、基础设施建设等经济领域面临财政窘境，迫切需要国外投资。在特朗普首次访华的庞大商务代表团中，唯一的地方大员阿拉斯加州州长比尔·沃克与同行的阿拉斯加州管道开发公司总裁基思·迈耶的重要任务之一就是拓展阿拉斯加州能源资源的中国市场。[①] 2017 年 6 月，阿拉斯加州政府北极事务高级顾问克莱格·佛里纳（Craig Fleener）表示，阿拉斯加州一直在积极寻求包括中国在内的合作伙伴，建设更多的港口和基础设施以促进经济、航运、旅游业的发展。可以看出，阿拉斯加州欢迎中国参与北极经济合作，以促进当地社会经济的发展。中国在基建、资金等方面的相对优势可以满足美国能源开发的要求，同时，北极资源开发与能源合作又可以作为"冰上丝绸之路"建设的重要内容。在美国政府大力推动，阿拉斯加州政府又面临财政窘境的情形下，阿拉斯加州的资源开发为中国提供了推动中美北极合作的切入点，成为中国参与北极事务过程中可以把握的合作机遇。

---

① "These are the companies behind Trump's $ 250 billion of China deals，" http：//money. cnn. com/2017/11/09/investing/china-trump-business-deals/index. html.

三 中国的应对策略

毋庸置疑，无论就政治与社会环境、国际影响力，还是地理位置而言，美国无疑是能够左右北极治理趋向和影响"冰上丝绸之路"建设的重要力量。① 特朗普在上述领域调整北极政策，在为中国参与北极开发带来机遇的同时，也不可避免地将对中国参与北极事务造成影响和干扰。鉴于此，我们应当从话语建构、行动能力建设、能源合作以及增强互信等方面加强对策研究和预案设计，防范来自美国的战略风险。

第一，加强"冰上丝绸之路"建设的国际话语运作。美国在审视和回应"冰上丝绸之路"倡议时必然会进行通盘考虑，从全球视角审视北极事务并利用其在全球事务中的影响力引导和干预北极治理进程。美国还是北极国家和北极理事会的重要成员国，对北极治理的议程设置、演进方向拥有重要的主导能力。加拿大、丹麦、芬兰、瑞典、冰岛和挪威等北极国家均为美国盟友，在某些北极问题上，往往是在美国的主导下协调立场，一致对外。针对美国对"冰上丝绸之路"倡议的负面认知及其可能给其他北极国家认知"冰上丝绸之路"倡议带来的负面影响，要有针对性地予以回应，为"冰上丝绸之路"建设的顺利开展营造良好的国际舆论环境。

可以发现，无论是美国官方政策文件还是美国智库学者的研究，其共同点是对"冰上丝绸之路"倡议的负面认知较多地集中于"战略意图""政治影响""北极安全"等议题。中国的北极话语运作应抓住北极国家对于经济发展、社会进步的需求，将"冰上丝绸之路"倡议的话语核心确立在"可持续发展""合作共赢"等国际公义上，努力推进对"基础设施建设""国际合作"等议题的讨论，挖掘智库、媒体、企业等非官方主体的话语传播作用，充分运用多层次、不同形式的传播手段，强调"冰上丝绸之路"建

---

① 赵隆：《共建"冰上丝绸之路"的背景、制约因素与可行路径》，《俄罗斯东欧中亚研究》2018 年第 2 期，第 113 页。

设对北极可持续发展的积极意义，以此减轻美国等相关国家对中国参与北极事务的担忧。

第二，提升北极行动能力，维护北极合法权益。从地理位置看，白令海峡是太平洋通往北冰洋、大西洋的重要海上枢纽，被誉为"北极海运咽喉"，[1] 是"冰上丝绸之路"建设必经的海上枢纽。换言之，如果海运船舶在白令海峡区域的航行受到阻碍，那么"冰上丝绸之路"建设的航行通道就无法实现。另外，根据美国海岸警卫队发布的最新版《北极战略展望》报告，美国对中国在北极地区的科考、投资等活动的动机持有疑虑，并对美国在北极地区的航行自由感到担忧。报告指出，"作为一个非北极国家，中国持续扩大其影响力并寻求在全球范围内获得战略优势。中国宣布将建造核动力破冰船，每年将科考船部署到北极地区，并对北极脆弱的社区进行投资。中国扩大其影响力的企图可能会阻碍美国参与北极事务和在北极地区的航行自由。"

无论从地理因素考量，还是出于维护中国北极合法权益的考虑，中国有必要提升在北极地区的行动能力以应对潜在的战略风险，保障中国的北极合法权益。具体而言，可从以下三个方面进行战略设计。首先，加强北极装备建设。开发适合北极极端恶劣条件的破冰船、战斗机、卫星等机械装备，以应对未来北极航道可能的军事摩擦。[2] 其次，增强科学技术对行动能力提升的支持。增加北极军事行动所需的水声、气象、地形地貌、水动力等环境要素和气象要素的调查研究，研发在极地地区极端条件下军事行动所需的特种技术。最后，推动北极地区港口、机场和补给基地的建设，为北极行动能力的提升提供便利条件。

第三，重点推动中美双方在能源领域的北极合作。冷战结束后，美国对北极事务的关注逐步由传统安全问题向非传统安全问题延伸，在北极地区的

---

① 韩雪文：《白令海峡对中俄"冰上丝绸之路"建设的意义探析》，《河北工程大学学报》（社会科学版）2019 年第 3 期，第 55 页。

② 刘芳明、刘大海：《北极安全与新〈国家安全法〉视角下的中国国家安全利益》，《中国软科学》2018 年第 9 期，第 12 页。

国家利益不断拓展和延伸。"冰上丝绸之路"建设将涉及北极地区的资源开发、经济合作等多个领域，与美国在北极地区的国家利益存在大量交叠，这为中美双方在北极地区的开发合作创造了良好条件。加快北极能源开发是特朗普政府振兴国内经济的重要步骤，也是"冰上丝绸之路"建设的重要领域，可以作为中美北极合作的突破口和重点领域。可灵活运用中国在资金、技术、基建等方面的比较优势，发挥北极航道联通欧洲、亚太和北美地区的交通便利，增加对美国北极地区的能源投资与合作，深化中国与美国在北极地区的经贸联系。在深化中国参与北极事务的同时，让美国在"冰上丝绸之路"建设中获得实实在在的经济收益，感受到中国参与北极事务给北极地区可持续发展带来的积极意义，弱化对中国参与北极事务的焦虑和担忧。

第四，把握中美两国的竞合现状，拓展对美北极交流的渠道和领域。当前，美国战略界正在进行新一轮的对华政策辩论，讨论如何应对一个快速走向强大的中国。在北极事务上的合作与竞争是中美大国关系的有机组成部分，是观察双边关系发展的一个独特视角，自然也是特朗普政府设计对华战略的组成要素。基于此，美国必将把"冰上丝绸之路"倡议置于中美关系发展的战略框架中予以考量，更多地将从中美战略博弈的层面认知和应对"冰上丝绸之路"倡议。

"冰上丝绸之路"倡议作为一个长期的建设过程，政治共识与合作是其顺利推进的前提条件。① 通过官方渠道对中国在北极地区的投资等活动予以说明，引导美国及沿线国家客观认识"冰上丝绸之路"倡议。由中国外交部、自然资源部等多部门牵头，联合美国及沿线国家相关部门定期围绕"冰上丝绸之路"合作、风险防控等问题展开交流，协调解决"冰上丝绸之路"合作中遇到的重大问题。另外，在科学分析中美关系的竞合现状和准确研判美国国内政治生态的基础上，拓展和深化对美人文交流的主体和领

---

① 阮建平：《国际政治经济学视角下的"冰上丝绸之路"倡议》，《海洋开发与管理》2017 年第 11 期，第 9 页。

域，尤其要加强中美智库在北极问题上的交流与合作，以更加清晰、有力的话语向美国传达中国的真实意图，增强权威性和说服力。

四 结语

与奥巴马政府相比，特朗普政府的北极实践表现出诸多不同，呈现"去奥巴马"化的趋势和特征。[①] 不过，这种调整其实是手段和方式的变化，其实现和维护国家利益的原则并未发生实质改变。实际上，作为全球唯一的超级大国，美国并不愿意看到中国在地区及全球事务中发挥越来越重要的作用。引导中国在北极地区的政策实践并将其纳入美国主导的北极秩序最符合美国的战略利益。基于特朗普政府"美国优先"的外交理念，不排除美国可能给"冰上丝绸之路"建设设置政治、经济、外交等障碍，阻挠或破坏"冰上丝绸之路"建设的顺利实施。在这种情况下，中国参与北极事务需保持战略耐力、战略毅力和战略定力，既不妄自尊大，也不妄自菲薄。既要顾及美国在北极事务中的合法利益，加强双方在"冰上丝绸之路"中的项目合作，又要密切跟踪美国对华北极政策动向，加强应对之策的前瞻性研究，防范可能来自美国方面的战略风险。

---

① 孙凯：《特朗普政府的北极政策走向与中美北极合作》，《南京政治学院学报》2017 年第 6 期，第 93 页。

B.14

传统基金会的北极传统安全问题研究*

黄 雯**

摘　要： 传统基金会是美国保守派智库的代表之一，具有强大的学术和政策影响力。纵观冷战后该智库的北极传统安全问题研究，传统基金会已经形成了一定数量的研究学者，并依托其所在的涉极地事务研究中心对美国参与北极事务中的政策、主权、北约、海岸警卫队等安全问题进行了跟踪研究。在研究过程中密切配合美国北极情势需要、充分运用"旋转门"机制加强同官方的交流以及通过多元化的思想传播手段塑造公众舆论。传统基金会作为关注安全问题的美国主流智库之一，在诸多影响美国北极决策的智库中具有一定代表性。对其思想观点、研究特色的分析和研究，有助于深刻把握智库对美国北极决策的动态影响。

关键词： 传统基金会　美国智库　北极问题　传统安全事务

　　智库（Think Tank）又称为"思想库"，一般是指由各学科的专家、学者

---

* 本文是南北极环境综合考察与评估国家重大专项课题"极地国家政策研究"（项目编号：CHINARE2016－04－05－05）、教育部哲学社会科学研究重大课题攻关项目"中国参与极地治理战略研究"（项目编号：14JZD032）的阶段性成果。同时受到中国美国经济学会智库课题武汉大学美国加拿大经济研究所自主科研项目"美国主流智库对中国北极经济开发活动的解读及其传播战略研究"的资助。
** 黄雯，武汉大学政治与公共管理学院国际关系专业博士研究生。

组成的，为决策者在处理政治、经济、军事、外交等事务出谋划策，提供策略、思想和方法支持的科研机构。① 智库在美国的内政、外交事务中有着十分重要的影响力，智库关于相关问题的研究常常预示着政府未来的政策走向，被视为继立法、行政和司法之外的"第四部门"。传统基金会（The Heritage Foundation）自 1973 年成立以来就一直是美国保守主义运动的堡垒。通过对关键政策问题进行及时、准确的研究，传统基金会力求将这些调查结果有效地反馈给国会议员、主要国会工作人员、行政部门决策者、国家新闻媒体，以及学术和政策社区等。② 传统基金会通过整合组织研究、思想营销、"培养"国会工作人员和立法者，以及招聘保守派政府官员，成为美国第二代智库的典范。③

美国北极事务的决策体制较为复杂，参与北极决策的行为体呈现多元化发展趋势，④ 传统基金会等关注北极事务问题的智库在这一过程中扮演重要角色。传统基金会对北极问题的关注主要集中在安全事务方面，包括海岸警卫队建设、安全利益维护、军事部署以及基础设施建设等，这些问题事关美国参与北极事务的重要利益，因而能够对公众舆论、政治决策产生影响。特朗普执政后，在议题的设置上很大程度上给人以保守主义的印象，其中传统基金会起到了重要作用。⑤

一 传统基金会概况

传统基金会成立于 1973 年，由约瑟夫·库尔斯（Joseph Coors）和保罗·韦里奇（Paul Weyrich）创建，一直是美国保守主义运动的堡垒。目前

---

① 袁鹏、傅梦孜：《美国思想库及其对华政策》，时事出版社，2005，第 4 页。

② "About Heritage，" https：//www. heritage. org/about-heritage/mission.

③ Niels Bjerre-Poulsen，"The Heritage Foundation：A Second-Generation Think Tank，" *Journal of Policy History*，Vol. 3，No. 2，1991.

④ 孙凯、杨松霖：《奥巴马政府第二任期美国北极政策的挑战及其影响》，《太平洋学报》 2016 年第 12 期，第 35 页。

⑤ "The D. C. Think Tank Behind Donald Trump—How the Heritage Foundation is shaping the president's playbook，" https：//newrepublic. com/article/140271/dc-think-tank-behind-donald-trump.

总部设于华盛顿哥伦比亚特区,凯·科尔斯·詹姆斯(Kay Coles James)担任主席,共有 92 名专职研究人员。

(一)筹资机制

作为一家非营利的独立智库,传统基金会以协会为依托,不接受政府拨款,其经费主要来自募捐——50 多万的基金会成员、大企业公司、家族基金会和个人的捐助。[1] 值得一提的是,佛兰克·沃尔顿(Frank Walton)开创的"直邮"模式——一种为当时智库界难以想象的、典型用于政治竞选的手段后来被发挥到极致,研究产品的传播、资金的募集、政治上的影响力在这种模式下得以完美的结合。"直邮"模式一方面迅速提升了传统基金会的财务实力,并使其摆脱了之前以智库基金会、商业巨头或者政府资助为主的状况,开始走向某种类似于"众筹"的募资模式;另一方面,这种模式也扩大了传统基金会研究成果和思想产品的影响力,大量会员为传统基金会提供经济支持的同时也成为这个机构政治上的"听众"和"粉丝"。[2]

(二)组织结构

传统基金会由 21 名成员组成的董事会独立管理,是一家独立的免税机构。目前的团队由 45 名项目领导者、92 名专家、134 名员工组成。[3] 2014 年,传统基金会将研究力量整合于 3 个研究院——经济自由和机会研究院(Institute for Economic Freedom and Opportunity)[4],家庭、社区和机会研究院(Institute for Family, Community, and Opportunity)[5],凯瑟琳和谢尔比·卡

---

[1] 李轶海:《国际著名智库研究》,上海社会科学院出版社,2010,第 40 页。

[2] 王海明:《政治化的困境:美国保守主义智库的兴起》,中信出版社,2018,第 14 页。

[3] "About Heritage," https://www.heritage.org/about-heritage/staff/experts.

[4] 由托马斯·A. 罗伊经济政策研究院所(Thomas A. Roe Institute for Economic Policy Studies)、国际贸易和经济中心(Center for International Trade and Economics)以及数据分析中心(Center for Data Analysis)组成。

[5] 由德沃斯宗教和公民社会中心(DeVos Center for Religion and Civil Society)以及教育政策研究中心(Center for Education Policy)组成。

洛姆·戴维斯国家安全和外交政策研究院（Kathryn and Shelby Cullom Davis Institute for National Security and Foreign Policy）①，以实现强大经济、强大社会、强大国防的目标。② 三家研究院的主要工作分工为：经济自由和机会研究院主要关注国内外经济政策，家庭、社区和机会研究院着重研究社会政策，凯瑟琳和谢尔比·卡洛姆·戴维斯国家安全和外交政策研究院侧重于国防和国际事务研究。2016 年成立了第 4 个研究院——宪政研究院（Institute for Constitutional Government）③，专注于有限政府和司法政策研究。④ 传统基金会的组织结构如图 1 所示。

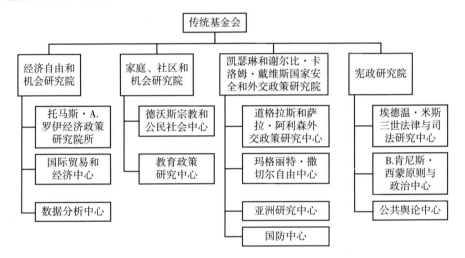

图 1　传统基金会组织结构

资料来源：作者根据智库官网上的资料整理而得。

---

① 下辖道格拉斯和萨拉·阿利森外交政策研究中心（Douglas and Sarah Allison Center for Foreign Policy）、玛格丽特·撒切尔自由中心（Margaret Thatcher Center for Freedom）、亚洲研究中心（Asian Studies Center）和国防中心（Center for National Defense）。

② "Coordinating Heritage's Research Firepower," https：//www. myheritage. org/tag/davis-institute-for-international-studies/.

③ 由埃德温·米斯三世法律与司法研究中心（Edwin Meese Ⅲ Center for Legal and Judicial Studies）、B. 肯尼斯·西蒙原则与政治中心（B. Kenneth Simon Center for Principles and Politics）和公共舆论中心（Center on Public Opinion）组成。

④ "Heritage Launches New Institute for Constitutional Government," https：//www. heritage. org/node/10386/print-display.

（三）出版物和网站建设

传统基金会的出版物众多，包括《政策评论》（*Policy Review*）、《传统基金会宪法指南》（*The Heritage Guide to The Constitution*）、《美国军力指数》（*Index of U. S. Military Strength*）等系列重要研究报告。从里根政府开始，基金会向历届总统提供行动方案——《领导人的职责》（Mandate for Leadership）。自 1995 年起，传统基金会与《华尔街日报》联合发布的《全球经济自由度指数》（*Index of Economic Freedom*）年度报告，是全球权威的经济自由度评价指标。随着技术力量的增强，基金会还设立网站、建立网上书店，方便政策制定者、企业公司和学者连续获取决策依据和研究参考资料。与此同时，建立"在线统计""在线编辑"等技术系统，使学者可以与公众在网上自由探讨婚姻惩罚税、社会保障等议题。[①]

（四）政治倾向

传统基金会是美国著名的保守主义智库，具有强大的学术和政策影响力。在 1977 年的年报中，传统基金会明确表明了对"市场解决方案、限权政府和最大化自由选择"的坚定立场。同时，在另一份声明中，传统基金会明确了将继续竭尽全力推进社会的传统价值观，其目标是"为那些相信自由企业体系、个人自由和限权政府的人们代言"[②]。1983 年，传统基金会董事会主席本·布莱克布伦（Ben Blackbrun）和总裁埃德温·福伊尔纳（Edwin Feulner）共同声明，再次明确了其著名的五条保守主义思想纲领：限权政府（Limited Government）、自由企业（Free Enterprise）、个人自由和责任（Individual Freedom and Responsibility）、美国传统价值（Traditional American Values）、强大国防（Strong National Defense）。[③] 传统基金会的研

---

① 张炎宇：《美国思想库介绍——传统基金会》，《国际资料信息》2001 年第 11 期，第 19 页。
② 王海明：《政治化的困境：美国保守主义智库的兴起》，中信出版社，2018，第 11 页。
③ Lee Edwards, *Leading the Way：The Story of Edwin Feulner and Heritage Foundation*, New York：Crown Forum, 2013, p. 98.

究领域包括国内政策、能源与环境、文化、政治思想、立法与司法、卫生保健、国际问题、基础设施与技术、私有制与财产、政府支出、国家安全以及经济等方面，国家安全领域关注的问题包括防御、国土安全、移民、恐怖主义等。

二 研究成果的统计分析（冷战结束至今）

在传统基金会的官方网站上以"Arctic"为主要词项进行检索，将冷战结束以后发布的研究报告筛选出来。在这些研究文献中，选取了较有代表性的 25 份报告（时间截至 2019 年 5 月 13 日，见表 1）。按作者统计，卢克·科菲（Luke Coffey）发表 15 篇，占总数的 3/5。丹尼尔·科奇斯（Daniel Kochis）发文 8 篇，布瑞恩·斯莱特里（Brian Slattery）发文 4 篇，阿里尔·科恩博士（Ariel Cohen，Ph. D.）发文 4 篇，均属高产作者。在上述高产作者中，丹尼尔·科奇斯与卢克·科菲合作的成果较多，两人建立了良好的合作关系（见表 2）。

表 1 传统基金会的北极问题研究统计

时间	标题	作者
2007 年 8 月 6 日	*Russia' Race for the Arctic*（《俄罗斯的北极竞赛》）	阿里尔·科恩
2008 年 6 月 16 日	*Lost in the Arctic：The U. S. Need Not Ratify the Law of the Sea Treaty to Get a Seat at the Table*（《迷失于北极：美国无须批准〈海洋法条例〉以获取席位》）	史蒂文·格罗夫斯（Steven Groves）
2008 年 10 月 30 日	*The New Cold War：Reviving the U. S. Presence in the Arctic*（《新冷战：重振美国北极活动》）	阿里尔·科恩博士，拉杰斯·F. 噶斯迪博士（Lajos F. Szaszdi, Ph. D.），吉姆·多博（Jim Dolbow）
2010 年 6 月 15 日	*From Russian Competition to Natural Resources Access：Recasting U. S. Arctic Policy*（《从与俄罗斯竞争到获取自然资源：重塑美国的北极政策》）	阿里尔·科恩

时间	标题	作者
2011 年 2 月 24 日	*Breaking an Ice-Bound U. S. Policy：A Proposal for Operating in the Arctic*（《打破冰封的美国政策：关于在北极地区开展业务的提案》）	詹姆斯·卡拉法诺（James Carafano），詹姆斯·迪恩（James Dean）
2011 年 3 月 28 日	*EUCOM Should Lead U. S. Combatant Commands in Defense of National Interests in the Arctic*（《欧洲司令部应当引领美国作战司令部维护其北极国家利益》）	阿里尔·科恩，詹姆斯·卡拉法诺，莎莉·麦克纳马拉（Sally McNamara），理查德·威茨（Richard Weitz）
2012 年 6 月 22 日	*NATO in the Arctic：Challenges and Opportunities*（《北约在北极：挑战与机遇》）	卢克·科菲
2012 年 8 月 15 日	*Arctic Security："Five Principles That Should Guide U. S. Policy"*（《北极安全："引导美国政策的五项原则"》）	卢克·科菲
2013 年 1 月 24 日	*Hagel，Kerry，and Brennan Senate Confirmation Hearings：U. S. Policy on Arctic Security*（《哈格尔，克里和布伦南参议院确认听证会：美国北极安全政策》）	卢克·科菲
2013 年 4 月 2 日	*Strengthen the Coast Guard's Presence in the Arctic*（《加强海岸警卫队在北极的活动》）	布瑞恩·斯莱特里，卢克·科菲
2013 年 4 月 5 日	*No European Union Membership in the Arctic Council*（《没有欧盟成员国参与的北极理事会》）	卢克·科菲
2014 年 6 月 26 日	*Accession to Convention on the Law of the Sea Unnecessary to Advance Arctic Interests*（《加入〈海洋法公约〉不会提高北极利益》）	史蒂文·格罗夫斯
2014 年 8 月 21	*NATO Summit 2014：Time to Make Up for Lost Ground in the Arctic*（《2014 年北约峰会：弥补北极失地的时刻》）	卢克·科菲，丹尼尔·科奇斯
2014 年 12 月 16 日	*Russian Military Activity in the Arctic：A Cause for Concern*（《俄罗斯在北极的军事活动：引起关注的原因》）	卢克·科菲
2015 年 4 月 1 日	*True North：Economic Freedom and Sovereignty Must Be at the Heart of the U. S. Chairmanship of the Arctic Council*（《真正的北方：经济自由和主权必须成为美国北极理事会轮值主席国期间的核心》）	卢克·科菲，史蒂文·格罗夫斯，丹尼尔·科奇斯，布瑞恩·斯莱特里

续表

时间	标题	作者
2016 年 2 月 1 日	*Top Five Modernization Priorities for the Coast Guard in 2016*(《2016 年海岸警卫队五大议题》)	布瑞恩·斯莱特里
2016 年 1 月 8 日	*Top Five U. S. Policy Priorities for the Arctic in 2016*(《2016 年美国北极五大政策议题》)	卢克·科菲,丹尼尔·科奇斯,布瑞恩·斯莱特里
2016 年 6 月 16 日	*NATO Summit 2016：Time for an Arctic Strategy*(《2016 年北约峰会：北极战略呼之欲出》)	卢克·科菲,丹尼尔·科奇斯
2017 年 12 月 15 日	*Designating EUCOM Lead Combatant Command in the Arctic Will Better Protect U. S. Interests*(《欧洲司令部领导作战司令部将更好地保护美国北极利益》)	丹尼尔·科奇斯,詹姆斯·迪·潘恩(James Di Pane)
2018 年 4 月 9 日	*The Coast Guard Needs Six New Icebreakers to Protect U. S. Interests in the Arctic and Antarctic*(《海岸警卫队需要六艘新破冰船以保护南北极利益》)	詹姆斯·迪·潘恩
2018 年 6 月 27 日	*Brussels NATO Summit 2018：Time to Get Serious About the Arctic*(《2018 年布鲁塞尔北约峰会：是时候认真对待北极事务了》)	卢克·科菲,丹尼尔·科奇斯
2019 年 1 月 15 日	*Commercial Fishing in the High Seas Arctic：The U. S. Needs a Treaty，Not an Executive Agreement*(《北冰洋公海捕鱼：北极需要条约而不是执行协议》)	西奥多·R. 布朗德博士(Theodore R. Bromund，Ph. D.)
2019 年 4 月 25 日	*Why the U. S. Should Oppose Observer Status for the European Union in the Arctic Council*(《美国为什么应该反对欧盟获得北极理事会观察员国地位》)	卢克·科菲,丹尼尔·科奇斯
2019 年 5 月 1 日	*The 11th Arctic Council Ministerial Meeting：U. S. Leadership Required*(《第十一届北极理事会部长级会议：需要美国的领导》)	卢克·科菲,丹尼尔·科奇斯
2019 年 5 月 3 日	*The Importance of Greenland to U. S. National Security*(《格陵兰岛对美国国家安全的重要性》)	卢克·科菲

资料来源：作者根据智库官网资料整理而得。

表2　高产学者关注的北极问题领域

高产学者	报告的数量（篇）	关注的北极问题
卢克·科菲	15	北约、主权、经济自由、安全、俄国在北极地区军事力量
丹尼尔·科奇斯	8	
布瑞恩·斯莱特里	4	海岸警卫队、主权、经济自由
阿里尔·科恩博士	4	与俄罗斯竞争、北约、海岸警卫队、导弹防御、《联合国海洋法公约》

资料来源：作者根据智库官网资料整理而得。

从时间来看，传统基金会最早的一份关于北极的研究报告发布于2007年8月，自2007年以来，传统基金会的研究成果数量呈现缓慢增长的态势。2007年、2010年、2015年，以及2017年各发布一份，2013年、2014年、2016年以及2019年各发布三份。除2009年外，其他年份则各发布两份（见表3）。

表3　代表性文献的年份统计

年份	2007	2008	2009	2010	2011	2012	2013	2014	2015	2016	2017	2018	2019
数量（份）	1	2	0	1	2	2	3	3	1	3	1	2	3

资料来源：作者自制。

从开展研究的机构来看，传统基金会的学者和专家大多是从极地问题、欧洲问题、能源与国家安全等领域入手研究北极安全问题，这种涉及多个领域的交叉研究往往依托传统基金会的研究项目、工作组，以及研究所进行（见表4）。这些研究中心和相关机构包括凯瑟琳和谢尔比·库洛姆·戴维斯国家安全和外交政策研究所及其下设的道格拉斯和莎拉·阿利森外交政策研究中心、玛格丽特·撒切尔自由中心、国防中心三家研究中心（见表4）。卢克·科菲、詹姆斯·迪恩、丹尼尔·科奇斯、西奥多·R.布朗德、詹姆斯·卡拉法诺等学者依托上述研究中心提供的研究平台，从外交、安全等角度开展北极问题研究。

表4　传统基金会涉极地问题的研究机构概况

涉极地研究的机构	研究的重点领域	负责人	代表性学者
凯瑟琳和谢尔比·库洛姆·戴维斯国家安全和外交政策研究所	国防、外交	詹姆斯·卡拉法诺	詹姆斯·卡拉法诺
道格拉斯和莎拉·阿利森外交政策研究中心	南非、中东等	卢克·科菲	卢克·科菲，詹姆斯·迪恩
玛格丽特·撒切尔自由中心	欧洲事务、英美关系、宗教自由、人权等	尼罗·加德纳博士（Nile Gardiner, Ph. D.）	丹尼尔·科奇斯，西奥多·R. 布朗德
国防中心	海岸警卫队、北极安全等	托马斯·斯皮尔（Thomas Spoehr）	詹姆斯·迪·潘恩

注：史蒂文·格罗夫斯和布瑞恩·斯莱特里已离职，此处暂不统计在内。
资料来源：作者根据智库官网资料整理而得。

三　北极传统安全问题研究的主要内容

随着气候变暖的加剧以及北极地缘态势的变迁，美国在北极地区的安全利益不断拓展和延伸，[①] 涵盖主权、大国博弈等多个维度。围绕上述安全问题，传统基金会开展了相应的议题研究，为美国在北极地区的安全战略、实践出谋划策，维护美国的国家利益。

（一）对北极政策和主权问题的研究

第一，美国在北极地区的国家利益和北极政策。冷战结束后，北极事务迎来了建章立制的新的历史时期。面临北极地区政治、经济、气候等多重事务的变迁和挑战，如何界定美国在北极地区的国家利益和规划未来的北极政策成为美国参与北极事务的全新课题。2008年10月，阿里尔·科

① 孙凯、潘敏：《美国政府的北极观与北极事务决策体制研究》，《美国研究》2015年第5期，第12页。

恩博士、拉杰斯·F. 噶斯迪博士、吉姆·多博在《新冷战：重振美国北极活动》中指出，作为一个北极国家，美国在高北地区具有重要的地缘政治、经济利益，美国应该在应对挑战和抓住机遇方面发挥领导作用，例如，在外大陆架的争端、北极海上航道的航行、自然资源和渔业的商业开发等方面。

在对美国北极利益和面临的多方面挑战进行确认和分析后，智库学者提出了相应的对策性建议。美国需要重振北极政策，并投入必要的资源来维持美国在北极地区的领导地位。具体包括：在北极地区建立一个跨部门的工作组；加速收购破冰船；为美国海岸警卫队提供足够的预算；加强与加拿大、挪威、丹麦，以及俄罗斯的联系；建立一个公私合营的北极特遣部队；授权石油勘探和生产。①

第二，北极地区的国家主权。冷战的结束终结了美苏之间的战略对抗，美国与苏联（俄罗斯）在北极地区的地缘博弈也得到了缓解。不过，传统基金会并未放松对北极主权、安全问题的重视，始终保持密切关注。2007年，俄罗斯在北冰洋底的"插旗事件"标志着北极地缘政治竞争进入了新的发展阶段。② 阿里尔·科恩撰文《从与俄罗斯竞争到获取自然资源：重塑美国的北极政策》指出，俄罗斯积极扩大在北极的影响力，美国应该坚定地采取行动，保护北极地区的主权。具体来说，美国应该：在不加入公约的情况下，全面执行美国的北极政策；加大对海岸警卫队的资助，以提高美国在北极地区的参与；加强对俄罗斯北极活动的监测；加强与北约在北极事务上的合作，推动北极事务列为北约议程上的优先事项；授权在北极国家野生动物保护区或其他北极地区扩大石油勘探和生产。③ 2012 年 8 月，卢克·科菲撰文《北极安全："引导美国政策的五项原则"》进一步提出了美国北极

---

① "The New Cold War: Reviving the U. S. Presence in the Arctic," https://www. heritage. org/environment/report/the-new-cold-war-reviving-the-us-presence-the-arctic.

② "Russia's Race for the Arctic and the New Geopolitics of the North Pole," http://www. jamestown. org/uploads/media/Jamestown-BaevRussiaArctic01. pdf.

③ "From Russian Competition to Natural Resources Access: Recasting U. S. Arctic Policy," http://thf_ media. s3. amazonaws. com/2010/pdf/bg2421. pdf.

政策的五大原则，并将国家主权优先原则列在首位。① 布瑞恩·斯莱特里和卢克·科菲认为，在北极地区，主权问题和安全问题一样重要，并强调尊重北极国家的主权，拥有维护自身主权的能力，并确保该地区发生武装冲突的可能性较低。②

（二）对北极安全问题的关注

第一，北极安全与北约问题。面对不断恶化的北极地缘形势，智库学者认为，美国有必要借助北约的力量维护自身的北极安全利益。包括捍卫美国北极地区的领土主权，以及该地区北约盟国的领土完整。2011 年 3 月，阿里尔·科恩、詹姆斯·卡拉法诺、莎莉·麦克纳马拉、理查德·威茨四人从导弹防御、海上安全维护的角度撰文，呼吁北约欧洲司令部应该配合和执行维护美国国家安全的任务。③ 乌克兰危机后，俄罗斯与以美国为首的西方世界在北极地区的地缘博弈进一步加剧，卢克·科菲和丹尼尔·科奇斯再次撰文《2018 年布鲁塞尔北约峰会：是时候认真对待北极事务了》指出，俄罗斯在北极地区的行动能力不断提升，虽然北极地区目前处于和平状态，但俄罗斯最近采取的军事化措施加上其对邻国的好战行为，使得北极地区的安全问题成为隐患，然而，北约内部目前尚未达成协调一致的北极战略，美国应该借助即将召开的北约布鲁塞尔峰会，将北极事务置于北约议程中，并确保北约达成北极地区的共同安全政策。④

对于如何加强美国与北约的北极安全合作，推动北约参与北极事务，智库学者也给出自己的意见。卢克·科菲认为，美国欲将北极事务推向北约议

---

① "Arctic Security: Five Principles That Should Guide U. S. Policy," http: //thf_ media. s3. amazonaws. com/2012/pdf/ib3700. pdf.

② "Strengthen the Coast Guard's Presence in the Arctic," http: //thf_ media. s3. amazonaws. com/2013/pdf/ib3889. pdf.

③ "EUCOM Should Lead U. S. Combatant Commands in Defense of National Interests in the Arctic," http: //thf_ media. s3. amazonaws. com/2011/pdf/bg2536. pdf.

④ "Brussels NATO Summit 2018: Time to Get Serious About the Arctic", available at: https: //www. heritage. org/sites/default/files/2018 – 06/IB4875. pdf.

程，必须做到以下几点：呼吁 2014 年的北约峰会在北极圈举行；与加拿大保持紧密合作；寻求北约内非北极成员国的政治支持，如英国。① 2016 年 6月，卢克·科菲和丹尼尔·科奇斯联合撰文《2016 年北约峰会：北极战略呼之欲出》建议美国和北约应该：首次正式承认北约在北极地区的角色；与盟国合作制定北约北极战略；与北约中的非北极国家（如英国和波罗的海国家）合作，推动北极议程；继续参加该地区的演习活动；呼吁在北极圈举行下一次北约峰会。② 2017 年 12 月，丹尼尔·科奇斯和詹姆斯·迪·潘恩在《欧洲司令部领导北极作战将更好地保护北极利益》中再次呼吁美国要委派欧洲司令部作为北极地区的主要指挥中心，促进与美国盟友之间的紧密合作、培训，以及通过北约等组织进行战略协调，合作制定北约的北极战略，特别强调美国应该带领北约制定全面的北极政策，应对该地区不断增加的安全挑战，同时，在这个问题上可以与芬兰和瑞典进行合作。③ 2018 年 6 月，卢克·科菲和丹尼尔·科奇斯合作撰文进一步指出，美国要与北约的非北极成员，如英国和波罗的海国家合作，促进北极议程，继续参加北极地区的培训活动。④

第二，对中国、俄罗斯北极安全威胁的认知。冷战结束后，受国际关系、气候变化等多种因素的影响，美国、俄罗斯在北极事务上的双边关系呈现恶化态势。俄罗斯可能在北极地区给美国带来的安全威胁引起了智库学者的关注和重视。阿里尔·科恩在《俄罗斯的北极竞赛》中指出，地缘政治和地缘经济利益驱动着俄罗斯的北极实践。美国必须与其盟国——加拿大和北欧国家开展合作予以积极回应。⑤ 卢克·科菲在《俄罗斯在北极的军事活

---

① "NATO in the Arctic：Challenges and Opportunities," http：//thf_media. s3. amazonaws. com/2012/pdf/ib3646. pdf.

② "NATO Summit 2016：Time for an Arctic Strategy," http：//thf-reports. s3. amazonaws. com/2016/IB4578. pdf.

③ "Designating EUCOM Lead Combatant Command in the Arctic Will Better Protect U. S. Interests," https：//www. heritage. org/sites/default/files/2017 – 12/IB4796. pdf.

④ "Brussels NATO Summit 2018：Time to Get Serious About the Arctic," https：//www. heritage. org/sites/default/files/2018 – 06/IB4875. pdf.

⑤ "Russia' Race for the Arctic," https：//s3. amazonaws. com/thf_ media/2007/pdf/wm1582. pdf.

动：引起关注的原因》中指出，俄罗斯一直在北极地区部署军事力量，美国及其盟国必须密切监视这些活动。①

作为快速崛起的发展中大国，中国对北极事务的参与逐步引起了传统基金会的关注。2018 年 1 月，中国发布《北极政策白皮书》，引发了各国学者的热烈讨论。詹姆斯·迪·潘恩指出，中国正在提升其在两极地区的影响力，如果美国不能有效地主导形势发展，将可能使美国的资源面临被其他国家利用的风险。② 卢克·科菲等在《第十一届北极理事会部长级会议：需要美国的领导》中呼吁官方加强与北极理事会中西方盟友的合作，提出对中国"冰上丝绸之路"野心的合理担忧，确保中国的北极实践不会超越其观察员国所被允许的范围。③

第三，海岸警卫队的能力建设。提升海岸警卫队的北极行动能力建设是美国有效应对北极地区自然环境和地缘政治变化的重要手段。与俄罗斯、加拿大等北极国家相比，美国的北极行动能力建设严重不足。由于破冰能力与破冰需求不对称，美国海岸警卫队甚至不得不借助国外力量开展破冰活动。部分学者强烈呼吁官方加大对破冰船、无人机、港口等问题的关注，提升海岸警卫队的北极行动能力建设。布瑞恩·斯莱特等在《加强海岸警卫队在北极的活动》中指出，为了合法保护美国在北极地区的主权，美国应该：（1）制定提升破冰能力的新战略；（2）建立功能完善的舰队；（3）在北极地区提供永久固定资产；（4）继续加强海军与海岸警卫队之间的合作。④ 不仅如此，在其撰写的《2016 年海岸警卫队五大议题》中，布瑞恩·斯莱特指出，为提升美国的北极行动能力，还应该关注以下五个领域：（1）确保

---

① "Russian Military Activity in the Arctic: A Cause for Concern," https://thf_media.s3.amazonaws.com/2014/pdf/IB4320.pdf.

② "The Coast Guard Needs Six New Icebreakers to Protect U.S. Interests in the Arctic and Antarctic," https://www.heritage.org/sites/default/files/2018 – 04/IB4834_0.pdf.

③ "The 11th Arctic Council Ministerial Meeting: U.S. Leadership Required," https://www.heritage.org/sites/default/files/2019 – 05/IB4955.pdf.

④ "Strengthen the Coast Guard's Presence in the Arctic," http://thf_media.s3.amazonaws.com/2013/pdf/ib3889.pdf.

购买海上巡逻机获得足够的资金支持；（2）增加极地破冰船数量；（3）继续支持海岸警卫队虚拟无人机探测；（4）授权"多年采购"（Multiyear Procurement，MYP）计划；（5）提供与海岸警卫队预期相符的"收购、建设和改进"（Acquisition，Construction，and Improvements，AC&I）资金。[1]

破冰船数量不足、缺乏维修严重制约着海岸警卫队北极行动能力的提升，是多年来困扰美国北极实践的一大难题。詹姆斯·迪·潘恩在《海岸警卫队需要六艘新破冰船以保护南北极利益》中指出，破冰船对于解决单独极地作业至关重要，而目前的舰队无法有效应对这些挑战。海岸警卫队需要一批新的极地破冰船以捍卫美国在极地地区的安全和经济利益，国会应该全力资助海岸警卫队建造六艘新破冰船。[2]

总体而言，传统基金会以维护和促进国家利益最大化为出发点和归宿，在开展北极问题研究时，总是及时抓住涉及美国利益的北极热点问题，探讨美国如何在快速变化的北极地缘现实中实现和维护国家利益，供政府决策参考。

四 北极传统安全问题研究的特点

随着北极地缘态势的变迁和北极事务在美国外交政策议程中地位的提升，传统基金会加强了对北极事务的研究，并在研究方式、思想传播等方面表现出诸多特点。

第一，问题研究密切配合美国北极情势需要。传统基金会的北极问题研究密切配合美国北极实践的情势需要。主要体现在三个方面：在发文时机上，注重时效性。例如，2007年7月，俄罗斯在北冰洋海底插上一面钛合金制的俄罗斯国旗，引发了国际社会对北极事务的强烈关注。

---

[1] "Top Five Modernization Priorities for the Coast Guard in 2016," http：//thf-reports. s3. amazonaws. com/2016/IB4515. pdf.

[2] "The Coast Guard Needs Six New Icebreakers to Protect U. S. Interests in the Arctic and Antarctic," https：//www. heritage. org/sites/default/files/2018 – 04/IB4834_ 0. pdf.

传统基金会适时发布了冷战结束后的第一份报告《俄罗斯的北极竞赛》，指出俄罗斯的北极活动给美国的北极安全带来了威胁，探讨实现美国北极利益的方式；在研究人员和机构上，形成了相对稳定的、能够为北极安全决策提供支持的研究队伍。自 2007 年至今，卢克·科菲、丹尼尔·科奇斯、布瑞恩·斯莱特里等一批专家学者依托凯瑟琳和谢尔比·库洛姆·戴维斯国家安全和外交政策研究所及其下设的三家研究中心，从外交、国防、军事等角度切入北极传统安全问题研究，保持了相对稳定的科研产出，为美国北极安全决策提供有力支持；在研究议题的设置上，紧密贴合现实需要。纵观冷战后传统基金会发布的研究报告，其研究议题的设置无论是北极政策的制定、主权利益的维护，还是如何加强与北约组织的安全合作、改善海岸警卫队的行动能力建设，都是美国北极安全实践中面临的迫切问题，智库学者的研究很好地迎合了政策需要，有力地扩大了对官方政策的影响力。

第二，与政府官员进行合作与交流。传统基金会为政府卸任官员提供有关北极问题研究的职位，让他们在亲历事件的基础上从事对北极传统安全问题的研究（见表 5）。例如，美国陆军退伍军人卢克·科菲曾担任英国国防部长利亚姆·佛克斯（Liam Fox）的高级特别顾问，卸任后加入传统基金会从事美英关系、欧亚安全问题研究。2015 年 12 月，卢克·科菲成为传统基金会道格拉斯和莎拉·阿利森外交政策研究中心的负责人，负责指导中东、非洲、俄罗斯、西半球、北极地区的国际问题研究。卸任官员在欧亚事务、安全问题以及国家情报等问题上拥有丰富的工作经验，将协助智库及时把握官方对北极问题的关注点，从而推动智库的研究紧密贴合政策需要。

表 5　传统基金会"旋转门"机制的部分学者（一）

姓名	（曾）在政府部门任职
史蒂文·格罗夫斯	参议院常设调查小组委员会的高级法律顾问、佛罗里达州的助理检察长
詹姆斯·卡拉法诺	国土安全委员会

续表

姓名	（曾）在政府部门任职
布瑞恩·斯莱特里	代表弗尼吉亚州的参议员兰迪·福布斯(J. Randy Forbes)办公室国防研究助理
卢克·科菲	英国国防部长利亚姆·佛克斯的高级特别顾问、在英国下议院担任保守党国防和安全问题顾问
詹姆斯·迪恩	供职于国会，先后为代表科罗拉多州的参议员汉克·布朗(Hank Brown)和本·奈特霍斯·坎贝拉(Ben Nighthorse Campbell)提供政策建议

资料来源：作者自制。

另外，传统基金会研究人员进入政府部门开展相关工作，充分发挥其专业优势，将智库的思想观点带入决策体系中（见表6）。例如，詹姆斯·卡拉法诺于2003年加入传统基金会，致力于外交、国防、情报和国土安全问题的研究。2012～2014年，詹姆斯·卡拉法诺供职于国土安全委员会。[①] 传统基金会的专家、学者加入政府部门从事所擅长领域的工作，加强了传统基金会与政府内部的联系，智库的思想观点进一步传播到权力核心，使得知识与权力得到了最有效的结合。[②]

表6　传统基金会"旋转门"机制的部分学者（二）

姓名	在政府部门任职
史蒂文·格罗夫斯	在白宫任职总统特别助理兼副新闻秘书、总统特别助理兼特别助理律师
布瑞恩·斯莱特里	在国防部任职，从事北约政策研究

资料来源：作者自制。

第三，多样化的思想传播，以扩大政策产品的影响力。智库通过市场营销的方式，不断改进传播策略，扩大其政策产品的影响力。这些方式包括：（1）参与、举办涉北极问题的研讨活动，增强在北极议题领域的影响力。

---

① 目前是传统基金会的副主席和凯瑟琳和谢尔比·库洛姆·戴维斯国家安全和外交政策研究所的负责人。

② 王莉丽：《美国智库的"旋转门"机制》，《国际问题研究》2010年第2期，第13～18页。

2018 年 4 月，传统基金会召开题为"美国海岸警卫队：安全和繁荣的国家资产"的研讨会，讨论海岸警卫队计划如何在未来几年保护美国的安全和繁荣。① （2）智库学者通过接受媒体采访或在媒体上撰写评论等形式对北极问题发表看法。例如，2016 年 1 月，丹尼尔·科奇斯在《华盛顿时报》刊发《2016 年重新关注美国北极政策》一文，对美国担任北极理事会主席国后的北极实践发表意见。② （3）发布学者的相关评论文章。例如，2018 年 6 月，西奥多·R. 布朗德等人在传统基金会旗下的《每日信号》（The Daily Signal）发表评论文章《美国不应批准联合国海洋法公约的 7 个理由》。③ 此外，还包括网络播客（Podcast）、评论（Commentary）、图书出版等形式。传统基金会运用多元化的传播方式扩散认知观点，与政府机构及社会各界建立起密切的关系和良性互动，进而塑造公众舆论和政府决策。

五　结语

美国智库运作的独立性、开放性决定了智库专家政策建议的科学性和合理性，④ 必将会对未来美国北极政策的制定和出台产生重要影响。深入分析作为主流智库典型代表的传统基金会对北极问题的研究，有助于我们更好地把握美国北极政策的发展演变。不过，需要指明的是，智库学者的呼吁与政策建议是影响美国北极政策的重要原因，但并不是唯一因素。包括阿拉斯加州、国会、非政府组织等在内的多元主体都会试图影响美国北极政策议程的制定，并且在这一过程中彼此牵掣和制约。

---

① "America's Coast Guard: A National Asset for Security and Prosperity," https://www. heritage. org/defense/event/americas-coast-guard-national-asset-security-and-prosperity.

② "Refocusing U. S. Arctic Policy in 2016," https://www. heritage. org/environment/commentary/refocusing-us-arctic-policy-2016.

③ "7 Reasons U. S. Should Not Ratify UN Convention on the Law of the Sea," https://www. heritage. org/global-politics/commentary/7-reasons-us-should-not-ratify-un-convention-the-law-the-sea.

④ 仇华飞：《美国智库对当代中国外交战略和中美关系的研究》，《国外社会科学》2013 年第 4 期，第 86 页。

作为北极事务重要的利益攸关方，中国在北极地区拥有国际法赋予的合法权益和对北极未来的合理关切。① 应进一步关注包括美国智库在内的多元主体在北极问题上的动向及其对特朗普政府的影响，从中窥探美国北极政策的走势，有针对性地调整中美北极合作，② 推动"冰上丝绸之路"建设和北极地区的可持续发展。

---

① 阮建平：《国际政治经济学视角下的"冰上丝绸之路"倡议》，《海洋开发与管理》2017年第11期，第3~9页。
② 杨松霖：《美国北极气候治理：主体、特点及走向》，《中国海洋大学学报》（社会科学版）2019年第2期，第26~32页。

附　　录

Appendix

B.15
北极地区发展大事记（2018）

2018 年 1 月　加拿大联邦政府公布了船舶来往于加拿大北极海域的安全和防污染新法规。加拿大运输部出台了《北极航运安全和污染防治条例》，声称制定这些规则是为了将《极地水域船舶作业国际规则》，或者是更普遍为人所知的《极地规则》引入加拿大国内法规之中。就像《极地规则》一样，加拿大的新法规包括与船舶设计和设备规格、船舶作业和船员培训有关的各种安全和污染防治措施。

2018 年 1 月　由极地地区八个国家组成的北极理事会被提名为诺贝尔和平奖候选人。由来自世界 20 个国家的专家学者组成的国际机构向挪威诺贝尔委员会邮寄了集体起草的信件。信件的作者们一致认为，北极理事会的活动促进了和平的维护，符合瑞典化学家诺贝尔的遗嘱精神。

2018 年 1 月　中国国务院新闻办公室 2018 年 1 月 26 日发布《中国的北极政策》白皮书，这是中国政府在北极政策方面发布的第一部白皮书。白皮书指出，北极问题具有全球意义和国际影响，中国是北极事务的重要利

益攸关方。

2018 年 1 月 据中国国务院新闻办公室 2018 年 1 月 26 日发布的《中国的北极政策》白皮书介绍，在"冰上丝绸之路"框架内中国愿意与其他国家一道在北极地区共建海上商路。"可以与北极国家在协调发展战略方面做出建设性步骤，来通过共同努力促进经过北冰洋在中国与欧洲之间开拓海上经济走廊"。在中国政府声明中指出，"根据立法与相应的调整鼓励中国企业参加这一航线基础设施开发和完成实验性商业航行"。

2018 年 2 月 加拿大总理特鲁多提出了一项新的原住民权利计划。2018 年 2 月 14 日加拿大总理特鲁多在下议院宣布加拿大有责任"变得更好"，加拿大政府将在 2019 年联邦选举之前制定一项新的计划，以充分认识和落实原住民的权利。原住民关系和北方事务部部长班妮特（Carolyn Bennett）将负责这项工作，将在 2018 年晚些时候推出一个框架，并在 2019 年 10 月之前实施。

2018 年 2 月 俄罗斯政府批准启动北纬通道建设项目租让合同。2 月 22 日俄罗斯政府总理德米特里·阿纳托利耶维奇·梅德韦杰夫签署了北纬通道建设项目租让合同，该项目是在亚马尔－涅涅自治区建设一条新铁路。

2018 年 3 月 芬兰和挪威就建设北极铁路线问题达成一致意见。据路透社赫尔辛基报道，3 月 9 日，芬兰和挪威就建设北极铁路线问题达成一致意见。该铁路将连接芬兰北部和巴伦支海岸，并将形成一条贸易路线，为沿岸地区带来商业机遇。这条铁路将花费 29 亿欧元（约合 36 亿美元），预计在 2030 年投入使用。它将会是第一条连接欧盟成员国和北冰洋港口的铁路。

2018 年 3 月 北极国家开展海岸警卫队合作。3 月 15 日，来自加拿大、丹麦、冰岛、挪威、俄罗斯联邦、美国、芬兰、瑞典等北极国家的海岸警卫队代表齐聚芬兰的奥卢以探索新的潜在合作领域。在这里将举行海岸警卫队北极论坛专家和领导一系列会议。

2018 年 3 月 2018 年 3 月 8～15 日在美国阿拉斯加地区举行了"极地先锋－18"演习，来自美国空军、海军陆战队和其他兵种的约 1500 名官兵参加了此次演习。为了提高在寒冷天气环境下的能力，部队采用了新的通信系统。

2018 年 3 月　俄罗斯诺瓦泰克公司与中国远洋海运集团有限公司就扩大北极合作达成协议。双方董事长在上海商讨了在"亚马尔－液化天然气"项目框架内顺利合作的问题，并就扩大相互协作的规模和水平，特别是在北极条件下的运输合作方面达成一致意见。

2018 年 3 月　气象和通信发展领域中的合作成为 3 月 22～23 日在芬兰城市莱维召开的北极理事会高层领导会议的主要议题。北极八国和北极理事会 6 个工作组的专家代表，以及世界气象组织和 30 多个观察员国家的代表参加了本次活动。据报道，在新闻发布会上专家们就会议的主题提出了具体的建议。代表们还继续完成了北极理事会的战略规划工作。

2018 年 4 月　4 月 9 日"北极大学"北极和北方高等学校国际财团董事会会议在雅库特圆满结束。来自北极七个国家的代表讨论了组织的未来及最近几年的发展战略问题。会议讨论了"北极大学"的发展战略问题，并与雅库特政府签署了协议，该协议旨在共同培养驯鹿业、捕鱼业、农产品再加工和其他领域所需的人才，以及大学生和专家的学术机动性。

2018 年 4 月　4 月 11 日，第八届北极物流国际会议在摩尔曼斯克开幕。会议主办方是"摩尔曼斯克大陆架"北极项目承包者协会。会议的举办得到了摩尔曼斯克州政府和相关各部门的大力支持。会议关注的焦点是北方航道发展基本方向问题、北极大陆架物流运输业务组织问题、北极交通基础设施发展投资问题等。

2018 年 4 月　俄罗斯自然资源与生态部在其网站报道，俄罗斯政府已经批准了由该部拟定的草案。这部草案规定了公司为获得北极大陆架底土使用权而进行的拍卖。该草案将呈送至国家杜马，进行首次审议。

2018 年 5 月　监管国际航运的联合国小组决定禁止在北极地区使用重油。在发生溢油事故时，特别是在寒冷的气温下，重油为清理工作带来了特殊的挑战。环保组织虽然为这个决定而欢呼，但禁令成为现实仍然还有很长的路要走。

2018 年 5 月　中俄两国正在起草一份关于共同开发北极的备忘录。中华人民共和国商务部欧亚司副司长刘雪松指出，"两国相应的权力机构之间

在这方面已设立了工作组。有关中俄两国在开发北极领域中合作的备忘录谈判正在进行中。这一备忘录将为在这一领域的进一步发展和合作提供主要基地"。

2018 年 5 月　瑞典政府支持建设北极小型卫星发射台计划。瑞典高等教育与研究大臣赫莲·海马克·克努特松 5 月 16 日宣布，卫星发射台拟选址于瑞典北极航天基地——雅斯兰吉，并纳入瑞典新国家航天战略计划。

2018 年 5 月　5 月 9 日，俄罗斯在红场举行的年度胜利日阅兵式上，展示了一款装备有机关枪的新型雪地战斗摩托，以展示俄罗斯的北极军事力量。

2018 年 5 月　国际海事组织海上安全委员会（MSC）在伦敦举行的第99 届会议上批准了俄罗斯和美国根据拟议方案提出的白令海峡船舶通行的联合提案。俄罗斯和美国提出的白令海峡的航运方案和采取的方法是及时和合理的措施，旨在减少发生海上事故和海洋污染的风险。它将使该区域沿岸国家的紧急反应部队更有效地集中起来。

2018 年 5 月　5 月 23 日加拿大和丹麦宣布成立联合工作组以解决北极边界问题。

2018 年 6 月　挪威议会批准挪威国家石油公司（Equinor）投资 472 亿挪威克朗（58.5 亿美元）用于北极巴伦支海 Johan Castberg 油田的开发。

2018 年 6 月　俄罗斯总统与韩国总统在双边会谈中就交通和能源领域实施"北方"项目等问题达成一致意见。两国总统在克里姆林宫就双方在北极地区进行合作的领域进行了商讨。两国领导人的联合声明显示，两国领导人谈到了在交通和能源领域的项目实施问题。

2018 年 7 月　俄罗斯国家原子能集团和俄罗斯联邦运输部就北方航道管理问题达成协议。运输部保留对北方航道的监管职能，而国家原子能集团将负责基础设施建设。

2018 年 7 月　亚马尔半岛的液化天然气经由北极航线运抵中国。有破冰功能的液化天然气运输船"爱德华·托尔号"和"弗拉基米尔·鲁萨诺夫号"从亚马尔半岛的液化天然气液化厂出发，经由俄罗斯北方航道航行，已经抵达了中国南通市附近的一个液化天然气码头装卸区，完成了其具有里程碑意义的航行。

2018 年 7 月 7 月 31 日美国国会通过了《国防授权法案》，将为阿拉斯加的北极地区带来更多的资源。《国防授权法案》有史以来第一次为美国海岸警卫队批准了 6 艘重型极地破冰船。

2018 年 8 月 英国国防委员会在 8 月 15 日发布的《如履薄冰：英国在北极的防御》报告中对北极形势进行了调查。报告指出，俄罗斯在该地区的军事活动有所增加，并列出了相关的危险。他们担心的是英国军队在北极地区的有效部署可能资源不足。

2018 年 8 月 中国科学家于北冰洋布放了首套无人冰站系统，标志着中国北极科学观测迈入"无人时代"。无人冰站由中国第九次北极科考的科学家们布放。布放已经完成，观测数据已经成功传输回国。科考船不在北极科考时，无人冰站的相关观测是一个非常有效的补充。

2018 年 8 月 据英国《卫报》8 月 21 日报道，格陵兰岛北部沿岸的海冰通常情况下冻得非常坚实，因此被称为"最后一片冰区"。在全球变暖的背景下，专家原本认为这里会坚持到最后才会融化。而现在由于暖风以及气候变化导致北半球高温的影响，北极地区最古老最厚的海冰在 2018 年已经出现两次破裂，这是有记录以来首次出现的现象。气象专家称这一现象非常"可怕"。

2018 年 9 月 9 月 5 日，国际组织齐聚阿拉斯加，聚焦北极生物多样性。此次会议由北极理事会北极动植物保护工作组举办，该工作组目前由美国负责。该工作组主要开展栖息地研究，追踪本地和入侵物种，并鼓励当地居民参与北极地区的环境事务。

2018 年 9 月 9 月 10 日中国第一艘自主建造的破冰船——"雪龙 2 号"在上海下水。"雪龙 2 号"由江南造船（集团）有限责任公司承担建造，船长 122.5 米，宽 22.3 米，拥有 13990 吨排水量和 20000 英里的海上航行能力。据中国专家介绍，"雪龙 2 号"破冰船具备很强的破冰能力，能够到达包括北极在内的被厚冰层覆盖的区域。

2018 年 9 月　由于海冰融化，一艘商业集装箱船首次成功穿越北方航道。全球最大的集装箱航运公司马士基航运公司称其公司旗下的"Venta Maersk"号于 2018 年 9 月下旬抵达目的地圣彼得堡。在俄罗斯最强大的核动力破冰船的帮助下，它沿着北方航道穿过俄罗斯和阿拉斯加之间的白令海峡，然后沿着俄罗斯北部海岸进入挪威海。

2018 年 9 月　格陵兰政府公开宣布，支持国际海事组织关于在北极地区禁止使用和携带重油的禁令。

2018 年 9 月　9 月 30 日英国国防大臣宣布了新的北极防御战略，英国国防部认为北极地区的机会越来越多，威胁也越来越多。这一新战略将会提升英国国防部对北极地区的关注。

2018 年 10 月　一艘挂有丹麦国旗的货船成功穿越俄罗斯的北极地区，此次试航证明，由于海冰融化，一条从欧洲到东亚的新贸易航线可能得以开辟。

2018 年 10 月　俄罗斯邀请印度加入俄罗斯在北极的能源项目。俄罗斯总统弗拉基米尔·普京在俄印商业论坛结束时表示，俄罗斯欢迎印度公司参与俄罗斯在北极地区的大型能源项目。他指出，液化天然气供应领域的合作项目变得更具有战略意义。

2018 年 10 月　经过几年的谈判，2018 年 10 月 10 日，美国、俄罗斯、加拿大、挪威、丹麦、冰岛、日本、韩国和中国 9 个国家和欧盟在格陵兰岛正式签署了《防止中北冰洋不管制公海渔业协定》。北冰洋中部公海大部分地区将禁止进行商业捕鱼并且禁止进入由于海冰消融而新出现的大片海域。

2018 年 10 月　韩国总统文在寅于 2018 年 10 月 20 日正式访问丹麦。丹麦是"全球绿色目标伙伴 2030"倡议的参与国。文在寅与丹麦总理拉尔斯·勒克·拉斯穆森进行了首脑会谈，之后发表了共同声明。在此次访问期间，两国签署了包括极地研究以及无人机在内的自由移动体开发领域的谅解备忘录。

2018 年 11 月　《北极年鉴》（2018 版）聚焦北极地区的中国。中国在北极地区的角色是最新一版《北极年鉴》的重点，该年鉴由北方研究论坛和北极大学联合编制。

2018 年 11 月　美国特朗普政府已经开启了将阿拉斯加州的大面积海域开放进行石油和天然气钻探的进程，并于 11 月 15 日接受公众对一项钻探计划的评议。

2018 年 12 月　12 月 7 日北极圈论坛在韩国首尔召开。论坛的主题是"亚洲与北极的相遇：科学，联系以及合作"。这是第一次在东北亚地区召开的北极圈论坛大会，通过此次论坛，东北亚国家将强化与北极圈国家、北极相关组织和企业间的合作，本次大会将成为各国在北极领域积极对话并加强北极领域相关合作的平台。

2018 年 12 月　俄罗斯联邦的萨哈共和国北极发展部在雅库特创立。该北极发展部将涉及俄罗斯北部地区的综合发展和传统活动的发展问题。重点关注北方航道周围的交通基础设施发展、港口重建和高科技造船厂的建设等问题。

2018 年 12 月　美国国家海洋和大气管理局于 12 月 11 日发布了《2018年北极年度报告》。该报告再一次阐述了北极的气候变化，包括空气和海洋温度升高以及海冰减少导致的动物栖息地的变化。

Abstract

The year of 2018 witnessed great changes in the Arctic region, and Arctic affairs are increasingly becoming an important issue of concern to the international community. Under the influence of climate change and economic globalization, the relevant rules for the development and utilization of Arctic passages are gradually formed under the guidance of the *International Code for Ships Operating in Polar Waters*. The entry into force of the Agreement on Enhancing International Arctic Science Cooperation further promotes the cooperation of the international community in Arctic scientific research. The Arctic governance regime represented by the Arctic Council is gradually improved and deeply interacts with other relevant institutions to jointly promote the governance of Arctic affairs. As an active participant, builder and contributor to the Arctic affairs, China actively adheres to the principle of "respect, cooperation, win-win result and sustainability" and actively participates in the Arctic affairs and promotes the construction of a community with a shared future for mankind.

This volume of the Arctic Region Development Report begins with a summary of the dynamic developments of the Arctic region in 2018 in the form of a general report. After the general report, this volume has a special topic on the "Polar Silk Road". This was followed by the Arctic Law and Arctic Governance, which examined the development of laws and regulations in the Arctic and the governance of new issues in the Arctic. We look forward to the publication of this annual report, which will enable readers to understand the development of Arctic affairs of this year, to understand the related issues such as the "Polar Silk Road" and to grasp the dynamic issues in the fields of Arctic governance and law. The publication of this volume is also expected to play a role in serving as one of those references for policy making on China's participation in Arctic governance.

Contents

I General Report

Abstract: 2018 has been a year of great changes in the Arctic region. The practical needs and potential risks of the development and utilization of shipping routes in the Arctic waters have pushed shipping rules into a shaping period. A series of rules on ships, crews and oil pollution control under the Polar Code have gradually come into being and the navigation system in the Bering Strait, which guards the key passage to the Arctic, has also been further developed. *The Agreement on Enhancing International Arctic Scientific Cooperation* aims to improve the capacity to understand the Arctic by removing barriers to cooperation and promoting research in related fields such as the oceans, land and atmosphere in the pan-arctic region. Balancing immediate and long-term interests is an important consideration for fisheries, oil and gas resource development and regional spatial planning in the Arctic high seas. This is also a key consideration in the domestic legislation and policy formulation of many concerned countries. China has made public its basic identity, position and path of participating in Arctic affairs and

governance. As an active participant, builder and contributor of Arctic affairs, China will uphold the basic principles of "respect, cooperation, mutual benefit and sustainability" and take an active part in building a community of shared future for mankind in the Arctic.

Keywords: New Rules on Arctic Shipping Routes; *Agreement on Enhancing International Arctic Scientific Cooperation*; Arctic Space Planning; the Development of Oil and Gas Resources

Ⅱ   Polar Silk Road

B. 2   The Cooperation Advice between Republic of Korea's New Northern Policy and China's "Polar Silk Road"

Song Han, Guo Peiqing / 035

Abstract: As active participants with common interests in the Arctic region, China and South Korea have broad space for cooperation in the Arctic economy. South Korea proposed "New Northern Policy" which about Arctic development, China put forward initiative called "Polar Silk Road" directing China involve Arctic Affairs. "New Northern Policy" and "Ice Silk Road" initiative have similar contents. These two policies share the same goal in Arctic development and achieve junction in the Northeast of China. As a result, I thinks China and South Korea can take some measures, such as the construction of inland shipping waterways connecting the Arctic, the establishment of China-ROK Arctic cooperation and coordination organizations, the improvement of the track -2 dialogue mechanisms on Arctic affairs, to promote the cooperation between "New Northern Policy" and "Polar Silk Road" and then increase the common earnings of China and South Korea in the Arctic region.

Keywords: China-ROK Relations; New Northern Policy; Polar Silk Road; Arctic Cooperation Advice

B. 3   Research on Development of Legal Regulation of

International Shipping Emission Reduction in

Polar Silk Road Navigation   *Bai Jiayu*, *Feng Weiwei* / 056

Abstract: The availability of increased Arctic shipping as a consequence of sea ice decline is a regional issue that is closely linked with international climate governance and global governance of the maritime industry. Sea ice decline creates favorable circumstances for the development of merchant shipping, but is accompanied by increases in greenhouse gas emissions. Reduction of greenhouse gas emissions from the shipping industry is of utmost importance to prevent the destruction of the fragile Arctic ecosystem. This paper focuses on the core content of the Paris Agreement and suggests that the International Maritime Organization could guide the shipping industry to reach a fair agreement with states that includes market-based measures, capacity building, and voluntary actions of shipping companies as non-state actors.

Keywords: Climate Change; Arctic; Shipping Emissions; the Paris Agreement; Non-state Actor; International Maritime Organization

B. 4   Research on the Construction of China-Mongolia-Russia

Economic Corridor under the Background of the

"Polar Silk Road"   *E'erdunbagen* / 078

Abstract: Mongolia and Russia are important northern neighbors of China. They have an important geostrategic position in the development and adjustment of the Northeast Asian region and the construction of the Silk Road Economic Belt. The construction of China-Mongolia-Russia economic corridor can expand northward opening and promote the development of the western region and realize the prosperity of the border and the people. It is also an important strategic measure for good-neighborliness and friendship. It will create a new all-round

initiative for opening up to the outside world, implement the overall national development strategy and accelerate the frontier. The economic and social development of ethnic areas is of great significance. With the continuous development and construction of the Arctic waterway, the "Polar Silk Road" has become an important connecting point for the future China-Mongolia-Russia economic corridor and a key point for economic and trade transportation. Therefore, it is extremely urgent to accelerate the implementation of the China-Mongolia-Russia economic corridor.

Keywords: Opening to the North; China-Mongolia-Russia Economic Corridor; Polar Silk Road

B. 5 China-Japan-Korea Arctic Affairs Cooperation in the Background of the "Polar Silk Road"

Jiao Duoduo, Sun Kai / 091

Abstract: With the acceleration of global warming, the value of the Arctic region has become increasingly prominent, and Arctic affairs has become an important content in international affairs and has become the focus of attention of all countries. China, Japan, and South Korea, as "important stakeholders" in the Arctic affairs, have overlapping interests in climate change, scientific investigation, waterway utilization, and energy development. There is a realistic foundation and motivation for cooperation in Arctic affairs. At this stage, although the cooperation between China, Japan and South Korea in the Arctic affairs has made some progress, the degree of cooperation is still very limited, and the potential for cooperation has not been fully utilized. The new situation of building the "Polar Silk Road" has injected new vitality into the cooperation between the three countries in the Arctic affairs. China, Japan and South Korea should take this opportunity to strengthen cooperation among the three countries in the Arctic affairs, expand cooperation areas, deepen cooperation levels, and achieve a win-win situation in cooperation.

Keywords: "Polar Silk Road"; China-Japan-Korea Arctic Affairs; Arctic Cooperation

B. 6   China's Arctic Science and Technology Diplomacy Under
       the Background of the "Polar Silk Road"   *Zhang Jiajia* / 108

Abstract: In view of the special natural environment of the Arctic, Arctic scientific and technological diplomacy is a prerequisite for various countries to participate in the Arctic affairs and realize the Arctic interests. Look back up on the process of China's participation in the Arctic affairs, Arctic science and technology diplomacy is main clue and core content, and has achieved some results. The "Polar Silk Road" initiative is a new opportunity for China to participate in the Arctic affairs. Arctic science and technology diplomacy is of great significance to the construction of the "Polar Silk Road", such as providing scientific research equipment, protecting the Arctic environment, and achieving mutual benefit goals. However, as a non-Arctic country and developing country, there are some problems such as lack of top-level design, in short of policy and fund support, and constraints of several international factors. Therefore, China should give full play to the leading role of the government, strengthen and improve the operation mechanism, and expand the breadth and depth of Arctic science and technology diplomacy.

Keywords: "Polar Silk Road"; Arctic Science and Technology Diplomacy; Arctic affairs; China's participation

B. 7   Building the Irtysh-Ob River Cooperation Mechanism
       among China, Russia and Kazakhstan in the
       Context of the "Polar Silk Road"   *Yan Xinqi* / 122

Abstract: With the deepening of sub-region cooperation among China,

北极蓝皮书

Russia and Kazakhstan and the implementation of the Belt and Road Initiative, the historical opportunity of Irtysh—Ob River cooperation mechanism is emerging. The Irtysh-Ob river as a transboundary water transport corridor connecting the Silk Road Economic Belt, the Polar Silk Road and the Yamal Peninsula, contribution to the value is increasingly prominent. However, the cooperation mechanism on the Irtysh-Ob river is faced with many realistic challenges, the problems of social and economic development, mechanism platform construction and regional security. In this regard, China, Russia and Kazakhstan need to strengthen communication and mutual trust, enhance top-level design and give full play to the active role of sub-national government actors. Three countries need to provide a basis of mutual trust and institutional guarantee for the establishment of the Irtysh-Ob river cooperation mechanism.

Keywords: The Belt and Road; Irtysh-Ob River; Cooperation Mechanism; Sub-regional Cooperation

III   Arctic Governance

B. 8   Progress in Arctic Scientific Research and China's

Participation   *Li Haomei* / 138

Abstract: The Arctic states generally attach importance to high-level planning and guidance of Arctic scientific research and regard it as an important part of their Arctic policies. The sustainable development of the Arctic region needs to be based on scientific cognition of the Arctic environment and its changes. As international cooperation on Arctic science is being enhanced, scientific research is playing an increasingly prominent role in supporting and influencing Arctic governance. The legally binding Agreement on Enhancing International Arctic Scientific Cooperation provides an institutional framework for strengthening scientific cooperation among the Arctic states. Arctic states are in an advantageous position in Arctic scientific research. China exercises its right to carry out scientific research activities in accordance with international law. China has completed the ninth Arctic scientific expedition and established an Arctic scientific research station in cooperation with Iceland, actively expanding the path of Arctic scientific cooperation.

Keywords: Arctic Scientific Research; Arctic Scientific Cooperation; Arctic Science Ministerial; Agreement on Enhancing International Arctic Scientific Cooperation

B. 9 Research on the Present Situation of Arctic Marine Spatial Planning *Tang Honghao , Yu Jing* / 159

Abstract: Marine Spatial Planning (MSP) is a public process of analyzing and allocating thespatial and temporal distribution of human activities to specific marine areas to achieve ecological, economic, and social goals and objectives that are specified through a political process. MSP has become an important tool for integrated marine management. In recent years, with the intensification of climate change and the human activities in the polar regions, the contradiction between the protection of the ecological environment in the Arctic and the activities of human use has gradually emerged. The development of Marine Space Planning and the effective management of human activities in the arctic region have become the urgent needs of polar environmental protection and sustainable development and utilization. a comprehensive analysis of the background of the arctic ocean space planning, the arctic ocean of existing space planning practice case analysis, the planning of related to Marine spatial planning, finally according to the situation of the polar Marine spatial planning, looking forward to study and formulate the arctic Marine spatial planning ideas.

By combing through the main value of the Arctic region, regional political environment and typical national polar strategy, this paper comprehensively analyzes the background of the Arctic ocean space planning, analyzes the existing practice cases of MSP in the Arctic region, organizes the planning work related to

the MSP, and finally, according to the present situation of polar space planning, the author looks forward to developing the Arctic MSP.

Keywords: Arctic; Marine Spatial Planning; Marine Protection and Utilization

B. 10　Arctic Cruise Tourism: Conflicts between Environmental Protection and Economic Benefits　*Xing Xuelian* / 177

Abstract: Climate change presents opportunities for arctic cruise tourism. In recent years, the increasing accessibility of arctic water, tourists' yearning for arctic cruise tourism, and operators' interests has all contributed to the rapid and steady growth of arctic cruise tourism industry, and this trend will continue in the long run. However, its current development is still subject to various restrictions, including the great diversity of development in different regions of the arctic, increasing environmental damage and opposition from indigenous communities. The rapid development of arctic cruise tourism has brought a series of problems to the protection and sustainable development of glacial ecological environment. In order to achieve dynamic balance between environmental protection and economic development and the sustainable development of arctic cruise tourism, it is necessary to involve multiple stakeholders, strengthen cooperation and exchanges and make practical contributions. China should also take active measures to learn from practical experience and promote the development of China's arctic cruise tourism.

Keywords: Arctic; Cruise Tourism; Environmental Protection; Economic Development

B. 11　The evolution of the British Arctic policy and China's Response　*Chen Yitong, Gao Xiao* / 196

Abstract: Since the 15th century, the British Arctic participation activities include military, scientific, commercial, and international cooperation. In order to guide the country's Arctic affairs better, Britain issued its first Arctic policy framework in October 2013 and then updated it in April 2018. The British Arctic policy has shown some conservativeness in the course of evolution. While maintaining the priority of science and cooperation, it has increasingly attached importance to the interests of national defense and security. The changing Arctic eco-environment and geopolitics, the impact of the Brexit event, and the increasing globalization of Arctic affairs directly promoted the evolution of the British Arctic policy, while seeking and safeguarding its national interests resolutely are the fundamental objectives of the formulation and implementation of British Arctic policy. Both China and the UK are non-Arctic countries in the Arctic Council, and the evolution of the British Arctic policy deserves China's continued attention and consideration. To seek for and protect our Arctic interests, we need to give full play to our subjective initiative, continue to participate in various Arctic affairs deeply, and strive to improve our country's substantial presence in the Arctic.

Keywords: Britain; Arctic Policy; China' Participate in Arctic Affairs

B. 12   From the Mediterranean to Arctic: Analysis of the Italian Arctic Strategy   *Wang Chenguang* / 222

Abstract: Italy is located in the Mediterranean coast of Southern Europe, but as a traditional Western power, it is a country that explored the Arctic earlier. At the end of 2015, in order to inherit the historical traditions of Arctic expedition and cope with the development of Arctic situation, Italian government introduced the "Towards an Italian strategy for the Arctic-National Guidelines", marking the Arctic issue officially becoming its national strategy. Italy's interests in the Arctic include highlighting and enhancing international influence, recognizing and responding to climate and environmental issues, maintaining its position in the Arctic research, and seizing the opportunity for the Arctic development, it adopt

several measures, such as valuing the role of Arctic Council, taking action within EU framework, strengthening of domestic forces integration and promoting sustainable development. However, affected by the ruling party's replacement, economic crisis, Mediterranean situation and Arctic militarization, Italian Arctic strategy's implementation faces some obstacles and needs further attention.

Keywords: Italy; Arctic Strategy; Interests Concerns; Promotion Measures

B. 13 The Arctic Policy of Trump Administration: Initiatives,

Features, and Implications *Yang Songlin* / 238

Abstract: After Trump took office, his methods and means of realizing the interests of the US Arctic have been adjusted. The Trump administration has reduced its strategic investment in dealing with Arctic climate change, but actively promoting the development of resources in the Arctic, and focusing on international cooperation in Arctic security issues to safeguard national security interests. As an important participant in the Arctic affairs, the adjustment of Arctic policy of the Trump administration has brought development opportunities for China's participation in the Arctic affairs in terms of energy cooperation and resource development, and also contributed serious challenge to China's participation in the Arctic affairs in terms of strategic cognition and military security. In view of this, China should seize the opportunity in the process of participating in the Arctic affairs, overcome the unfavorable factors, actively demonstrate the positive significances of the construction of the "Polar Silk Road", focus on resource development and infrastructure construction, continuously upgrade China's ability to operate in the Arctic, enhance the ability to deal with Arctic geo-hazards, and promote China's participation in the sustainable development of Arctic affairs.

Keywords: Trump Administration; Arctic Policy; "Polar Silk Road"; Countermeasures

Abstract: The Heritage Foundation is one of the representatives of US conservative think tanks, which is with strong academic and policy influence. Throughout the study of the Arctic traditional security issues of this think tank in the post-Cold War, the Heritage Foundation has formed a certain number of research scholars, and relies on its study center which is involved in the polar affairs to do research on policy, sovereignty, NATO, Coast Guard and other security issues of US in the Arctic affairs. In the progress, it closely cooperates with the needs of the US Arctic, fully utilizes the "Revolving Door" mechanism to strengthen communication with the government, and shapes public opinion through diversified ideological communication means. The Heritage Foundation is one of the mainstream US think tanks that focus on security issues, so it is representative of many think tanks that influence US Arctic decision-making. The analysis of its ideological viewpoints and research features will help to profoundly grasp the dynamic influence of think tanks on US Arctic decision-making.

Keywords: The Heritage Foundation; US Think Tank; Arctic Issues; Traditional Security Issues

IV   Appendix

✤ 皮书起源 ✤

"皮书"起源于十七、十八世纪的英国，主要指官方或社会组织正式发表的重要文件或报告，多以"白皮书"命名。在中国，"皮书"这一概念被社会广泛接受，并被成功运作、发展成为一种全新的出版形态，则源于中国社会科学院社会科学文献出版社。

✤ 皮书定义 ✤

皮书是对中国与世界发展状况和热点问题进行年度监测，以专业的角度、专家的视野和实证研究方法，针对某一领域或区域现状与发展态势展开分析和预测，具备原创性、实证性、专业性、连续性、前沿性、时效性等特点的公开出版物，由一系列权威研究报告组成。

✤ 皮书作者 ✤

皮书系列的作者以中国社会科学院、著名高校、地方社会科学院的研究人员为主，多为国内一流研究机构的权威专家学者，他们的看法和观点代表了学界对中国与世界的现实和未来最高水平的解读与分析。

✤ 皮书荣誉 ✤

皮书系列已成为社会科学文献出版社的著名图书品牌和中国社会科学院的知名学术品牌。2016 年，皮书系列正式列入"十三五"国家重点出版规划项目；2013~2019 年，重点皮书列入中国社会科学院承担的国家哲学社会科学创新工程项目；2019 年，64 种院外皮书使用"中国社会科学院创新工程学术出版项目"标识。

权威报告·一手数据·特色资源

皮书数据库
ANNUAL REPORT(YEARBOOK)
DATABASE

当代中国经济与社会发展高端智库平台

所获荣誉

● 2016年，入选"'十三五'国家重点电子出版物出版规划骨干工程"

● 2015年，荣获"搜索中国正能量 点赞2015""创新中国科技创新奖"

● 2013年，荣获"中国出版政府奖·网络出版物奖"提名奖

● 连续多年荣获中国数字出版博览会"数字出版·优秀品牌"奖

成为会员

通过网址www.pishu.com.cn访问皮书数据库网站或下载皮书数据库APP，进行手机号码验证或邮箱验证即可成为皮书数据库会员。

会员福利

● 已注册用户购书后可免费获赠100元皮书数据库充值卡。刮开充值卡涂层获取充值密码，登录并进入"会员中心"—"在线充值"—"充值卡充值"，充值成功即可购买和查看数据库内容。

● 会员福利最终解释权归社会科学文献出版社所有。

数据库服务热线：400-008-6695
数据库服务QQ：2475522410
数据库服务邮箱：database@ssap.cn
图书销售热线：010-59367070/7028
图书服务QQ：1265056568
图书服务邮箱：duzhe@ssap.cn

社会科学文献出版社 皮书系列
SOCIAL SCIENCES ACADEMIC PRESS (CHINA)

卡号：215555276631
密码：

S 基本子库
SUB DATABASE

中国社会发展数据库（下设 12 个子库）

全面整合国内外中国社会发展研究成果，汇聚独家统计数据、深度分析报告，涉及社会、人口、政治、教育、法律等 12 个领域，为了解中国社会发展动态、跟踪社会核心热点、分析社会发展趋势提供一站式资源搜索和数据分析与挖掘服务。

中国经济发展数据库（下设 12 个子库）

基于"皮书系列"中涉及中国经济发展的研究资料构建，内容涵盖宏观经济、农业经济、工业经济、产业经济等 12 个重点经济领域，为实时掌控经济运行态势、把握经济发展规律、洞察经济形势、进行经济决策提供参考和依据。

中国行业发展数据库（下设 17 个子库）

以中国国民经济行业分类为依据，覆盖金融业、旅游、医疗卫生、交通运输、能源矿产等 100 多个行业，跟踪分析国民经济相关行业市场运行状况和政策导向，汇集行业发展前沿资讯，为投资、从业及各种经济决策提供理论基础和实践指导。

中国区域发展数据库（下设 6 个子库）

对中国特定区域内的经济、社会、文化等领域现状与发展情况进行深度分析和预测，研究层级至县及县以下行政区，涉及地区、区域经济体、城市、农村等不同维度。为地方经济社会宏观态势研究、发展经验研究、案例分析提供数据服务。

中国文化传媒数据库（下设 18 个子库）

汇聚文化传媒领域专家观点、热点资讯，梳理国内外中国文化发展相关学术研究成果、一手统计数据，涵盖文化产业、新闻传播、电影娱乐、文学艺术、群众文化等 18 个重点研究领域。为文化传媒研究提供相关数据、研究报告和综合分析服务。

世界经济与国际关系数据库（下设 6 个子库）

立足"皮书系列"世界经济、国际关系相关学术资源，整合世界经济、国际政治、世界文化与科技、全球性问题、国际组织与国际法、区域研究 6 大领域研究成果，为世界经济与国际关系研究提供全方位数据分析，为决策和形势研判提供参考。

法律声明

"皮书系列"（含蓝皮书、绿皮书、黄皮书）之品牌由社会科学文献出版社最早使用并持续至今，现已被中国图书市场所熟知。"皮书系列"的相关商标已在中华人民共和国国家工商行政管理总局商标局注册，如 LOGO（ ）、皮书、Pishu、经济蓝皮书、社会蓝皮书等。"皮书系列"图书的注册商标专用权及封面设计、版式设计的著作权均为社会科学文献出版社所有。未经社会科学文献出版社书面授权许可，任何使用与"皮书系列"图书注册商标、封面设计、版式设计相同或者近似的文字、图形或其组合的行为均系侵权行为。

经作者授权，本书的专有出版权及信息网络传播权等为社会科学文献出版社享有。未经社会科学文献出版社书面授权许可，任何就本书内容的复制、发行或以数字形式进行网络传播的行为均系侵权行为。

社会科学文献出版社将通过法律途径追究上述侵权行为的法律责任，维护自身合法权益。

欢迎社会各界人士对侵犯社会科学文献出版社上述权利的侵权行为进行举报。电话：010-59367121，电子邮箱：fawubu@ssap.cn。

社会科学文献出版社